전력시설물 진단기술

권형욱 박영섭 유상봉 공저
김정철 감수

㈜ 圖書出版 技多利

전력시설물 진단기술

권형욱 · 박영섭 · 유상봉 공저

김정철 감수

머리말

현대 사회를 살아가는데 있어 전기의 사용은 필수적이다. 국내 산업의 발전에 따른 전력수요의 증가와 더불어 전력 설비 또한 대용량화 되었고, 도심과 산업지역의 확대 및 냉난방 부하 증가로 국내 전력수요는 계속해서 증가하고 있다. 하지만 전력설비 설치부지 부족 및 민원 발생, 환경보호를 위한 전력설비 확대보급에 어려움을 겪는 상황이다. 고도의 정보화 사회 확대와 대규모 건축물의 건축 및 생산 시설의 대형화는 전력설비에 대한 의존도가 상당히 높아져 어떤 형태의 정전이 발생하더라도 그 피해가 과거와는 비교할 수 없을 정도로 심각해질 수 있으므로 전기설비의 신뢰성에 대한 요구는 계속 증가하여 순간의 정전도 허용되지 않는 전력설비 수용장소가 늘어나는 추세이다.

모든 건축물의 기반시설 중 하나이며, 보다 안전하고 편리하게 전기를 사용하기 위한 설치되는 전력시설물은 안정적이고 편리한 전력설비의 운용이 가능하도록 그 성능과 품질이 지속적으로 향상되어 왔다. 그러나, 전력시설물들은 초기 설치된 시점 이후로부터는 그 성능과 품질의 향상에 맞추어 지속적으로 변경하여 교체 사용하는 것은 거의 불가능하다. 따라서 현재 사용하고 있는 전력시설물의 성능을 유지하고 보수하여 그 사용목적을 충분히 달성할 수 있도록 관리하는 방법이 중요하다 할 수 있다.

전력시설물을 유지, 보수, 관리하기 위하여 현재 전력시설물의 전기적, 물리적 특성을 점검하고 진단하여, 이상 유무 등의 상태를 파악하는 것이 필요하지만, 많은 전기기술자들이 가장 기초적인 점검과 진단만을 수행하고 있고, 다양한 루트의 정보채널을 통하여 접하는 전기시설물 진단방법에 대해서도 익숙하지 않다. 이 책에서는 이러한 전기기술자들을 위하여 주요 전력 시설물의 점검과 진단방법에 대하여 기술하였다.

이 책을 통하여 많은 전기기술자들이 전력시설물의 점검과 진단에 대한 인식을 새롭게 하고, 자신들의 전력시설물에 적합한 유지, 보수, 관리기법을 마련하여 안전하고, 편리하며, 신뢰성 있는 전력시설물의 관리에 보탬이 되었으면 하는 바람이다.

2017년 8월 10일

권형욱 · 박영섭 · 유상봉

CONTENTS

Chpater_1 유지보수관리
1-1. 전력시설물 유지보수관리 기술 ·· 11
1-2. 전력설비 내용연한 ··· 25

Chpater_2 절연 진단
2-1. 절연 재료 ·· 29
2-2. 절연 재료의 특성 ·· 34
2-3. 절연 재료의 열화 ·· 45
2-4. 절연 진단 방법 ·· 52

Chpater_3 활선 진단
3-1. 적외선 열화상 진단 ··· 85
3-2. 코로나 방전 진단 ·· 90
3-3. 부분방전 진단 ·· 102
3-4. 고조파 진단 ··· 108

Chpater_4 변압기 진단
4-1. 변압기 개요 ··· 121
4-2. 변압기의 경년열화 ·· 139

CONTENTS

    4-3. 변압기의 절연 진단 ……………………………………………… 142

    4-4. 절연유 진단 …………………………………………………… 146

    4-5. 변압기 성능진단 ……………………………………………… 155

Chpater_5 차단기 진단

    5-1. 차단기 개요 …………………………………………………… 167

    5-2. 차단기 절연 진단 ……………………………………………… 183

    5-3. 차단기 특성 진단 ……………………………………………… 187

Chpater_6 전력 케이블 진단

    6-1. 전력 케이블 개요 ……………………………………………… 198

    6-2. 전력 케이블의 경년열화 ……………………………………… 226

    6-3. 직류 진단법 …………………………………………………… 232

    6-4. 교류 진단법 …………………………………………………… 239

Chpater_7 전동기 진단

    7-1. 전동기 개요 …………………………………………………… 251

    7-2. 전동기 열화원인 ……………………………………………… 264

    7-3. 전동기 진단 …………………………………………………… 266

참고문헌 ……………………………………………………………… 281

| 전력시설물진단기술 |

Chapter_1
유지 보수 관리

1-1. 전력시설물 유지보수 관리

현대 사회를 살아가는데 있어 전기에너지의 사용은 선택이라든지 필수라는 개념으로는 도저히 설명할 수 없다. 어쩌면 우리의 문명은 전기에너지의 기반 위에서 개발되고 발전되어 나간다고 해도 과언은 아닐 것이다. 이러한 전기에너지를 보다 쉽고 안전하게 사용하기 위하여 우리는 다양한 종류의 전력 시설물을 사용하고 이를 통하여 지속적이고 안정된 전기에너지 사용 환경을 구축하고 편리하게 이용하고 있다.

우리가 사용하는 전력 시설물 또한 흔히 볼 수 있는 기계설비, 자동차 등과 같이 생산, 시설, 유지, 보수 관리의 메커니즘을 가지고 있으며, 사용 목적에 맞는 생산과 사용 환경에 따른 적절한 시설, 그리고 적절한 유지, 보수 관리시스템을 갖추고 지속적인 매니지먼트를 수행함으로써 편리하고 지속적이며 안전한 전기에너지의 사용이 가능해진다.

국내 산업의 발전에 따라 전력 수요 증가와 더불어 전력설비 또한 대용량화 되었고, 도심과 산업지역의 확대 및 냉난방 부하의 증가로 국내의 전력수요는 계속해서 증가하고 있으나, 전력설비 설치 부지 부족 및 민원이 발생하고 있다. 또한 환경보호를 위하여 전력설비 확대보급에는 어려움을 겪는 상황에서 고도의 정보화 사회의 확대와 산업시설 제어시스템의 사용이 범용화 되면서 전기설비의 신뢰성에 대한 요구는 계속 증가하고 있어 순간의 정전도 허용되지 않고 있다.

따라서, 전력계통의 안정적인 운영을 위해서는 전력설비의 설계, 제작, 설치, 유지보수, 운영 등 여러 가지 측면에서 고려해야 할 사항들이 많다. 설비를 제작하는 측면에서는 장기적인 운영 측면을 고려한 제작품질 향상에 노력해야 하고, 유지보수 측면에서도 고장 요인을 사전에 발견하여 조치하는 노력들이 필요하다.

국내 전력설비는 전력수요가 급성장하던 1970년대 후반부터 설치된 전력설비가 30~40년 이상 장기간 사용으로 노후화가 가속되고 있다. 또한, 전력 계통 구조는 더욱 복잡해져 전력설비의 고장이 발생하면 그 영향은 광범위하게 미치고 전력공급에 어려움이 커지며, 동시에 이를 복구하는 데에 엄청난 경제적 손실이 뒤따른다. 이러한 이유로 전력설비의 원활한 운용과 안정성·신뢰성 확보는 현대 사회에서 중요한 이슈라 하겠다. 이러한 사회적 요구에 부응하기 위해 전력설비의 이상 징후를 예측하고 감시해 유지보수를 도모하며 전력 공급의 안정성을 확보하는 예방진단이야말로 전력설비 운용에서 가장 중요한 요소 중의 하나이다.

이와 같은 주변 환경의 변천에 따라 전력설비 유지보수기술도 사후보전(Breakdown Maintenance : BM), 예방보전(Preventive Maintenance : PM), 시간기준 정비(Time Based Maintenance : TBM), 상태기준 정비(Condition Based Maintenance : CBM), 신뢰성기준 정비(Reliability Centered Maintenance : RCM), 위험도기준 정비(Risk Based Maintenance :

RBM)와 같은 다양한 기술로 발전하고 변화하게 되었다.

상기에서 언급된 유지보수 기술은 이미 알려져 있는 바와 같이 전력설비의 성능이나 신뢰성만을 강조하여 전력설비의 수명을 결정하고 있다. 이러한 기존의 보수기술은 전력설비의 성능은 일정 수준 이상으로 유지할 수 있으나, 경제적 측면이나 사용 환경적 측면이 고려되지 않기 때문에 그만큼 전력설비의 가치는 저하하게 된다. 이러한 문제점을 해결하기 위하여 현대사회는 전력설비 유지보수에 있어서도 성능과 신뢰성은 물론, 전력이나 제품 생산에 있어서 생산단가 저감을 위한 유지보수 비용의 절감, 탄소배출량 규제에 대한 대처, 설비고장 시 생산 차질에 따른 기회비용 등을 고려하여 전력설비의 가치를 평가할 수 있는 자산적 측면에서 관리기술을 요구하고 있다.

1. 유지보수의 필요성

전기시설물은 최초 설치 후에는 처음의 전기적 성능에 최대한 가깝게 유지하기 위하여 지속적인 예방점검 및 유지보수를 필요로 한다. 특히 환경적으로 취약한 곳에 설치된 장소에서의 전기설비 유지관리는 더욱 세심하게 점검계획을 세우고 관리를 철저히 해야 할 것이다. 만약 시설이 장기간 사용되고 있다면 중장기 유지관리 계획을 수립하여 체계적으로 예방점검 및 정기보수를 시행함으로써 전력시설의 최적 성능 유지를 통한 안정적인 전력공급은 물론이거니와 내구성 향상을 통하여 운영비용 절감에도 기여하게 될 것이다. [그림 1-1]에서 보는 바와 같이 모든 시설물은 시설초기 시설의 안정화를 위한 초기 고장기간과 일정 시간 경과 후 마모 고장기간에서의 고장률이 높으므로 지속적인 유지보수관리를 통한 고장률의 감소와 이에 따른 수명 연장을 위한 노력이 필요하다.

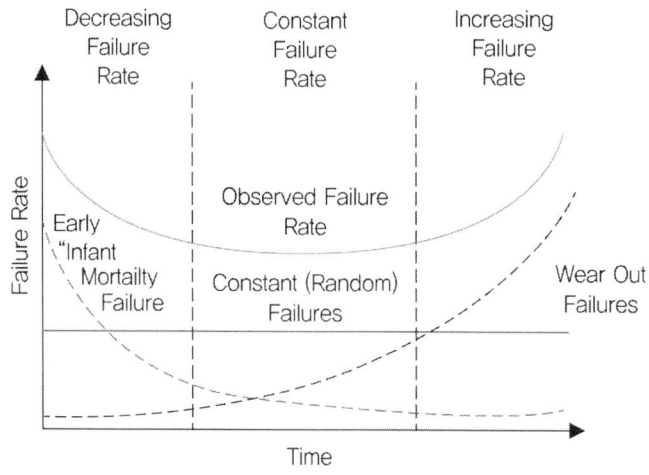

[그림 1-1] Bath Tub Curve

2. 유지보수관리 기술의 변천

1960년대 후반에 시작된 설비진단기술 연구는 우주개발기술에 필요한 기계에서 발생하는 진동, 열, 음향 등 기계의 이상을 검지하여 감시하는 것에서부터 출발하였다. 그 결과 1970년대에 들어서는 주요 장치산업에서 설비관리의 효율화, 점검업무의 고정도화를 목적으로 예방보전기술의 확립을 추진해온 결과 상태기준 보전기술의 발전을 가져왔으며, 현재에도 계속 발전하고 있다. [그림 1-2]와 [그림 1-3]은 유지보수관리 기술의 변천과정을 보여주고 있다.

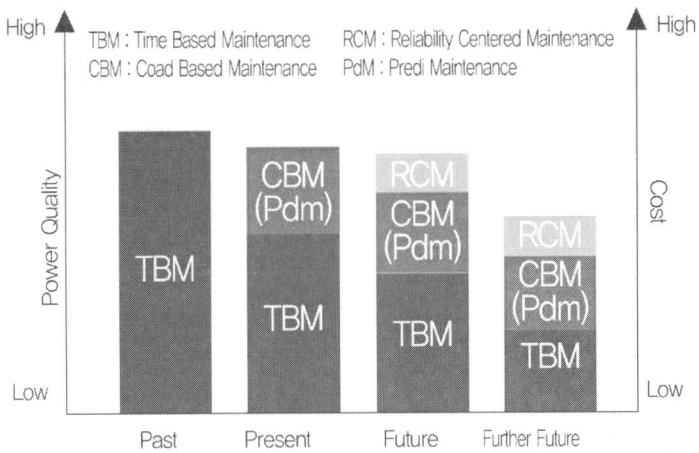

[그림 1-2] 유지보수 관리기법의 변천

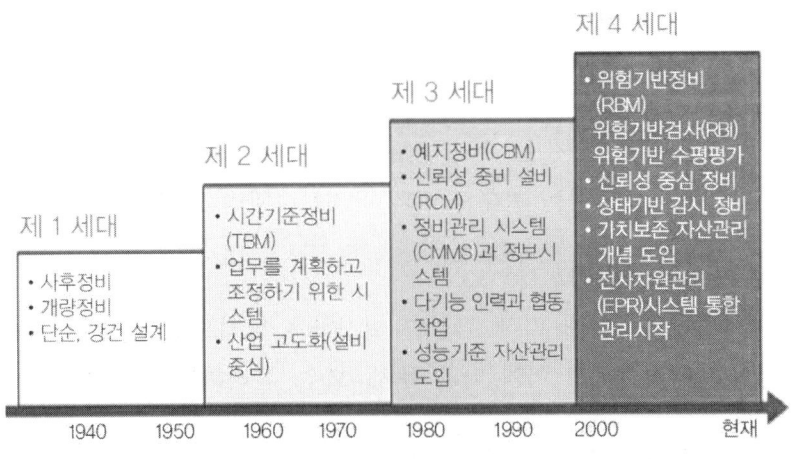

[그림 1-3] 유지보수 기술의 변천

제1세대 기술은 1950년까지 사용된 기술로써 고장 후 보수를 행하는 사후정비(BM) 기술이고, 제2세대는 1970년대까지 사용된 기술로 최초의 예방정비 기술에 해당되는 것으로써 설비의 부품을 일정 시간마다 교체하는 시간기준 정비(TBM)이다. 제3세대는 1990년대까지 많이 사용된 기술로써 센서 기술 및 디지털 기술의 발전으로 가능해진 상태기반 정비(CBM) 기술과 신뢰성기반 중심(RCM) 기술이고, 이 기술들을 이용하여 전력설비 자산관리 초기 기술들이 개발되었다. 2000년대 이후 제4세대 정비 기술은 기존의 제1, 2, 3세대 정비 기술을 포함하는 것은 물론 전력설비를 실물자산으로 평가하여 전력설비의 가치를 보존하는 새로운 개념의 전력설비 자산관리 기술이 본격적으로 연구되기 시작하였다. 대표적인 연구결과로써 TBM, CBM, RCM과 같은 성능평가 기술은 물론, 비용평가 결과를 종합화한 RBM 기술로 발전되었고, 이 기술은 전사적 자원관리(Enterprise Resource Planning : ERP)시스템에 통합 운영되어 기관의 경영에 이바지 하는 시스템으로 개발되고 있다. 이러한 산업자산관리의 변화와 더불어 2000년대 초반 영국을 중심으로 자산관리를 체계적으로 수행하기 위한 규격제정 활동이 활발하게 전개되었고 마침내 자산관리에 대한 규격이 2014년에 ISO에 의해서 제정되었다.

2. 유지보수관리 기술의 변천

(1) 유지보수관리 기법

① TBM(Time Based Maintenance)

규정된 주기에 따라 전력 시설물에 대한 점검을 실시하는 방법으로 투자 자원에 비하여 효과가 적고 점검 수행이 또 다른 고장의 원인이 되기도 한다. 설비 노화에 따라 고장 발생의 가능성이 높아지는 특성을 가진 비교적 간단한 설비에 대한 유지보수관리 방법으로는 유용하지만 복잡하고 다양한 형태의 고장원인을 가지는 현대 설비의 유지보수관리 방법으로는 부족하다.

② CBM(Condition Based Maintenance)

전력 시설물의 상태 따라 점검을 실시하는 방법으로 관리대상 전력시설물의 건전성을 평가하고 이에 따라 유지, 보수, 관리하는 방법이다.

③ RBM(Reliability Centered Maintenance)

전력시설물의 신뢰성을 기반으로 설비의 각 부품단위 별로 고장 해석 및 성향분석을 실시하여 부품의 진단 및 교체시기 등을 결정하여 설비 보전비율의 극소화와 활용성 극대화를 추구하는 기법이다.

(2) 전력설비의 고장률과 유지보수

전력설비를 장시간 사용하면 고장률이 증가한다. 일반적으로 전력설비의 유지보수는 고장률이 증가하기 시작하는 마모기에 해당되는 시기에 집중된다. 따라서 마모기에 유지보수를 하지 않으면 전력설비의 고장 증가로 인하여 생산 활동이 둔화된다. [그림 1-4]는 발전설비의 운전기간에 대한 전력생산량 변화를 보여주고 있다. [그림 1-4]의 동그라미 친 부분이 발전설비의 마모기에 해당되는 부분으로써 전력설비 생산량이 급감하고 있음을 알 수 있다. 이 시기에는 생산설비 가용도 저감, 신뢰도의 저감, 보수비용의 증가, 위험도 지수의 증가 현상이 나타나므로, 이러한 현상을 방지하기 위하여 유지보수 활동이 집중되어야 한다. 마모기에 잦은 유지보수를 통하여 고장률은 감소하게 되고, 전력기기의 수명은 증가하는 효과를 볼 수 있다. 그러나 고장률 감소를 위한 지나친 유지보수 활동은 설비의 성능이나 신뢰성을 일정 수준 이상으로 유지시킬 수 있지만, 보수비용의 과다 집행으로 상대적으로 전력설비의 가치는 떨어지게 된다.

한편 모든 설비가 사용기간이 증가한다고 반드시 고장률이 증가하지는 않는다. 그 예를 [그림 2]에서 찾아볼 수 있다. [그림 1-5]에서 A, B, C와 같이 설비의 사용기간이 증가할수록 고장률이 증가하는 경우는 전체의 11% 정도이고, 나머지 89%는 사용기간이 증가해도 고장률은 일정한 특성을 보이고 있다. 그러므로 고장률을 감시하여 유지보수의 효과를 볼 수 있는 확률은 비교적 낮다고 할 수 있다. 무엇보다 D, E, F 경우와 같이 고장률이 사용시간과 비례하지 않는 경우에도 유지보수 방법 및 시기를 예측할 수 있는 기술이 필요하다.

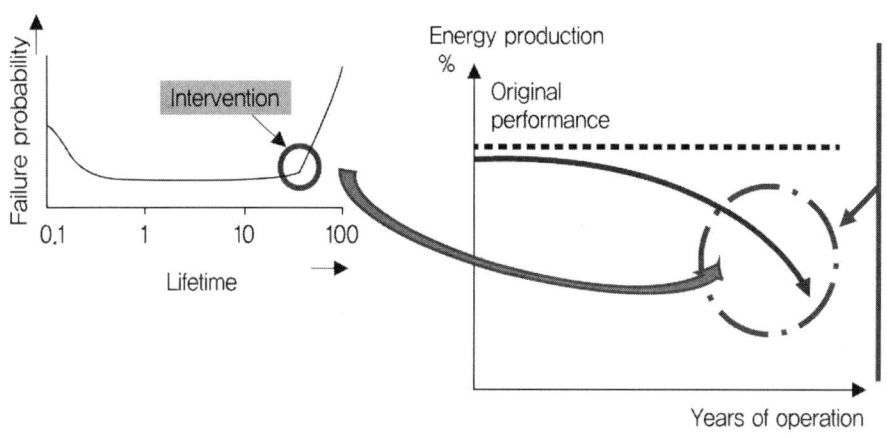

[그림 1-4] 고장률 특성

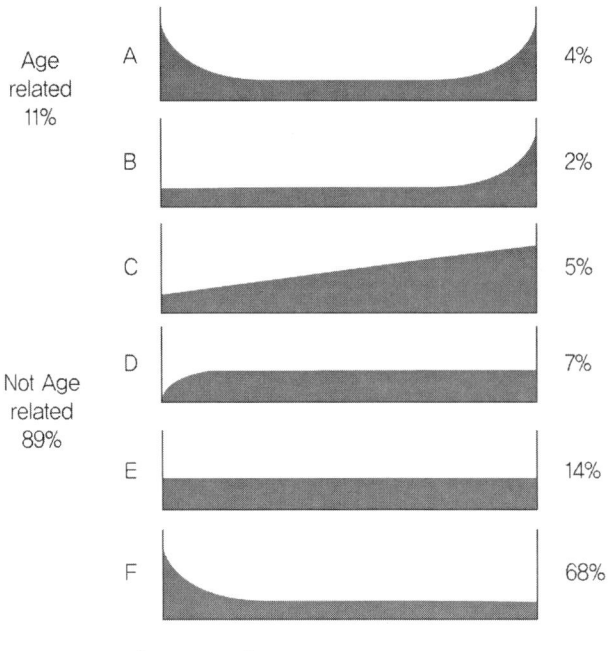

[그림 1-5] 설비의 고장률 분포

3. 전력설비의 자산관리기술 동향

*한국전기연구원 선종호 박사 대한전기협회 기고 인용

일반적으로 자산의 사전적 의미는 '개인이나 기업이 소유하고 있는 경제적 가치가 있는 무형물 또는 유형물'을 뜻하며, 무형자산은 소프트웨어나 금융자산, 지적재산권 등을 말하고, 유형자산은 건축물이나 생산설비, 운송설비, 철도나 도로, 가스, 전기설비와 같은 사회 인프라 시설을 의미한다. 그 중에서도 유형자산은 시간이 지나갈수록 성능이 떨어지고 그에 따라 고장횟수 및 보수비용도 증가하므로 적절한 자산에 대한 관리 기술이 필요하게 된다.

자산관리란 자산의 가치를 극대화 시키는 행위를 의미한다. 따라서 자산관리의 결과는 설비의 고장방지나 성능유지와 같은 물리적 성능유지와 안전 측면을 포함한 설비의 경제적 가치보존 형태로 나타나게 된다. 예를 들어 어떠한 설비를 도입할 때 필요 이상의 성능을 가진 설비를 도입하게 되면 상대적으로 설비의 경제적 가치는 저하되고 또한 유지보수 시에도 필요 이상의 성능 유지, 안전 또는 수명을 만족시키기 위하여 보수비용 지출이 지나치게 증가하면 설비의 신뢰성은 유지될 수 있지만 지나친 비용 증가로 인하여 경제성은 저하된다. 이러한 성능과 위험도, 비용과의 관계를 표현하면 [그림 1-6]과 같다.

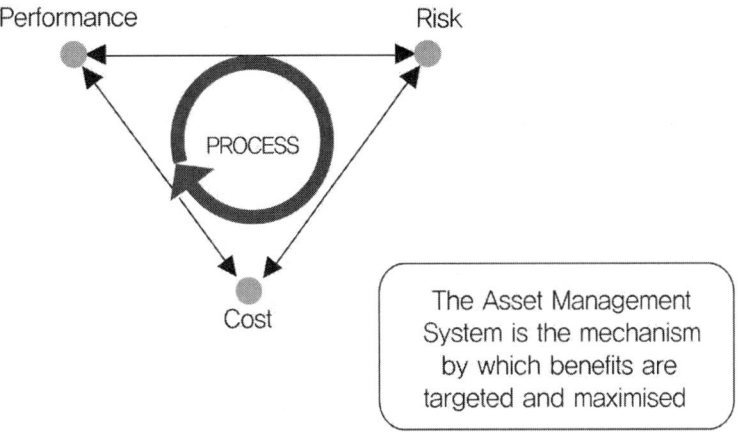

[그림 1-6] 자산관리 측면에서의 성능, 위험도, 비용과의 관계

(1) 자산관리 규격

20세기 후반, 유럽에서 자산 집약적 산업의 팽창과 자산관리를 위한 조직의 필요성, 관련규격의 부재 등이 원인이 되어 2004년 The Institute of Asset Management(IAM)과 British Standards Institution(BSI)에 의해서 Publicly Available Specification PAS 55의 초판이 발간되었다. 이 규격에서는 실물 자산의 취득부터 사용, 유지보수, 폐기까지의 자산관리에 필요한 조항들을 포함하고 있다.

2008년 PAS 55는 개정되어 실물자산(대표적으로 철도, 도로, 항공, 항만, 전기, 수도, 가스, 공공시설, 생산시설, 자원산업 등)의 전 생애단계에서 자산관리에 필요한 28개의 점검 사항을 규정하고 있다. 3년 후 ISO Project Committee 251(PC 251)은 첫 번째 자산관리 국제 규격인 ISO 55000을 완성했고 그것은 2014년에 공식적으로 발표되었다. PAS 55는 실물자산에 대해서만 규정하고 있지만 ISO 55000은 유형, 무형의 모든 자산에 대해서 정의하고 있고 리더십이나 회계, 위험도 결정과 같은 새로운 조항도 포함하고 있다. PAS 55와 ISO 55000과 관련된 규격을 정리하면 [표 1-1]과 같으며, [그림 1-7]은 ISO 55000에서 다루고 있는 자산관리 범위를 보여주고 있다.

[표 1-1] 자산관리 관련규격

규격 종류	규격 내용
PAS 55	Part 1 : Specification for the optimized management of physical infrastructure assets Part 2 : Guidelines for the application of PAS 55-1
ISO 55000	55000 : Asset Management Overview, principles and terminology 55001 : Asset Management Requirements 55002 : Asset Management Guidelines on the application of ISO 55001
기타 ISO 관련 규격	ISO 9001 : Quality management ISO 14001 : Environmental management OHSAS 18000 : Occupational health and safety ISO 31000 : Risk management

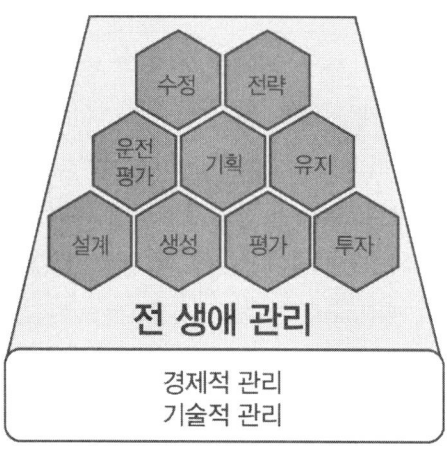

[그림 1-7] ISO 55000의 자산관리 범위

(2) 산업자산관리 효과

PAS 55는 자산관리를 '조직의 전략적 계획(경영목표)' 달성을 목적으로 전 생애에 걸쳐 자산과 자산시스템의 성능, 리스크 그리고 비용을 최적화하고 지속 가능하도록 관리하는 체계적이고 의도된 활동과 노력으로 정의하고 있다. 성능이나 경제적 측면에서 자산의 가치는 자산의 사용기간이 증가함에 따라 점차 감소하지만 사용하는 정책에 따라서 가치 감소율을 줄일 수 있다. 그 예가 [그림 1-8]에서 설명되고 있다. [그림 1-8]에 따르면 [유지보수 정책-1]은 [유지보수 정책-2]에 비하여 사용기간에 따른 가치의 감소율이 작고 그에 따라 수명도 더 긴 것으로 나타나고 있다.

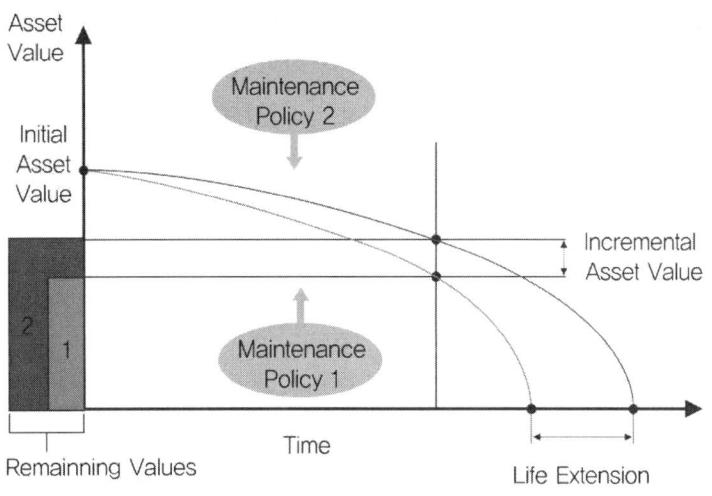

[그림 1-8] 정책에 따른 자산 가치 효과의 차이

자산관리 정책에 따른 산업자산의 자산관리 활동을 통해 얻을 수 있는 효과를 [표 1-2]와 같이 요약할 수 있다. 그 효과는 유지보수비용 절감, 제조원가 감소, 생산성 증가에 따른 자산의 가치상승으로 나타나게 된다. 또한 유지보수 비용 대비 가장 효과적으로 수명을 관리할 수 있게 된다.

[표 1-2] 자산관리 효과

개선영역	개선유형	개선효과
보수비용	예방비용 평가비용 수선유지비용	유지보수비용 개선
생산활동	일반관리비 감소 생산율 향상	제조원가 감소
시간	고장시간 감축 조업시간 증대 최적의 수명	생산효율 증가

(3) 전력설비 자산관리기술 개발 방향

전력설비를 장시간 사용하면 전기적, 기계적, 환경적 스트레스로 그 성능이 점차 저하되고 마침내 정지에 이르게 된다. 그러므로 성능저하 속도를 줄이고 고장을 예방하기 위하여 유지보수 활동을 수행한다. [그림 1-9]은 국내 전기, 가스, 수도의 자산 동향을 보여주고 있다. 비록 전기만 해당되는 것은 아니지만 자산총액은 증가하는 반면 자산점유율은 감소하고 있다. 이는 다른 자산에 비해 그 만큼 신설기기가 적으며 따라서 기 설치기기의 사용기간이 증가하고 있다는 것을 암시하고, 적절한 자산관리의 필요성이 대두 되고 있음을 알 수 있다.

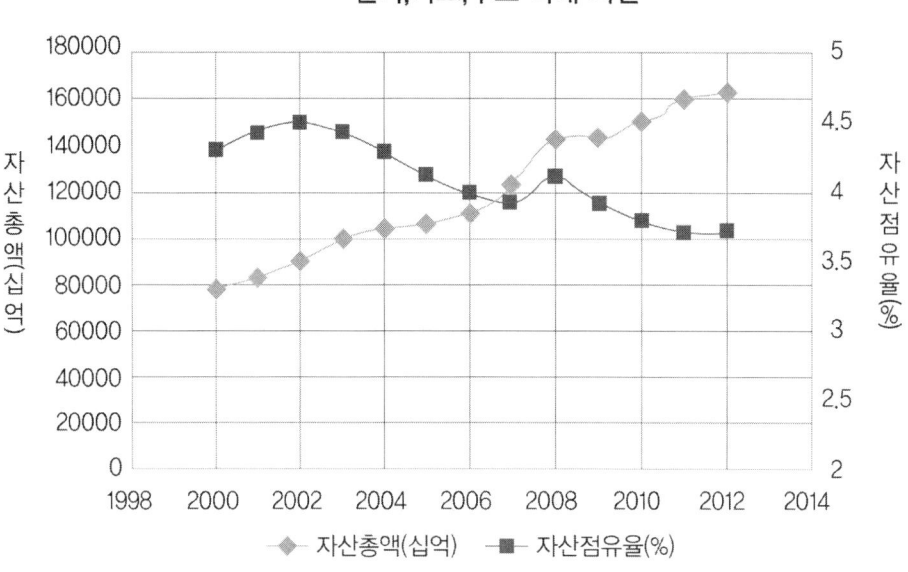

[그림 1-9] 국내 전기, 가스, 수도 자산 동향

앞에서도 언급한 바와 같이 자산관리는 조직의 경영목표를 달성하기 위한 활동으로 비용 및 안전과 같은 가치를 고려하여 성능과 리스크를 지속적으로 관리하는 것으로 정의하고 있다.

전력설비는 크게 송변전과 배전설비, 발전설비로 분류할 수 있다. 이 중 발전설비는 송변전이나 배전설비에 비하여 고장 시 설비의 수리 및 교체비용이 크고 또한 고장에 따른 부하 손실 등이 매우 크다. 특히, 원자력 발전설비는 다른 발전설비에 비해 그 안전성이 매우 강조되고 있다. 이러한 발전설비의 특성상 다른 전력설비에 비해 자산관리가 비교적 일찍 수행되었다.

[그림 1-10]은 국내 발전사에서 개발된 발전설비 운영 관리시스템의 구성도를 보여주고 있다. 구축된 발전설비 관리시스템은 자재/구매, 설비기준 정보, 작업관리, 예방정비, 예방점검, RBM, RCM, 통계 분석 등과 같이 자재의 구매부터 예방정비까지 다양한 기능으로 구성되어 있다. 또한 관리시스템이 EPR과 같은 통합 정보시스템과 연결되어 있어 전사적으로 자산을 관리하고 있다.

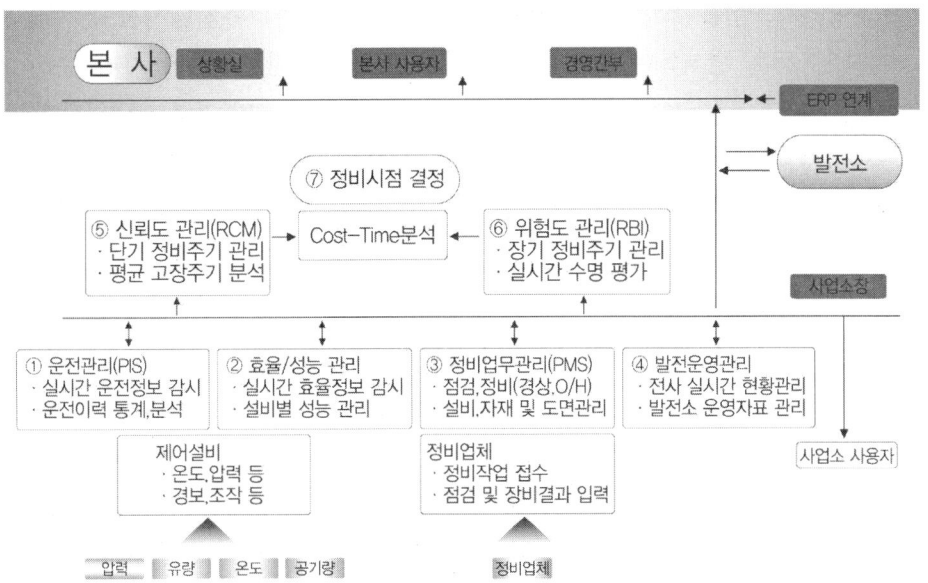

※출처 : 국내 발전소의 신뢰도 기반 정비관리 체계 구축 현황 및 활용, 한국철도기술, 2011

[그림 1-10] 발전소 운영 유지보수 관리시스템 구성도

　우리나라는 RCM 기술에 있어서 기존의 RCM 프로그램의 정비업무 및 주기 선정이 너무 수치 위주적이고 분석가의 주관적인 판단에 의존하는 경우가 많기 때문에 결과물에 대한 신뢰도에 문제가 제기되면서 미국 EPRI(Electric Power Research Institute)에서 개발된 PM Basis를 국내발전소에 활용하게 되었다. 또한 이러한 예방정비(PM)시스템은 발전설비의 안전성과 중요성만을 강조하여 예방정비 기술이 개발되어 있고 유지보수 비용 면에서의 관리기술은 고려되지 않고 있다. 그 한 예로 A복합화력의 경우 A급 유지보수 주기는 4.8년이지만 연구결과에 따르면 분석주기는 9.56년으로 계산되어 정비주기가 지나치게 안전 위주로 되어 있고 이는 결과적으로 과도한 유지보수에 대한 비용지출을 수반하게 되어 설비의 가치를 떨어트리게 된다.

　발전설비에 비하여 송변전, 배전설비의 자산관리시스템은 주로 모니터링 및 진단기술 위주로 개발되어왔다. 최근 신재생에너지의 보급으로 자산이 급격히 증가하면서 배전설비에 대한 자산관리 기술이 연구되기 시작했고, 또한 변전설비와 변압기 모두 GIS를 위주로 건전도(Health Index ; HI) 평가를 기반으로 한 RBM기술이 개발되기 시작했다. 건전도 평가에는 각 시험항목에 대한 중요도(Weight)와 성능평가 결과에 대한 점수(Score)의 곱으로 결정된 점수를 평균화하여 구해진 HI 값으로 건전도를 정하도록 되어 있다.

　국내의 경우 한국전력공사가 2010년 변압기와 GIS를 위주로 변전설비 건전도 평가시스템을 개발한 바 있으며, 운전이력이나 감시 진단시험 분석결과, 환경요인 등을 평가하여 건전도 지수를 산정한 후 산정결과에 따라 순시 점검, 정밀 점검, 성능 개선, 신품 대체와 같은 4가지 등급의 후속 조치를 실행하도록 되어있다. 평가방법에 있어서 사용 년수와 같은 운전이력의 중요도가 가장 높고 또한 건전도 지수가 기준값 이하가 되면 보수를 수행한 후 건전도 지수를 상승시켜 다시 정상적으로 사용하도록 되어 있다. 이러한 평가 방법은 사용기간이 길면 건전도가 저하되는 형태로 되어 있다. 실제 변압기는 고체절연물의 고분자도 성능으로 수명이 결정되는 경우가 많아 같은 기간을 사용하더라도 부하율이 높은 발전소용 변압기가 부하율이 낮은 변전소용 변압기보다 고분자도가 현저히 떨어진다는 보고가 있어 사용이력에 의한 건전도 평가의 중요성을 높이는 것은 평가 방법이 합리적이지 못하다고 할 수 있다. 또한 성능만을 고려하여 건전도에 따라 지속적으로 수리하거나 교체하도록 되어 있으며, 이러한 보수방법은 성능대비 보수비용의 과다지출로 인한 경제성 저하로 변전설비의 가치는 떨어지게 된다

이와 같이 변전설비의 자산관리에 대한 중요성이 높아지면서 여러 가지 변전설비에 대한 평가방법이 발표되는 가운데 2013년 CIGRE WG B3.06에서는 송배전분야에서 유지보수 의사결정을 위한 IT 전략 수립방안이 발표되었다. 이 발표의 핵심은 자산관리의 목적을 위험도 평가를 통하여 장기간의 이익을 최대화 하면서 높은 서비스를 제공하는 것으로 밝히고 있다. 발표자는 결정을 [그림 1-11]와 같은 3단계로 평가하도록 제안하고 있다.

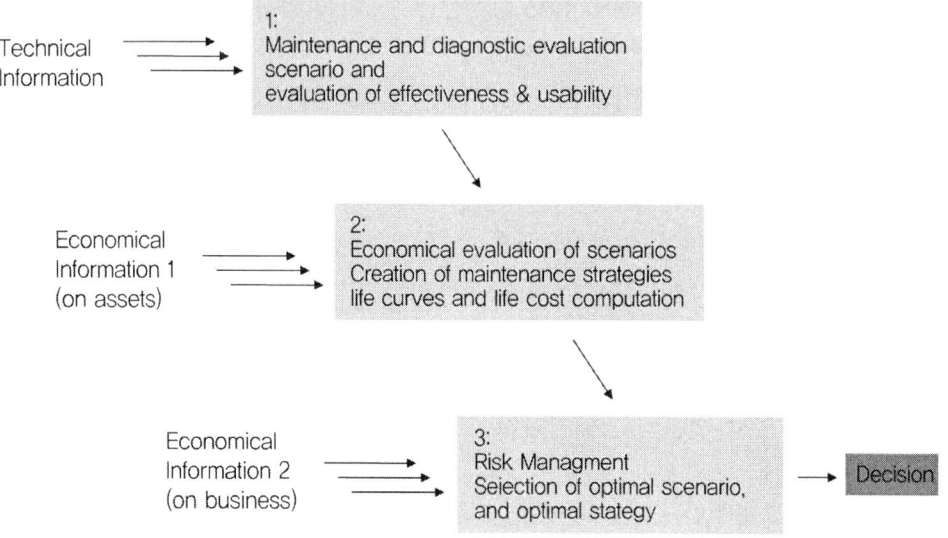

[그림 1-11] CIGRE의 변전설비 자산관리 의사결정 전략

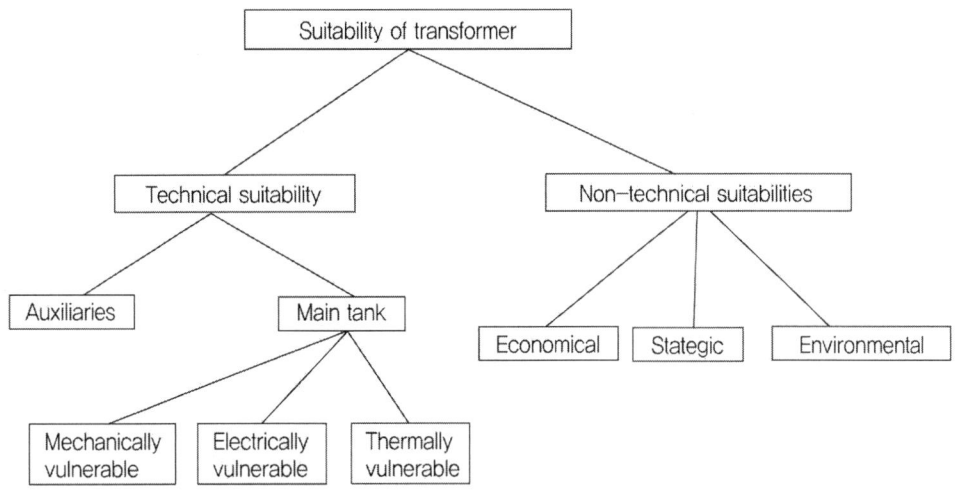

[그림 1-12] ABB의 변압기 자산관리 기술 구성도

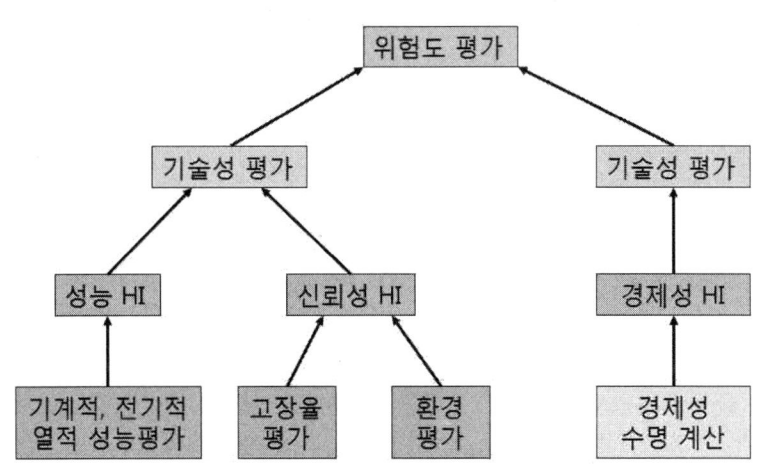

[그림 1-13] 한국전기연구원의 전력용 변압기 위험도 평가 기술 구조

이상과 같이 보고된 최근의 전력설비 자산관리에 대한 기술과 더불어 IEEE 에 의하여 발표된 전력설비 자산관리 연구에 대한 기술 동향을 종합하면 [그림 1-14]와 같이 요약할 수 있다. [그림 1-14]와 같이 최근의 전력설비 자산관리 기술 동향은 기존의 자산관리 기술을 포함하고 있다. 더불어 전력기기 측면에서는 스마트 그리드가 포함되어 있고, IT 기술에서는 무선인터넷이나 센서 기술을 이용한 자산관리 기술이 연구되고 있으며, 데이터 처리기술에서는 빅데이터 기술이 나타나고 있어 향후 국내에서도 전력설비 자산관리(위험도평가) 기술에 이와 같은 기술을 접목하는 연구가 진행될 것으로 예상된다.

산업자산관리 기본전력	IT & ICT 기술적용	성능관리기술
▷ EAM&ERP 구성 ▷ 자산관리 전략 ▷ 자산관리규칙	▷ 소프트웨어 솔루션 ▷ 인터넷&센서활용기술 ▷ RFID를 이용한 자산인식	▷ RCM 또는 HI 기반 RBM 평가 ▷ 수명주기관리 ▷ 진단 및 모니터링

전력기기	경제성 평가	데이터 처리
▷ 변압기,차단기, 배선용 기기 ▷ 스마트그리드,전력계통,발전설비,변전소	▷ 비용평가모델 ▷ 수익평가 ▷ 교체 및 수리평가 기준	▶ 퍼지를 이용한 지능화 평가기술 ▶ 빅데이터 활용 ▶ 마르코프&몬테카를로 기법을 이용한 신뢰성 평가

[그림 1-14] 전력설비 자산관리 기술의 최근의 연구동향

1-2. 전력설비 내용연한

전력시설물을 안전하게 사용하려면 적절한 유지보수관리를 수행하고 적기에 교체하는 것이 또한 중요하지만 노후 전기설비를 적기에 교체하기 위한 기준인 내용 연수의 기준 또한 중요하다. 하지만, 전력시설물의 내용연한을 어느 하나의 기준으로 명확히 하기에는 국내 기준이 정립되어 있지 않아 여러 자료에서 제시하는 기준들을 참고하여 결정하여야 한다.

[표 1-10]은 우리나라 관련 기관들의 회계처리 규정에 의한 내용연한 판정기준, 일본 관련기관들의 전기설비 수명 관련 자료를 발췌 정리한 것이다.

[표 1-10] 전력시설물 내용연한

장 비 구 분	한 국			일 본		
	한국전력	회계규칙	공동주택	대장성	건설대신	제조사
개폐기	15년	15년	-	15년	15년	15년
차단기(부속설비포함)	15년	15년	20년	15년	25년	15년
변압기 (AVR장치,냉각기,열교환기)	17년	20년	20년	15년	30년	20년
단로기(조작용 전동기포함)	15년	20년	-	-	-	20년
계기용변성기(부속설비포함)	15년	15년	-	-	-	15년
피뢰기(금구,지지대,방전계수기)	15년	15년	-	-	-	15년
콘덴서(리액터부속설비포함)	15년	15년	20년	15년	25년	15년
보호계전기	15년	15년	20년	15년	25년	15년
배전반(표시경보장치,조작개폐설비)	15년	-	20년	15년	25년	-
축전지(연결단자,전해액,배선부속)	6년	-	8년	6년	10년	-
발전설비(기관발전기,제어반포함)	15년	-	20년	-	-	-
고압CABLE관로식 (선로및지지장치)	30년	-	30년	-	-	-

※ 적용
1) 한국전력 : 감가상각 회계처리 규정 자산단위 물품표 자료
2) 회계규칙 : 건설관련 법률 전기사업 회계규칙 25조 관련 : (별표 2) 내용연수
3) 공동주택 : 공동주택 관리 법38조, 령23조, 규칙18조 관련 : (별표 5) 기기 내구년한
4) 대 장 성 : 일본(大藏省令 弟15號 1965.3)
5) 건설대신 : 일본(建設大臣官房官廳 業部 1998.8)
6) 제 조 사 : 일본 전기공업협회

| 전력시설물진단기술 |

Chapter_2
절연 진단

전력 시설물에 있어서의 절연(Insulation)이란 대상이 되는 부분 상호간을 전기적으로 분리하는 것을 말하며, 대부분의 전력 시설물은 상과 상(Phase to Phase) 사이 및 상과 대지(Phase to Ground) 사이를 여러 가지 절연 재료(공기, 액체, 고체 등)를 이용하여 절연을 확보하고 있다. 이는 절연재료를 사용해서 도전(導電)부의 외주를 덮는 것이지만, 이 외주(外周)부에는 고온, 저온에 노출되거나, 장기간에 있어서 풍화(風化) 등의 물리적, 화학적 영향 외에, 흠집의 확대 등 열화가 진행된다. 결국 한 번 절연을 실시했다고 해서 반영구적으로 안전하다고 할 수 없다.

절연 성능의 저하는 과도한 누설전류에 의한 여러 가지 문제점을 야기하며, 상과 대지 간의 절연 파괴에 의한 지락 사고, 상과 상 사이의 절연 파괴에 의한 단락 사고 발생 등이 전력 시설물 사고의 원인 중 상당 부분을 차지하므로 절연물의 형태나 성분을 막론하고 지속적이고 정확한 절연 진단(Insulation Diagnosis)의 실시를 통한 절연물의 절연 성능 확보는 굉장히 중요하다.

2-1. 절연 재료

전기기계기구, 전선 등에 전기가 통하는 경우, 도전부분의 주변을 부도체로 피복하는 등으로 해서 위험성을 방호할 필요가 있다. 이 부도체를 사용해 차폐, 격리하는 것을 절연(絕緣, Insulation)이라 하며, 이에 적용되는 재료를 절연 재료 또는 절연물이라 한다.

1. 절연물이 갖추어야 할 조건

자연계에 존재하는 여러 물질들과 이를 합성한 여러 재료들 중 전기적 절연물로 사용할 수 있는 것은 상당히 제한적이며, 우리가 일반적으로 전기 절연물로 사용하는 재료들은 다음과 같은 조건을 갖추어야 한다.

(1) 전기적 성질

- 절연 저항이 클 것(체적 저항률이 클 것)
- 절연 내력이 클 것(절연 파괴 전압이 높을 것)
- 비유전율과 유전정접(유전체 역률)의 값이 적을 것

- 내 아크(Arc)성과 내 코로나(Corona)성이 있을 것

(2) 열적 성질

- 내열성이 좋을 것
- 열 전도성이 좋을 것
- 용융점 및 연화점이 높을 것(고체)
- 열팽창 계수가 적거나(고체) 또는 적당히 클 것(기체 및 액체)
- 비열이 클 것(액체)
- 응고점이 낮을 것(액체)

(3) 기계적 성질

- 인장강도, 압축강도, 굴곡강도가 클 것
- 내 충격성, 내 마모성이 좋을 것
- 탄성한도가 적당할 것
- 가공이 용이할 것
- 점도가 적당할 것(액체)
- 경도가 적당할 것

(4) 물리·화학적 성질

- 가열에 의해 쉽게 분해되지 않을 것
- 내약품성이 클 것
- 공기 중에서 산화되기 어려울 것
- 물, 산, 알칼리, 기름에 녹지 않을 것
- 탄화온도가 높을 것
- 금속을 부식시키지 않을 것
- 흡습성, 흡수성이 적을 것
- 내수성, 내후성이 좋을 것
- 난연성이며, 폭발이 없을 것

2. 절연 재료의 종류

현재 주로 사용되는 절연 재료는 그 형태에 따라 분류할 수 있으며, 절연 재료의 내열성에 따른 최고허용온도에 따라 절연 종별로 분류할 수 있다.

(1) 절연 재료의 종류

[표 2-1] 절연 재료의 종류

분류		종류
기체 절연 재료		공기, 진공, 질소, 프레온, SF_6
액체 절연 재료	절연유	광유, 합성유
	절연 바니시	에폭시 수지 바니시, 알키드멜라민 바니시, 합성수지 바니시, 불포화 폴리에스테르 바니시
반고체 절연 재료	절연 컴파운드	천연 수지계, 합성 수지계
	탄성체	천연 고무, 합성 고무
고체 절연 재료	사상, 관상절연물	천연 섬유, 합성 섬유, 바니시드 튜브 적층관
	박막 절연	바니시 피막, 마이카, 산화막
	적층 제품	합성수지 적층판
	형조 제품	합성수지 형조품, 마이카렉스
	요업 제품	자기, 유리, 스테아타이트

① 기체 절연

● 공기 절연

공기는 절연물로 볼 수 있는데 그 절연내력에는 한도가 있어서 기온, 기압의 표준상태(20[℃], 760[mmHg])에서는 직류로는 약 30[kV/cm], 정현파 교류 실효값으로는 약 21[kV/cm] 이상의 전위경도를 부여하면 그 절연은 파괴된다. 따라서 일정 범위 내의 사용 전압 하에서는 공기를 절연 재료로 사용할 수 있다. (예 기중 차단기 등)

● 진공 절연

파센의 법칙에 따른 진공의 높은 절연내력을 이용하여 절연한다. (예 진공 차단기 등)

☞ 파센의 법칙(Paschen's law) : 기체 중 2개의 전극 사이에 전압을 가했을 때 전계가 일정하고 온도가 일정하면 그 방전 개시전압은 기체의 압력 p와 전극간의 거리 d의 곱 pd에 따라 정해지는 것을 나타낸 법칙.

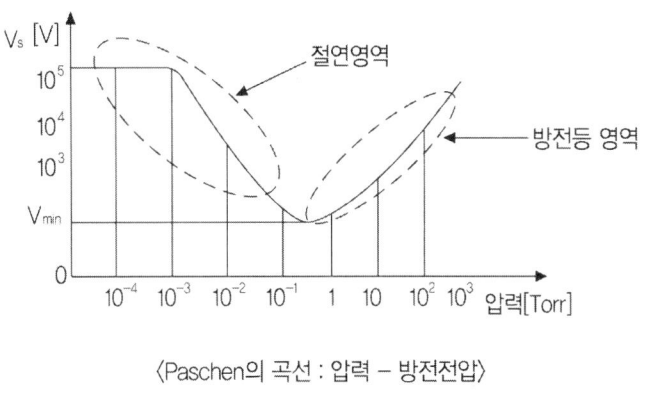

⟨Paschen의 곡선 : 압력 – 방전전압⟩

[그림 2-1] 파센의 법칙

- SF$_6$ Gas

  SF$_6$ Gas는 절연내력이 매우 높고, 절연회복 특성과 소호 성능이 우수하여 고전압 계통의 절연 재료로 사용된다. (예 GIS, 가스 차단기 등)

② 액체 절연

거의 도체 절연물(종이 또는 플라스틱)과 조합되어 사용되고, 미세한 불순물이 함유되어 있으며, 경년열화가 발생하므로 지속적인 관리가 필요하다. (예 절연유 등)

③ 고체 절연

절연 재료의 절연내력이 높으나 장시간 고전압 사용 시 경화되는 문제점이 있으며, 일부분의 절연이 파괴될 경우 탄화된 방전로가 생겨 절연 회복 불가하다.

- 폴리에틸렌 수지

  에틸렌을 중합시킨 결정성 고분자 화합물이며, 이 중 가교 폴리에틸렌 수지(XLPE)는 열 변형 온도가 낮은 점을 개선하였고, 절연내력과 유전특성이 우수하며, 체적 저항률이 높아 전력 케이블의 절연재료로 사용된다.

- 에폭시 수지

  몰드(Mold) 변압기 등에 주로 사용되는 에폭시 수지는 기계적 강도가 우수하고, 경화 시 체적변화를 일으키지 않으므로 보이드나 갭이 크게 생기지 않는 점과 자유로운 형상으로의 가공 등의 장점이 있다.

[표 2-2] 고체절연재료의 절연특성 비교

구분	자기류	XLPE	테프론	에폭시 (무충전)	에폭시 (실리카충전)
체적 저항률[Ω·m]	$10^{13} \sim 10^{14}$	10^{16} 이상	10^{18} 이상	$10^{12} \sim 10^{17}$	$10^{13} \sim 10^{16}$
비유전율	5.0~6.5	2.2~2.6	2.0	3.5~5.0	3.2~4.5
절연내력[kV/mm]	30~35	43	17~19	12~20	12~22

(2) 절연 종별 분류

[표 2-3] 절연재료의 내열성에 따른 절연종별 분류

절연종별	최고허용온도[℃]	종류
Y	90	바니시, 오일 등을 함침하지 않은 면, 견, 종이 등
A	105	바니시, 오일 등을 함침한 위의 재료
E	120	면, 종이 등의 적층품을 함침 처리한 것
B	130	마이카, 유리 섬유 등을 접착한 것
F	155	마이카, 석면 등을 실리콘 등으로 접착한 것
H	180	마이카, 석면 등을 규소 수지 등으로 접착한 것
C	180 이상	생마이카, 석면, 자기 등을 단독 사용한 것

2-2. 절연재료의 특성

1. 절연저항

어떤 재료가 가지는 전기저항은 기체, 액체, 고체 등 그 형상과 성질에 따라 각기 다르게 나타나며, 그 저항의 크기에 따라 도체, 반도체, 부도체 등으로 구분한다.

[표 2-4] 절연저항에 따른 재료의 분류

구분	체적 저항률[Ω·m]
도체	$0 \sim 10^3$
반도체	$10^3 \sim 10^7$
부도체	$10^5 \sim 10^{18}$

(1) 전기전도

전기 전도는 재료가 가지는 전기저항에 따라 각기 다르게 나타나며, 절연재료에 있어 미세한 누설전류를 흐르게 하는 요소는 다음과 같이 구분된다.

- 전자 → 전자 전도
- 정공 및 ±이온 → 이온 전도

재료에 있어서의 전기 전도는 이온, 전자에 의한 전하가 이동하여 발생한다. 보통 누설전류에 기여하는 것은 이온인 경우가 많고, 재료분자 자신의 해리에 의한 이온이나 불순물 이온 등에 의한 이온전도가 발생하기도 한다. 또한, 기체, 액체, 고체 등의 형상에 따라 그 특성이 다르게 나타난다. 실제 사용되는 전력 시설물의 경우 절연체 표면의 전기전도 즉, 기체의 흡착, 산화, 액체의 누유, 분진이나 미립자의 부착 등으로 인한 오염으로부터 기인하여 문제가 되는 경우가 많다. 특히 가장 큰 영향을 받는 것은 절연체의 표면에 부착하는 수분이다.

(2) 절연재료의 전류 - 전압특성

① 기체의 전류 - 전압특성

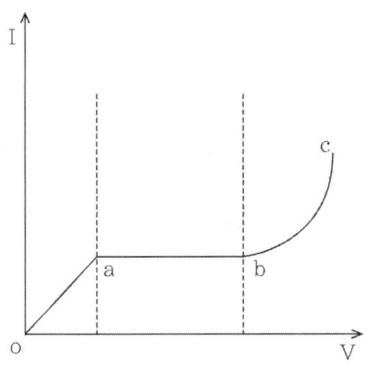

o↔a : 전류가 전압에 비례하여 증가하는 구간 으로 오옴의 법칙 적용 구간이다.
a↔b : 포화되어 전류의 변화가 없다
b↔c : 전류가 전압의 지수함수에 비례하여 급증하는 영역이다.

[그림 2-2] 기체의 전압-전류특성

② 액체의 전류 - 전압특성

V-I 특성이 기체에 가깝지만 극히 고순도의 액체 이외에는 포화전류영역이 나타나지 않는다.

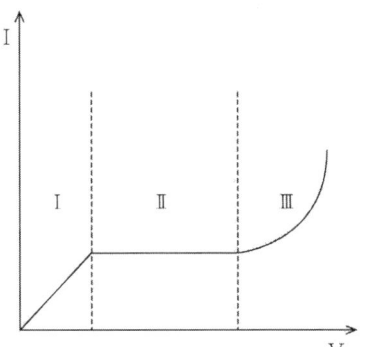

Ⅰ영역 : 저전계 영역으로 오옴의 법칙 적용 구간이다.
Ⅱ영역 : 포화영역이나 완전히 포화되지는 않는다.
Ⅲ영역 : 절연파괴영역

[그림 2-3] 액체의 전압-전류특성

③ 고체의 전류 – 전압특성

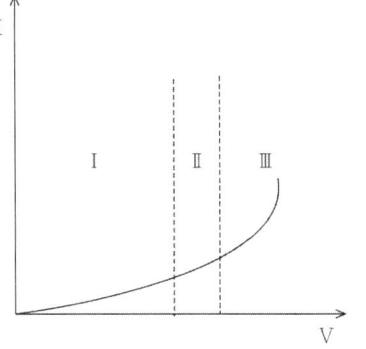

Ⅰ영역 : 저전계 영역으로 오옴의 법칙 적용 구간이다.
Ⅱ영역 : 비직선적인 증대를 보이며 절연파괴로 이행되는 영역
Ⅲ영역 : 절연파괴영역

[그림 2-4] 고체의 전압-전류특성

(3) 절연재료의 직류전압에 대한 전류 – 시간특성

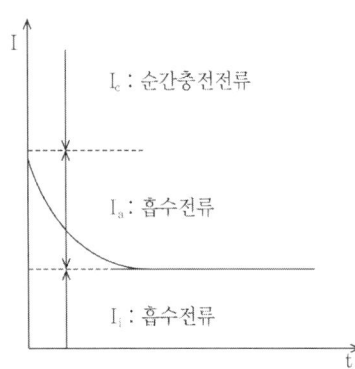

$I = I_c + I_a + I_l$

[그림 2-5] 직류전압에 대한 전류-시간특성

① 순간 충전전류(I_c)

전압인가와 동시에 흐르는 급격상승 전류이며, 절연체에 형성되는 정전용량과 전자, 원자분극으로 발생하는 전류성분이다.

② 흡수전류(I_a)

충전전류에 지속적으로 흘러 완만하게 감소하는 전류이며, 비교적 완만한 전기분극(배향분극, 계면분극 등)에 기초를 둔 전류성분이다.

③ 누설전류(I_l)

전류가 일정값에 도달한 상태에서의 전류이며, 전압인가 후 1분이 경과한 때의 값을 기준으로 한다.

(4) 절연 저항의 측정

① 표준규격
- IEC 60093 : Methods of Tests for Volume Resistivity and Surface Resistivity of Electrical Insulating Materials.
- ASTM D 257 : D-C Resistance or Conductance of Insulating Materials

② 체적 저항률(Volume Resistivity)

절연 재료의 체적 저항률은 재료의 전기절연성을 나타내는 값으로 절연 재료에 인가한 직류 전계[V/cm]와 그 때 절연 재료에 흐르는 단위 면적당의 전류[A/cm²]와의 비이다. 이 체적 저항률은 절연물을 설계하는데 유용하게 사용되며, 일반적인 절연 재료의 체적 저항률은 절연체와 금속 사이의 값을 가지며, 단위는 [Ω·cm]이다. [그림 2-6]과 같은 회로를 구성하고 500±5[V]의 직류전압을 60초 인가한 후 측정한다.

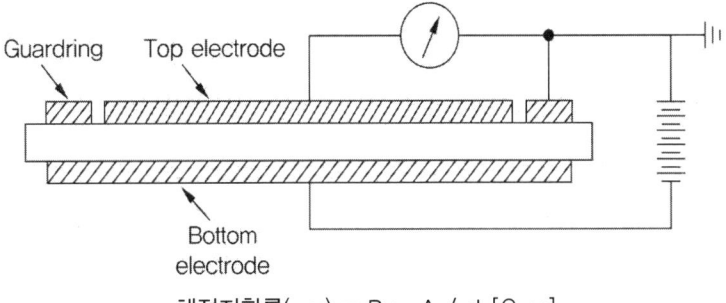

체적저항률(σv) = Rv · A / d [Ω·cm]

여기서,
  Rv : 체적저항[Ω]
  A : 주전극의 유효면적 [cm²]
  d : 시편의 두께 [cm]

[그림 2-6] 체적저항 측정용 회로

[표 2-5] 재료의 체적 저항률

절연 재료	체적 저항률 [Ω·cm]
Melamine(asbestos filler)	$1.2 \times 10^{12} \sim 10^{13}$
Phenolics(asbestos filler)	$10^{12} \sim 10^{13}$
Acetal copolymer	$10^{9} \sim 10^{13}$
Acrylics	10^{14}
Epoxy	10^{14}

Polystyrene	10^{14}
SAN	10^{16}
ABS	5×10^{16}
Polycarbonate	2×10^{16}
PVC(flexible)	$10^{11} \sim 10^{10}$
Nylons, type 6.6	$10^{14} \sim 10^{16}$
Acetal homopolymers	10^{16}
PVC(rigid)	10^{16}
Polyethylene	10^{16}
Thermoplastic polyester	3×10^{16}
Polysulfone	5×10^{16}
PPO	10^{17}
PTFE	10^{18}
FEP	2×10^{18}

③ 표면 저항률(Surface Resistivity)

절연 재료의 표면을 따라 흐르는 전류분에 의해 정해지는 저항률이다. [그림 2-7]와 같은 회로를 구성하고 500±5[V]의 직류전압을 60초 인가한 후 측정한다.

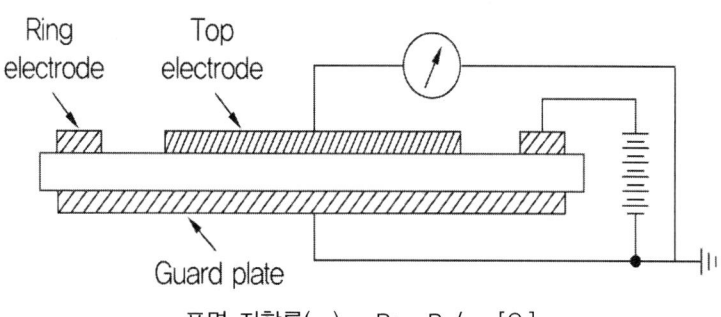

표면 저항률(σ) = Rs · P / g [Ω]

여기서,
    Rs : 표면저항[Ω]
    P : 주전극의 유효원주 [cm]
    g : 내, 외부 전극간의 거리 [cm]

[그림 2-7] 표면저항 측정용 회로

2. 절연 특성

절연 재료에 인가되는 전계가 크게 되어 어느 값에 도달하게 되면 급격하게 대전류가 흘러 도체와 같이 되는 현상을 절연 파괴(Breakdown)이라 하며, 절연 파괴를 일으키는 전압 V를 절연 파괴 전압(Breakdown Voltage)이라 하고, 이 절연 파괴 전압을 시료의 두께로 나눈 값([V/m])을 절연 파괴 강도(Dielectric Breakdown Strength)라 한다.

이와 같이 절연 재료가 절연 파괴를 일으키지 않고 절연성을 유지하는 능력의 한계 값을 절연 내력(Dielectric Strength)이라 한다.

(1) 기체의 절연 파괴

기체 상태의 절연 재료에 전압을 인가하면 기체분자에 전자가 충돌하여 이온화되면 양이온과 전자가 생기며, 전자는 전계에 의해 가속되어 많은 양의 전자군이 생기는 현상을 전자사태라 한다. 기체의 절연 파괴는 이러한 전자사태에 의하여 발생하며, 절연 파괴가 발생하더라도 전압을 제거하면 절연이 회복된다. 기체 상태의 절연 재료는 파센의 법칙(Paschen's Law)에 따른 절연 파괴 전압을 가진다.

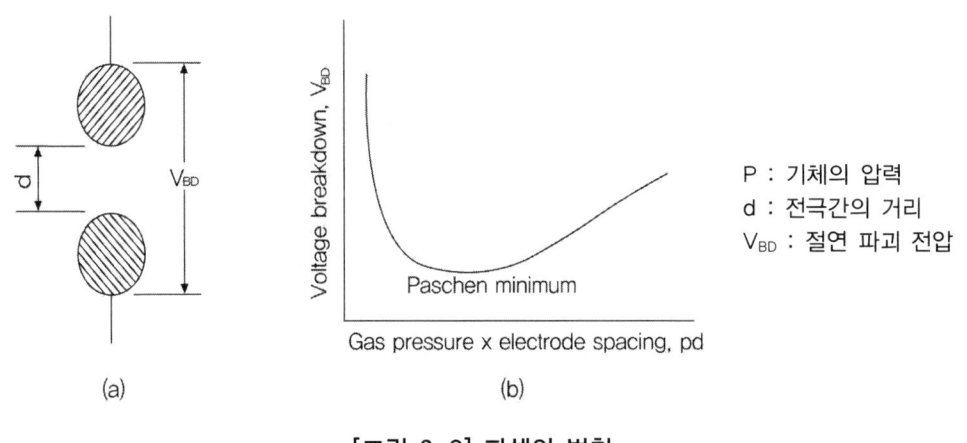

[그림 2-8] 파센의 법칙

(2) 액체의 절연 파괴

액체 상태의 절연 재료는 액체 중의 수분, 용해가스, 현탁 미립자 등에 의하여 부분방전이 발생하고 경년열화 되어 절연 파괴에 이르게 된다. 액체 절연 재료의 절연 파괴는 그 현상도 복잡하고 이론도 완전히 정립되어있지 않아 지속적인 관리가 필요한 부분이다.

(3) 고체의 절연 파괴

① 절연 파괴의 형태

1) 열적 파괴 : 전류에 의한 Joule열에 의해 온도가 상승하고 온도 상승에 따라 도전율이 커짐으로 인하여 더욱 전자가 증가하여 절연 파괴에 이르게 된다. 도전율과 열도전율의 함수관계에 있으며 절연 재료의 크기와 모양, 표면의 열방산 등에 영향을 받는다.

2) 전자적 파괴 : 전자에 의해 가속된 전자가 결정격자와 충돌할 때 자유전자와 정공을 만들며, 이들 전자가 다시 가속되어 같은 현상을 반복하면서 전자사태가 일어나 절연 파괴에 이르게 된다.

② 전극 크기의 영향

전극의 면적이 작을수록 절연 내력이 증가한다. 침단과 같이 매우 작은 면적의 전극의 경우 전계가 집중하여 절연 내력이 감소하게 된다.

③ 전극 두께의 영향

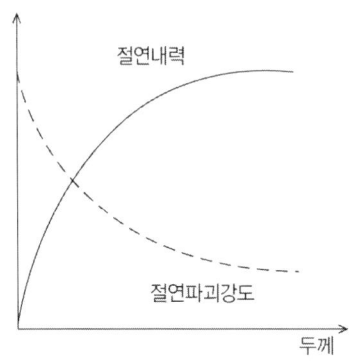

전극의 두께를 크게 하면 절연 내력은 증가하지만 절연 파괴 강도(V/d)는 감소하게 된다.

[그림 2-9] 전극의 두께에 따른 절연 특성

④ 가압 시간의 영향

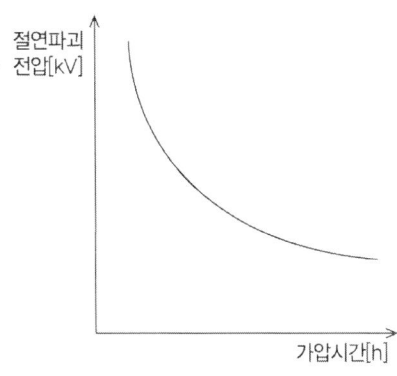

극히 고압이라도 가압시간이 짧으면 견디지만 장시간이 되면 훨씬 낮은 전압에서도 절연 파괴가 일어날 수 있다.

[그림 2-10] 가압시간에 따른 절연 특성

⑤ 기타 영향
- 직류전원인 경우 교류전원보다 절연 파괴 전압이 높다.
- 인가전압의 주파수를 높게 하면 절연 내력이 저하된다.
- 표면에 습기가 있으면 누설전류로 인하여 절연 내력이 저하된다.
- 온도가 높아지면 절연 내력이 저하된다.

3. 유전특성

전하의 이동을 방해하는 물질, 즉 전류가 흐르지 않는 부도체를 절연체(絕緣體, Insulator)라 하며, 어떤 물질의 양단에 전계 혹은 전압을 인가하였을 때 양 표면에 서로 다른 극성의 전하가 유기되는 물질, 즉 분극이 발생하는 모든 물질을 유전체(誘電體, Dielectrics)라고 한다.

절연체가 절연 특성을 갖고 있듯이 유전체 또한 유전체가 가지는 유전특성을 갖고 있다. 현재 알려진 절연체 중 분극이 발생하지 않는 물질은 없으므로 모든 절연체는 유전체의 범주에 든다고 할 수 있고, 우리가 사용하는 절연 물질은 절연 특성과 유전특성을 함께 가지고 있다.

(1) 유전 분극

도체와 달리 부도체는 자유 전자가 존재하지 않기 때문에 직접적으로 전하가 이동해 다니지 않는다. 그러나 전하를 근처로 가져가면 전하의 배열이 규칙적이 되어 전기적 방향성을 띠게 되는데, 이를 유전 분극 현상이라고 한다.

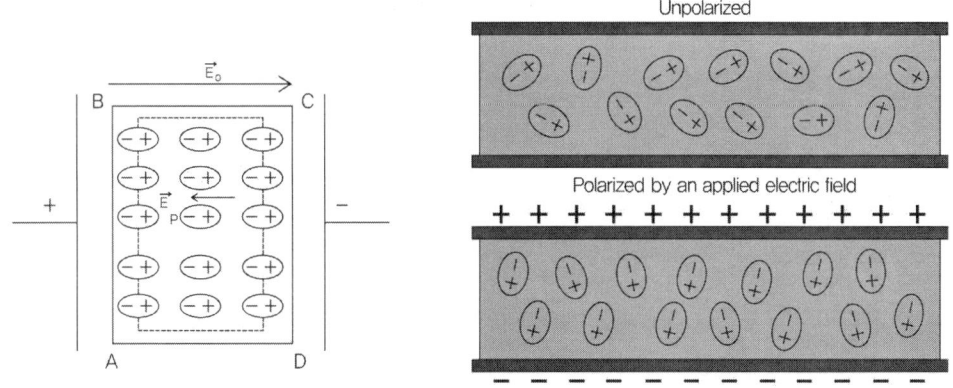

[그림 2-11] 유전 분극

[그림 2-11]과 같이 전기장이 없는 상태에서는 유전체 내부의 전기 쌍극자가 무질서하게 분포되어 절연체와 같은 성질을 가지고 있으나, 전극에 전압을 가하여 전기장이 발생하게 되면 쌍극자가 전기장의 방향으로 정렬이 된다. 이런 현상을 분극 현상이라고 하며, 이 현상이 강할수록(쌍극자의 수가 많을수록) 유전율이 높아진다. 분극 현상이 발생하게 되면 한쪽 전극에는 (+) 전하가, 반대쪽 전극에는 (-) 전하가 밀집하게 되어 전기를 저장할 수 있는 것이다.

유전체의 분극현상은 주파수 특성을 가지고 있으므로 이를 이용하여 유전체 내부의 불순물을 확인할 수 있으며, DC 전압을 이용하여 절연체의 절연 저항을 측정할 경우 DC 전압 인가 후 3분 또는 10분 후의 측정값을 기준으로 하는 이유도 과도상태의 분극현상에 따른 오차를 배제하기 위함이다.

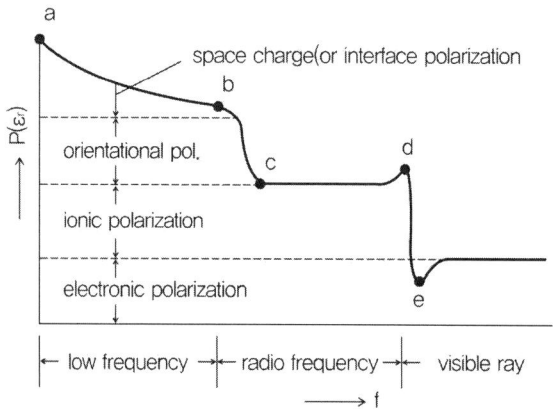

⟨Polarization의 frequency characteristics⟩

[그림 2-12] 유전 분극의 주파수 의존성

[표 2-6] 실온에서 여러 물질의 비유전율

물질	비유전율	물질	비유전율
진공	1	유리판	5.6
공기	1.00059	고무	7
테플론	2.03	메탄올	30
아크릴판	2.56	증류수	80
종이	3	티탄산바륨	1200

(2) 비유전율(Dielectric Constant)

외부의 전자계의 변화에 대하여 분극이 일어나는 정도를 유전율이라 하며 이를 수식으로 표시하면 다음과 같다. 여기서 ε_0는 진공의 유전율로 8.854×10^{-12}[F/m]의 값을 가진다. ε_r는 비유전율이며, 매질의 유전율과 진공의 유전율의 비이다.

$$\text{유전율}(\varepsilon) = \varepsilon' - j\varepsilon'' = \varepsilon_0 \cdot \varepsilon_r = \varepsilon_0(\varepsilon_r' - \varepsilon_r'')$$

(3) 유전손(Dielectric Loss)

절연물에 교류전압이 인가된 경우, 이상적인 절연물은 정전용량분 만의 전기특성을 가지며, 전력을 소비하는 저항분은 없게 되는데, 실제의 절연물에는 미미하나마 전력손실을 동반하는 저항분이 존재한다. 즉 유전체에 교류 전계를 가했을 때 생기는 전력손실을 유전손이라 한다. 유전손은 발생 원인에 따라 다음과 같이 세 종류로 나눌 수 있다.

① 누설전류에 의한 손실(W_ℓ)

직류를 인가한 경우의 누설전류에 대응하는 손실로써 양호한 절연물은 미미하나 절연 열화가 진행되면 증가한다.

② 유전분극에 의한 손실(W_p)

유전체 내의 원자, 분자 등에 전계가 가해지면 상대 위치가 변함에 따라 발생하는 손실로써 교류 전계의 경우 극성이 연속해서 변하기 때문에 연속해서 손실이 발생한다.

③ 부분방전에 의한 손실(W_i)

절연물에 부분방전이 발생한 경우 생기는 손실로써 절연물의 보이드(Void) 등에 따른 부분이다. 방전손실이 크게 되면 $\tan\delta$ 값도 증가한다.

(4) 유전정접(誘電正接)

유전체에 교류전압을 인가하면 유전체에는 유전손이 생기기 때문에 충전전류 I_c, 누설전류 I_g 및 쌍극자 전도전류 I_d가 흐른다. 이 때 유전체에서 소비되는 전력, 즉 유전 손실은 다음과 같다.

$$W = VI\cos\theta = VI\sin\delta$$

이때 $\cos\theta$가 90°에 상당히 근접하게 되면,

cosθ = sinδ ≒ tanδ 가 성립되므로

W = VIcosθ = VIsinδ ≒ VItanδ

여기서 tanδ 를 유전정접, δ 를 유전 손실각, θ 를 유전체 역률이라 한다. 정전용량을 C, 주파수를 f라 하여 ω = 2π f라 하면 유전 손실은 다음과 같이 표시되며, 정전용량 C는 유전체의 비유전율 $ε_r$에 비례하므로 유전손실은 $ε_r$tanδ 에 비례한다.

W = ω CV^2tanδ

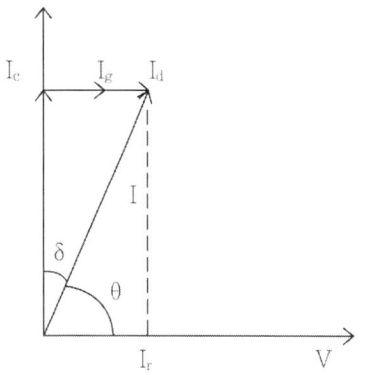

전 전류 I는 인가전압 V 보다도 90° 앞선 충전전류 Ic와 인가전압 V와 동상인 손실전류 Ir 과의 합성된 값이 되며, 전 전류 I는 충전전류 Ic 보다도 약간 늦은 전력손실이 발생한다.

이 전력손실의 비율을 유전정접(誘電正接, tanδ)이라 하며, 비율(%)로 나타낸다

[그림 2-13] 유전정접

2-3. 절연 재료의 열화

1. 절연 열화

시간이 경과함에 따라 성능이 저하되는 열화는 보통 구성 재료의 변질에 의한 품질저하의 원인에 의하여 발생하며, 재료의 열화 중 절연 특성의 열화를 절연 열화라 한다.

절연 재료는 주목적으로 하는 전기 절연 이외에 동시에 구조부분으로써의 역할을 하는 경우도 많으며, 기계적 성능이 복합적으로 요구되는 것으로써 그에 동반한 종합적인 열화현상은 매우 복잡하다. 열화를 촉진하는 스트레스 요인은 다음과 같다.

(1) 열 스트레스

절연 재료의 화학반응을 촉진하는 온도상승은 열화속도를 증대시켜 재료의 수명을 단축시키는 일반적인 열화의 요인이 된다. 전력 시설물의 온도상승한계는 절연 재료의 열 화학적 관점에서 결정된다. 온도상승과 함께 이로 인한 절연 재료의 물리적·화학적 변화가 전기적·기계적 성능을 저하시킨다.

(2) 전압 스트레스

절연 재료에 전압이 인가될 때 이로 인하여 다음과 같은 각종 열화가 발생된다.
- 전도전류 : 주울 열은 열적 효과 외에도 이온전도에 의하여 전기화학적 효과를 유발한다.
- 유전체 손 : 교류 전계 하에서 열적 상승을 일으킨다.
- 전자력, 정전기력 : 고전압에 의하여 발생하는 힘은 기계력을 발생시킨다.
- 부분방전 : 절연 재료 내부의 미세한 방전은 화학적 반응을 일으킨다.

(3) 기계적 스트레스

기계적 응력, 진동 등은 외부적인 기계력 이외에 열팽창 계수의 상호작용에 의한 열응력, 단락 및 지락 등 사고 대전류에 의한 전자 응력 등을 발생시킨다.

(4) 환경 스트레스

고 에너지 방사선(중성자선, X선, 전자선 등) 하에서는 물리적·화학적 열화가 촉진된다. 이외에도 반응성 물질, 흡습에 의한 가수분해, 미생물에 의한 침식 등을 들 수 있으며, 자연환경 하에서 강한 자외선을 조사하면 열화가 촉진된다.

(5) 복합적 스트레스

일반적으로 위에 서술된 요인이 단독적으로 작용하여 열화 되기도 하지만 복합적으로 작용하는 경우도 많다. 이 경우의 열화는 단독 요인으로 인한 열화보다 더 빨리 촉진된다.

2. 열 스트레스 열화

전압이 인가된 전력시설물에 발생하는 동 손, 철 손, 유전체 손, 기계 손 등은 전력시설물 내의 열원으로 작용하며, 외부로 방열되어 열평형을 이룰 때까지 도체의 온도를 상승시킨다. 이 경우 절연 재료는 온도상승 및 열 스트레스로 인하여 시간이 경과함에 따라 물리적·화학적 변화를 일으켜 열화에 이르게 된다.

(1) 열 스트레스에 의한 물리적·화학적 열화

절연 재료의 고분자는 고온상태에서 연쇄된 분자 고리가 절단되는 등 분자 구조의 변화를 가져온다. 이 과정은 산소의 유무에 따라 현저하게 영향을 받는다. 산소가 없는 경우의 반응을 열분해라 하고, 산소가 있는 경우의 반응을 열 산화분해라 한다.

① 산소가 존재하지 않는 경우의 열분해 반응

고분자가 진공 중이나 불활성 기체 중에서 가열되면 고분자를 구성하는 원자 간의 결합이 열에너지에 의하여 끊어져 저분자로 된다. 이 저분자는 기체가 되어 확산된 후 중량감소가 일어난다.

② 산소가 존재하는 경우의 열 산화분해 반응

공기 중과 같이 산소가 존재하는 경우의 열 산화분해는 산소가 존재하지 않는 경우에 비해 꽤 낮은 온도에서도 쉽게 진행된다. 열 산화과정은 복잡하게 진행되며, 열분해가 발생한 표리기에 산소분자가 작용하여 분해반응이 촉진되어짐과 동시에 연쇄반응에 의한 산화가 자동적으로 급속히 진행된다.

(2) 열 스트레스의 반응속도

열 열화반응 진행 시 고분자 재료에 대한 최저 요구 성능이 저하되면 재료의 사용은 불가능하다. 따라서 열화 진행속도는 재료의 수명을 지배하는 중요한 인자가 된다. 열화 진행속도의 온도에 대한 관계가 명확해지면 고온에 있어서의 가속 열화시험에서 사용온도에 대한 수명을 추정하는 것이 가능해진다.

3. 전압 스트레스 열화

전력시설물에 전압이 인가될 때 이상적인 평등 전계 내에서 전압이 인가되지 않고 부분적으로 전계 강도가 크게 되는 부분이 발생되는 것이 보통이므로 전압 스트레스 하에서 전계의 영향으로 절연 재료에서 각종 열화가 발생된다. 이와 같이 불평등한 전계 구조에서 전압을 인가하게 되면 절연 파괴 전압이 낮아져 절연 재료 중의 보이드 등에서 부분 파괴가 발생하며, 이로 인한 방전이 절연 재료에 가해져 열화가 발생하게 된다. 이러한 열화를 방전열화라 하며 전압 스트레스의 주요 원인이다.

방전열화의 주요 요인으로는 기중 방전, 액체 중 방전 및 보이드 방전 등이 있다. 연면 방전에서 양 전극 간에 절연 파괴가 된 형식의 것은 글로우 방전이 오래 지속되며, 에너지가 큰 아크 방전으로 진행되고 방전에 의한 열작용이 열화의 주체가 된다. 이것을 아크 열화라 한다. 이에 비하여 절연체 내부의 미세한 절연 파괴로 일어나는 방전은 건전한 절연부분이 직렬로 연결된 형식이 되어 방전이 억제되어 글로우 방전 형식으로 되는 경우가 많다. 이러한 것을 부분방전 열화라 부르며 고분자 표면의 수분, 오손 상태에서도 일어난다.

(1) 부분방전(Partial Discharge)

전극과 전극 사이를 채우고 있는 절연물 내에서의 전기적 방전을 뜻하며, 부분방전은 원래 기체 상태에서 발생하고 기체가 매우 높은 에너지를 받아 이온화되는 현상을 말한다. 방전 펄스는 인가전압이 상승함에 따라 점차 크기와 수가 증가하여 전압이 최댓값에 도달한 후 소멸되며, 전압의 극성이 바뀜에 따라 다시 음의 영역에서 방전이 시작되어 최댓값에 도달한 후 소멸되는 특성을 가진다.

부분방전에 의한 고분자 절연체의 손상은 화학적인 것과 물리적인 것이 있으며, 화학적인 손상은 고분자에서의 산화반응이 체인열화(Chain Degradation) 반응으로 연결되어 고분자의 물성을 변화시키는 것이고, 물리적인 손상은 부분방전에 의하여 고분자 절연체의 일부분이 침식되는 현상이다.

일반적으로 보이드 방전 시에는 한 번의 방전 전하량이 $10^{-9} \sim 10^{-8}$[pC]이며,

펄스 지속 시간은 0.1[μs] 정도이다. 이러한 방전 현상은 비록 작을지라도 절연 재료의 급격한 열화를 가져와 궁극적으로 절연 파괴의 원인이 된다.

① 부분방전의 원인
- 절연체 내에 많은 불순물이 함유되어 있는 경우
- 절연물 내에 공극이 형성되어 있는 경우
- 전기적 트리가 형성되어 있는 경우

② 부분방전의 형태
- 내부 방전(Internal Discharges) : 유전체의 공동이나 내부의 절연 내력이 낮은 함유물에 의한 방전
- 연면(표면) 방전(Surface Discharges) : 유전체의 표면에서 일어나는 방전
- 코로나 방전(Corona Discharges) : 전극의 끝이나 날카로운 부분에서 불평등 전계에 의한 방전
- 전기적 트리(Tree)에서의 내부 방전(Tree Discharges) : 고 전계에 의하여 절연체에 함유되어 있는 기체가 국부적으로 일으키는 방전

(2) 트래킹(Tracking) 현상

고전압에 의한 절연물 열화의 한 형태로 전압이 인가된 이극 도체간의 고체 절연물 표면에 도전성 오염물질이 부착되면 오염된 곳의 표면을 따라 전류가 흐르고 전류 흐름에 의한 Joule열에 의해 표면이 국부적으로 건조해지고 부착물간의 미소 발광방전이 일어난다. 이것이 지속적으로 반복되면 절연물 표면의 일부가 분해되어 탄화 및 침식됨에 따라 도전성 물질이 생성된다. 도전성 물질이 생성되면 미세 불꽃 방전의 원인이 되어 전해질이 소멸되어도 방전은 지속되고 다른 극의 전극 간에는 도전성의 통로(Track)가 형성된다.

이와 같이 습한 표면이 누설 전류에 의한 줄 열에 의해 건조하여 국부 방전을 일으켜 탄화함으로써 도전성(導電性)의 경로가 형성되는 프로세스를 거치는 열화 현상을 트래킹 현상이라 한다.

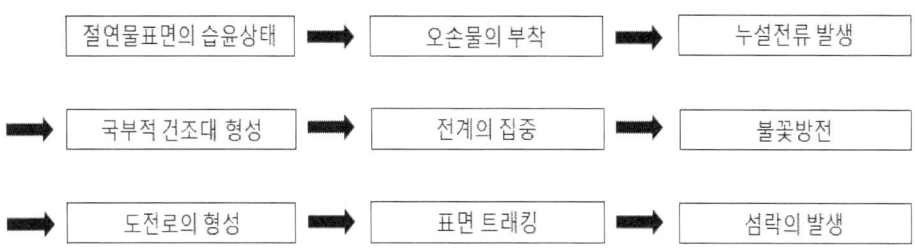

[그림 2-14] Tracking Process

트래킹 초기에는 전류가 적어 발열범위도 적고 절연 파괴의 가능성도 낮으나 일정한 단계가 되면 전류량이 커져 발열량이 증가되고 이에 따라 절연 파괴가 일어나 지락 및 단락 등의 사고로 이어진다.

(3) 트리잉(Treeing) 현상

고체 절연 재료 중에서 국부적으로 전계가 집중하고 있는 부분이 있으면 그곳에서 나뭇가지 형태의 방전 흔적이 형성되어 순차적으로 진전하는 현상을 트리잉(Treeing)이라 한다. 트리는 절연 재료가 기화하여 생긴 나뭇가지 형태의 경로로 지름 수 ㎛의 중공 파이프로 속은 분해가스로 채워져 있다.

절연 구성이 비교적 두꺼운 경우, 부분 방전에 의한 전면적 고체 표면의 침식이 증대되어 방전이 집중적으로 일어나면, 그곳에 비트 상 침식이 발생하여 고체 절연의 내부가 가지 상태로 진전되고 이것으로 인한 관통파괴가 일어난다. 이와 같은 트리 상 파괴는 이온 결정의 전기적 파괴에 있어서 방향성을 갖는 파괴로써 고체의 전자에 의한 파괴가 국부 방전열화에 의하여 분해되고 기화되어 튀어나온 흔적을 갖고 있다.

각종 장소에서의 트리 발생은 고전압 인가에 동반하여 부분방전을 기초로 발생하는 전기 트리의 발전으로 진전되어 나타난다. 전압 인가 후의 트리의 발달 상황은 [그림 2-15]에 표시한 것과 같이 트리 발생까지의 잠복기(t_1)와 그 이후의 트리 진전기(t_2)로 나누어진다.

잠복기를 짧게 하는 인자는 침전극 선단과 같은 국부적인 고전계의 집중부에 있는 보이드이다. 보이드가 존재할 경우 보이드 중심에서 기체 방전이 발생하면 단시간에 보이드에서 피트를 형성하고 트리로 진전한다. 또한, 보이드가 없을 경우 선단부의 전계가 충분히 높아져 고체 절연물의 진성 파괴전계에 이르게 되면 고체 절연 파괴가 발생하여 절연물이 가스화 되고, 이것이 미세한 보이드를 형성함에 따라 지속적인 트리의 진전으로 이어진다. 또한 교류 전계가 있는 경우, 기계적 응력의 반복에 의한 피로 파괴되어 크랙이 생기면 트리로 진전하기도 한다.

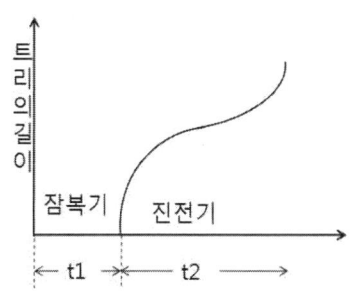

[그림 2-15] 전기 트리의 발생과정

(4) 전기적 트리

보이드가 고체 절연물 내에 존재하면 그곳에 전계가 집중되고 부분 방전이 발생하여 트리 상으로 진전되던지, 고체 절연물 내에 전계가 불균등한 부분이 있는 경우에는 내부에 존재하는 첨예한 형상을 가진 도전성 이물질 등에 의한 고전계 부분의 국부적인 고체 절연 파괴가 발생하여, 그것이 기화되어 보이드가 된 후 트리 상으로 진전하는 경우도 있다.

(5) 수 트리

트리 상의 열화는 200~700V의 극히 낮은, 기중 부분방전이 없는 전압 아래서도 고체 절연물 내에 수분이 존재하면 용이하게 진전되는 경우가 있다. 이와 같이 전계와 수분의 상호 작용에 의해 발생하는 트리를 수 트리라 한다.

(6) 화학적 트리

외부에 부식성 가스(황화물 등)가 존재하는 경우 절연물 속의 동과 반응하여 황화동, 산화동 등을 생성시켜 열화하는 트리를 말한다.

4. 기계적 스트레스 열화

절연 재료는 내전압 재료와 함께 많은 경우 구조재료로써 기계적 스트레스를 받는다. 따라서 고분자 분자 고리의 절단에 기인하는 기계특성의 저하가 발생하게 되며, 이를 기계적 열화라 한다.

(1) 크리프 응력 완화

고분자는 기계적 성질로 보아 점탄성체로써 일정 하중이 가해지면 크리프(소재에 일정한 하중이 가해진 상태에서 시간의 경과에 따라 소재의 변형이 계속되는 현상)를 일으키게 되며, 일정 변형이 지속되면 내부 응력이 완화되어 없어지게 된다.

(2) 반복 응력에 의한 피로

반복 반응에 의한 고분자의 파괴를 피로파괴라 한다. 회전 진동과 전자 진동을 받는 절연 재료에 있어 중요한 프로세스이다.

5. 환경 스트레스 열화

(1) 흡습 및 흡수에 의한 열화

물 분자는 큰 쌍극자 모멘트와 수소 결합능력을 지닌 고분자, 특히 OH기와 NH기 등을 갖는 고분자와 강한 친화력을 갖는다. 이러한 고분자는 흡습성이 높아 친수성 고분자로 부른다. 반면 폴리에틸렌과 같은 무극성 고분자는 흡습성이 낮아 불 친수성 고분자로 분류된다.

흡습에 의하여 고분자 재료는 밀도, 전기적 성질 및 기계적 성질 등 물리적 성질과 가수분해에 의한 화학적 변화가 발생하여 종합적인 성능열화가 발생하게 된다. 침수과정에서의 수 트리 열화는 그 대표적인 예이다. 흡습에 의한 절연 재료의 주요한 특성변화는 다음과 같다.

- 밀도 변화
- 기계적 변화
- 전기적 변화
- 화학적 변화

(2) 화학약품에 의한 열화

절연 재료를 구성하는 고분자 재료는 금속재료들에 비해 내약품성이 풍부한 재료들이지만 다양한 재료의 종류에 따라 내약품성의 차이가 크다. 부식성 가스, 증기 및 액체류가 고분자 재료에 침투하여 확산되면서 발생한다.

6. 복합적 스트레스 열화

두 종류 이상의 스트레스가 절연 재료의 성능을 저하시키는 경우를 복합적 스트레스에 의한 열화라 한다. 다음은 복합적인 스트레스에 의한 열화의 예이다.

- XLPE 케이블의 수 트리 : 전압 + 물
- 원자력 발전소용 케이블 : 방사선 + 열
- 회전기 권선절연 : 전압 + 기계 + 열

2-4. 절연 진단 방법

1. 절연 저항 측정시험

(1) 절연 저항계의 종류

① 사용 전원에 따른 분류
- 전지식 : 일반적으로 사용되는 방식이며 내부에 장착되는 건전지를 이용하여 고전압을 발생시키는 방식이다.
- 발전기식 : 핸들을 돌려 전압을 발생시키는 방식으로 과거 전자회로의 발전이 미흡했을 때 사용하던 방식이다. 안정적인 DC 전압이 출력되지 않아 정밀한 절연 저항의 측정이 힘들다.

② 지시 방식에 따른 분류
- 아날로그 방식 : 일반적으로 현장에서 많이 사용하는 방식이며, 내부의 전자회로에 의해 DC 전압을 승압시킨다. 출력전류가 1~2mA 정도로 크기 때문에 대지 간 정전용량이 큰 선로 절연 저항의 측정이 가능하다. 다만 수십 ㏁ 이상의 값은 눈금 간 간격이 너무 가까워 판독오차가 발생할 수 있다.
- 디지털 방식 : 액정에 의한 숫자 표시 방법을 적용한 방식으로 정전작업을 감안하여 백라이트를 적용한 다소 편리한 부분도 있다. 출력전류가 1mA 미만으로 적기 때문에 정전용량이 큰 케이블 등의 절연 저항 측정 시 흡수전류로 인한 측정시간이 많이 소요되며 측정 수치가 수시로 변화하여 판독에 어려움이 있다.

③ 사용 전압에 따른 분류
- 저전압용 : 출력전압이 1000V 미만으로 저압 전로의 절연 저항의 측정에 사용된다. 각 출력 전압별 절연 저항계의 용도는 [표 2-7]과 같다.

[표 2-7] 절연 저항계의 전압별 용도-저전압용

출력 전압	용도
25V, 50V	통신회로 측정
100V, 125V, 150V	통신회로, 110V 전자기기 전원회로 측정
250V	220V 전자기기 전원회로 측정
500V	저압회로 및 전기기기 회로 측정(전자기기용 회로 제외)

●고전압용 : 출력전압이 1000V 이상으로 고압 전로 및 고압 기기의 절연 저항의 측정에 사용되며, GΩ (10^9) 범위까지 측정이 가능하다. G(Guide) 단자를 사용하면 표면 누설저항에 의한 측정오차를 줄일 수 있다. 출력 전류가 매우 적어 실드에 의한 대지 간 정전용량이 큰 고압 케이블은 측정 시간이 많이 소비된다. 각 출력 전압별 절연 저항계의 용도는 [표 2-8]과 같다.

[표 2-8] 절연 저항계의 전압별 용도-고전압용

출력 전압	용도
1,000V, 2,000V	3,300V용 전기기기 및 전로 측정
5,000V	6,600V, 22,900V용 전기기기 및 전로 측정
10,000V	22,900V(중성선 다중접지)용 전기기기 및 전로 측정
20,000V	22,000V(비 접지)용 전기기기 및 전로 측정

(2) 절연 저항계의 측정방법

절연 저항계는 내부에서 고전압을 발생시키므로 어떤 경우에서든 측정리드 측으로 고전압이 출력되므로 작업자의 주의가 필요하다.

① 절연 저항계 사용 시 고려사항
- ●측정하고자 하는 기기 또는 전로의 전원을 반드시 차단하고 충분한 안전조치를 취하여야 한다.
- ●측정 전 반드시 배터리의 상태를 확인한다. 배터리의 상태가 양호하지 않으면 측정값을 신뢰할 수 없다.
- ●측정 대상의 주변에 기준 접지가 없을 경우 주변의 수도관 등 임시 접지 단자로 사용 가능한 금속체를 접지로 활용할 수 있다.
- ●측정 대상 기기 또는 전로는 비록 정전이 된 상태라 하더라도 중성선을 포함한 모든 선로가 전원 측으로부터 분리되어야 한다. 특히 차단기 2차 측에 제어회로가 연결된 경우 반드시 제어회로의 퓨즈를 제거하여야 한다.
- ●측정이 완료된 후에는 분리 또는 차단한 모든 회로를 원상태로 복구하여야 한다. 특히 접지선이나 중성선이 탈락한 상태에서의 전원 투입은 매우 중대한 사고로 이어질 수 있으므로 각별히 유의하여야 한다.
- ●측정 중 충전에 필요한 시간이 많이 소요된 전로나 1,000V 이상의 전압으로 측정한 회로의 경우 충전전류에 의한 전격의 방지를 위하여 반드시 방전작업을 실시하여야 한다.

② 절연 저항계 사용 시 주의사항
- 측정 대상의 내부회로 숙지 : 절연 저항을 측정하기 전 측정 대상기기의 내부회로에 대하여 어느 정도 숙지되어 있어야 한다. 측정 대상의 내부에 반도체 회로 등이 있는 경우 절연 저항기의 고전압에 의한 고장이나 사고 발생의 위험이 있다. 특히 서지 프로텍터(SPD)가 내장된 전자회로는 절연 저항 측정 시 SPD가 동작할 수 있으므로 주의하여야 한다.
- 측정 대상의 절연 한도 숙지 : 측정 대상의 절연 내력의 한계전압을 반드시 확인하여 그에 맞는 출력전압 범위의 절연 저항계를 사용하여야 한다. 확인이 불가능할 경우 반드시 측정 대상의 사용전압 범위에서 사용할 수 있는 절연 저항계를 사용하여야 한다. 사용전압 보다 높은 절연 저항계를 사용할 경우 절연 내력 시험과 같은 결과를 초래할 수 있어 측정 대상의 절연을 파괴시킬 수 있다.

(3) 절연 저항의 온도환산

① 간이 계산식

$$R_{20} = R_t \times K_t \times L [\Omega/km]$$

R_{20} : 20°C에서 1km당으로 환산한 절연 저항 값[Ω/km]
R_t : t°C에서의 절연 저항 측정값[Ω]
K_t : 측정온도 t°C에서의 절연 저항 값을 20°C로 환산하는 온도환산계수
L : 선로의 길이[km]

② ANSI/IEEE(std 43-1974)

ANSI/IEEE에서는 t°C에서의 절연 저항 값을 40°C로 환산하기 위하여 다음의 공식을 적용한다.

$$M\Omega_{(40)} = M\Omega_{(t)} \times 2^{\frac{t-40}{10}}$$

적용 예 : 주위온도 30°C에서의 절연 저항 측정값이 30[MΩ]인 경우 40에서의 절연 저항 값으로 환산하면

$$M\Omega_{(40)} = M = M\Omega_{(t)} \times 2^{\frac{t-40}{10}} = 30 \times 2^{\frac{30-40}{10}} = 30 \times 2^{-1} = 15[M\Omega]$$

(4) 절연 저항의 기준

저압 전선로에 대한 절연 저항은 전기설비기술기준에 의한 유지기준을 가지고 있으나 그 외의 경우는 별도의 기준은 없고 다만 권고사항이나 참고사항 등은 있다. 즉 저압 전선로의 경우에는 정해진 기준에 의해 적합성을 판단하지만 각종 전기기계, 기구의 경우에는 각 제조사에서 제시하는 절연 저항 유지범위에 의존하여 각각의 절연 저항의 적합성을 판단한다.

① 저압 전로의 절연 저항 기준

전기설비기술기준 제52조(저압전로의 절연 성능)에 따라 사용전압이 저압인 전로의 전선 상호 간 및 대지 간의 절연 저항은 개폐기 또는 과전류 차단기로 구분할 수 있는 전로마다 [표 2-9]에서 정한 값 이상으로 유지하여야 한다. 정전이 어려운 경우 등 절연 저항 측정이 곤란한 경우에는 누설전류를 1mA 이하로 유지하여야 한다.

전기기기의 절연체에 사용전압에 해당되는 전압을 인가하여 누설전류를 측정하는 방법을 통하여 측정된 누설전류를 인가한 전압으로 나누어 얻어낸 저항 값은 측정 시 측정 계측기의 지시 값이 변화하지 않고 안정될 때까지 기다려야 한다.

$$R = \frac{E(직류전압)}{I(누설전류 : 1분이상의안정된값)} = [M\Omega]$$

R : 절연 저항 값
E : 절연 저항을 측정하기 위하여 인가한 전압 [kV]
I : 누설전류 [mA]

[표 2-9] 저압 전로의 절연 저항 기준

전로의 사용전압의 구분		절연 저항값
400V	대지저압(접지식 전로는 전선과 대지 간의 전압, 비접지식 전로는 전선간의 전압을 말한다. 이하 같다)이 150V 이하인 경우	0.1 MΩ
	대지전압이 150V를 넘고 300V 이하인 경우(전압 측 전선과 중성선 또는 대지 간의 절연 저항)	0.2 MΩ
	사용전압이 300V를 넘고 400V 미만인 경우	0.3 MΩ
400V 이상		0.4 MΩ

② 고압기기의 절연 저항값

고압 및 특별고압의 기계기구 및 전로의 절연 저항은 온도·습도·오손 정도에 따라 변하고, 회로의 전압 및 절연물의 종류·구조 등에 따라 다르며, 절연 저항 저하의 경향 또한 기계기구 등에 따라 차이가 있으므로 명확한 기준을 정할 수는 없으나 내선규정(700-3)과 JIS(4004-1992)규정 등을 활용한다.

● 일반 기기

$$R = \frac{정격전압(V)}{정격출력(kW 또는 kVA) + 1,000} [M\Omega]$$

● 회전 기기

$$R = \frac{정격전압(V) + \frac{1}{3}(분당회전수)}{정격출력(kW 또는 kVA) + 2,000} [M\Omega]$$

③ ANSI/IEEE(std 43-1974)

$$M\Omega(m) \geq kV + 1 [M\Omega]$$

$M\Omega(m)$: 최저 절연 저항 추정값(40℃ 기준)
kV : 측정 대상기기의 정격전압[kV]

④ 전력시설물의 절연 저항 기준

각종 전력시설물의 절연 저항은 다음의 기준에 따른다.

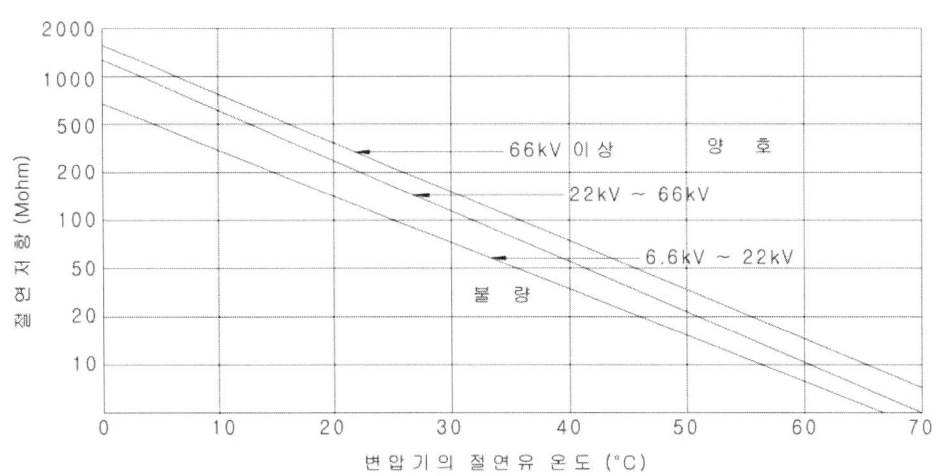

[그림 2-16] 유입 변압기의 절연 저항

[표 2-10] 차단기 절연 저항

구 분	각상-대지 간(MΩ)	각상 상호간(MΩ)	동상 1,2차간(MΩ)
25.8KV 이하	500	500	500
72.5KV 이상	1,000	1,000	1,000

[표 2-11] 계기용 변류기(CT) 절연 저항

구 분	1차권선 - 대지	2차권선 - 2(3)차 권선	2(3)차권선 - 대지	2차권선 - 3차 권선
절연 저항(MΩ)	수100~수10	수100~수10	10	5

[표 2-12] 계기용 변압기(PT) 절연 저항

기기명	측정대상	허용값(MΩ)	기기명	측정대상	허용값(MΩ)
일반계기	고압 - 저압 고압 - 대지 저압 - 대지	30 이상 30 이상 5 이상	유입형 콘서베이터	권선 - 대지 권 선 상 호	50이상 2이상

(5) 절연 저항의 평가

각종 절연 저항 측정계를 이용한 절연 저항 측정값의 적합성을 판단하기 위하여 저압 전선로에 대한 전기설비기술기준에 정한 값, 내선규정 등의 기준 값을 적용하기도 하지만 기준 값 이상이면 절연 상태가 양호하다는 판단보다는 측정 상태에 따른 변화추이를 확인하여 판단하는 것이 보다 높은 신뢰성을 가진다.

① 약점비

서로 다른 두 종류의 전압 하에서 측정된 절연 저항 값의 비를 적합성의 판정기준으로 사용하는 기법이며, 주로 케이블 등의 절연 열화 판정에 적용한다.

$$약점비 = \frac{R_{1step}}{R_{2step}}[\%]$$

R_{1step} : 제 1Step 전압에서의 절연 저항 값
R_{2step} : 제 2Step 전압에서의 절연 저항 값

제 1Step의 전압은 일반적으로 사용전압 범위의 전압으로 하고, 제 2Step의 전압은 이의 ½정도의 전압을 선정한다. 이는 절연 저항이 전압에 따라 변화하는 특성과 그 특성의 변화비율이 열화가 진행된 절연체일수록 크게 변화

되는 특성을 이용한 것이다.

약점비의 값이 300% 이상이 되면 위험한 상태로 판정한다.

[표 2-13] 약점비 판정기준

사용전압	제 1Step 전압	제 2Step 전압	비 고
저압	500V	250V	대지전압 기준임
3,300V	2000V(3,000V)	1,000V(1,500V)	
6,600V	5,000V	2,500V	
22.9kV	10,000V	5,000V	
20kV	20,000V	10,000V	

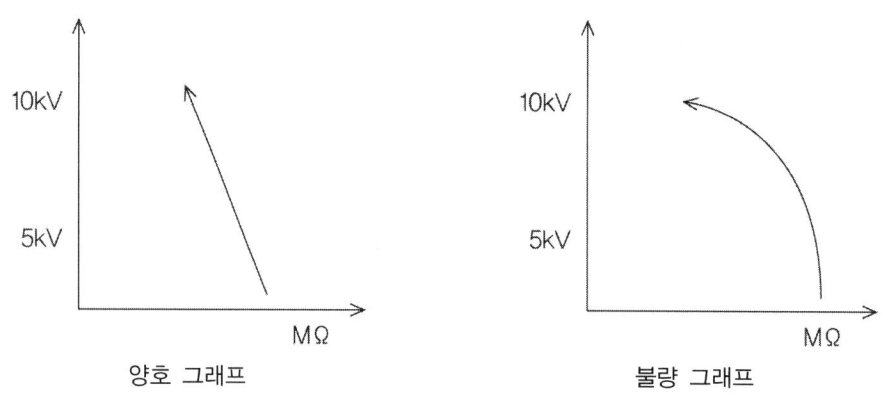

[그림 2-17] 약점비의 판정

② 성극비(성극지수)

성극비(성극지수)는 측정시간에 따른 누설전류의 증감여부를 조사하는 방법으로 인가시간과 함께 누설전류가 증가하는지를 확인하여 절연 열화 판정의 근거로 삼는 기법이다.

$$성극비 = \frac{전압인가 30초 \sim 1분후의 누설전류[\mu A]}{전압인가 3분 \sim 10분후의 누설전류[\mu A]}$$

[표 2-14] 성극비 판정기준

성극비(성극지수)	판정
1.0 이상	양호
0.5 이상~1.0 미만	요주의
0.5 미만	불량

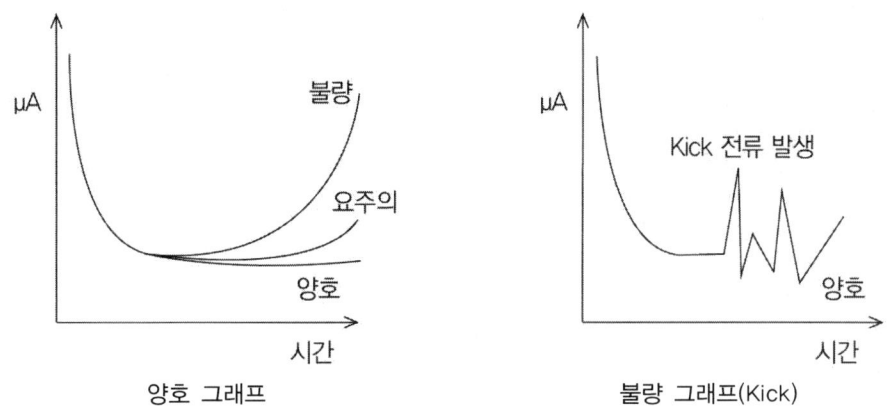

[그림 2-18] 성극비의 판정

③ 선간 불평형율

3상 케이블에 DC 전압을 인가할 때 정상인 경우 각 상의 누설전류의 크기가 비슷하지만 절연 열화가 진행된 상태의 경우는 각 상의 누설전류는 차이가 발생하게 된다. 선간 불평형율에 의한 열화판정의 기준은 다음과 같은 식으로 표현된다.

$$선간\ 불평형율 = \frac{3상누설전류(최대-최소)}{3상누설전류\ 평균치} \times 100[\%]$$

선간 불평형율이 200% 이상이면 불량으로 판정한다.

2. 절연 내력시험

절연 내력시험은 전로의 절연 상태를 확인하기 위해, 그리고 사고가 일어났을 때, 또는 전기회로에 발생하는 이상 전압과 뇌 서지나 회로 개폐에 기인하는 개폐 서지 등이 전로에 가해졌을 때에도 절연 파괴를 일으키지 않고 전기설비를 사용할 수 있고, 또 전로에 절연 강도가 충분히 있는가를 판정하기 위해 전로의 절연 상태가 정해진 전압에 일정 시간 견디는지를 확인하는 시험이다.

절연 내력시험은 전로의 상규 대지 전압보다 더 높은 전압을 인가하는데, 이는 전력 케이블의 설계 내전압보다 값이 낮기 때문에 절연 성능이 양호할 경우에는 이 시험의 스트레스로 인해 절연 파괴를 일으키지 않으며, 시험하는 중에 절연 파괴를 일으키는 것은 이미 절연 성능에 결함이 있는 경우이다. 이와 같이 절연 상태의 건전성 여부를 확인하는 시험이 절연 내력시험이다.

(1) 절연 내력시험기

시험 장소나 시험 전압, 피(被)시험회로의 정전용량 등에 따라 필요한 용량의 시험기기를 선정한다.

① 교류 절연 내력시험기

교류 절연 내력시험의 시험기에는 절연 내력시험 전용시험기나 계전기 시험기과 내압용 변압기를 조합해 사용하는 것이 있다.

원리는 시험 전원으로부터의 전압을 슬라이닥스 등의 전압 조정기에 의해 시험용 변압기의 1차 전압을 조정하고 2차 측에서 발생하는 전압을 시험 설비에 인가한다. 그리고 고압 리액터로 피 시험회로의 대지 정전용량에 의한 충전 전류를 억제해 시험기 용량이나 시험기 전원 용량을 작게 할 수 있어 긍장이 긴 전력케이블 등에도 대응할 수 있다.

교류 절연 내력시험을 실시할 때의 충전 전류와 고압 리액터전류 간의 벡터도를 [그림 2-19]에 나타낸다.

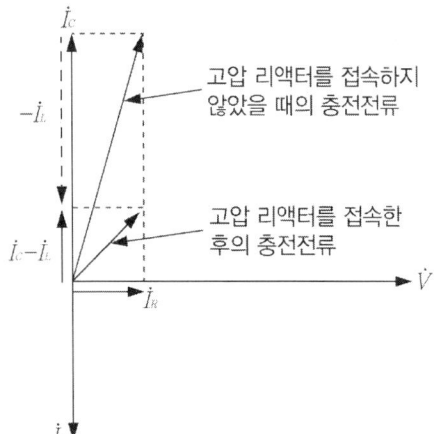

$\dot{I}_C$: 피시험회로 정전용량(C)분의 전류
$\dot{I}_L$: 피시험회로에 접속한 고압 리액터의 전류
$\dot{I}_R$: 피시험회로 저항(R)분의 전류
$\dot{V}$: 시험전압

[그림 2-19] 교류 절연 내력시험 벡터도

② 직류 절연 내력시험기

교류 전압에서 사용되는 기기나 전로의 절연 내력시험은 교류로 시험하는 것이 좋다. 하지만 긍장이 긴 전력 케이블 등에서는 대지 정전용량이 커 충전 전류가 많이 흐르므로 시험기를 대 용량으로 하거나 고압 리액터를 많이 사용해야 한다. 그리고 시험기 구성이 방대해져 현장시험이 어려운 경우도 있다.

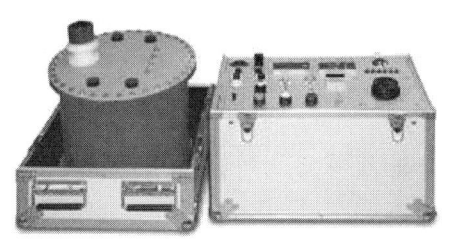
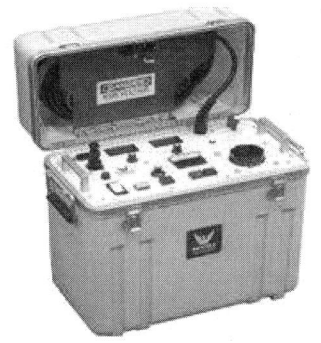

교류 절연 내력시험기 　　　　　직류 절연 내력시험기

[그림 2-20] 절연 내력시험기

　　이에 대해 직류 전압 시험에서는 대지 정전용량 분으로 인한 충전전류가 흐르지 않아 저항분만의 전류가 되기 때문에 장거리 케이블이더라도 소 용량의 시험기로 대응할 수 있다.

　　직류 절연 내력시험기에 있는 직류 전원 발생장치 회로의 고압 전원은 일반적으로 변압기에 의해 교류 고압을 얻고 이것을 반도체 정류기에서 정류해 직류 고압으로 하는 경우가 많다. 직류 고전압 발생 회로에서는 다단 전압 발생회로가 사용되고 있어 교류 절연 내력시험기와는 승압 방식이 크게 다르다. 통상적으로 교류 절연 내력시험에서는 전압 상승에 맞추어 시험회로의 정전용량에 비례한 충전 전류를 계측할 수 있지만 직류 절연 내력시험에서는 직류 전압을 인가한 직후 교류전류(흡수전류)가 크게 흐른다. 이 전류는 시간이 지남에 따라 감소하므로 직류 고압 발생장치의 인가전압을 서서히 승압함으로써 시험기의 용량을 오버하지 않고 시험할 수 있다

(2) 절연 내력시험 방법

① 절연 내력시험 시 안전대책
- 절연 내력시험 중에는 시험 구역 내에 관계자 이외의 출입을 금지하기 위해 구획을 설정하고 안전표지를 부착한다.
- 필요한 개소에 감시인을 배치하고 인가 확인, 이상 유무확인 및 관계자 이외의 출입을 감시한다.
- 절연 내력시험 실시 후에는 피 시험회로를 확실하게 방전한다. 특히 긍장이 긴 케이블의 직류 절연 내력시험을 마친 후에는 케이블에 축적되어 있는 전하는 확실하게 방전시킨다.

② 절연 내력시험 순서
- 시험 개시 전 안전을 확보한다.
- 절연 내력시험을 하기 전에 절연 저항을 측정하고 측정 후에는 회로에 대한 방전작업을 실시한다.
- 시험기와 피 시험회로를 [그림 2-21]과 같이 접속하고 시험기 전압 발생부의 접지를 떼어낸다.
- 시험기의 슬라이닥스 또는 승압 다이얼이 최소값에 있는지 확인하고 시험기의 전원을 투입한다.
- 인가전압의 10~30% 정도까지 승압하고 검전기로 피 시험회로에 전압이 인가되어 있는지 확인한다.
- 시험 인가전압까지 승압하고 이상한 소리, 이상한 냄새가 나지 않는지 확인한다.
- 시간 계측을 개시하고 교류 절연 내력시험에 대해서는 1분, 5분, 9분, 10분의 지연 전류값을 측정하며, 직류 절연 내력시험에 대해서는 분당 지연 전류값을 측정한다.
- 시험 인가전압을 10분 인가한 후 피 시험회로에 이상이 없는 지 확인하고 신속한 강압 조작으로 시험기 전원을 개방한다. 직류 절연 내력시험기일 경우에는 시험 종료 후 강압 조작을 하더라도 인가전압이 곧바로 내려가지 않기 때문에 인가전압이 충분히 내려갈 때까지 기다린다.
- 시험기의 전압 발생부를 검전기로 무 전압인지 확인하고 시험회로에 대한 방전작업을 실시한다.
- 절연 내력시험을 실시한 다음 절연 저항을 측정한다.
- 절연 저항 측정을 마친 후 방전작업을 실시한다.

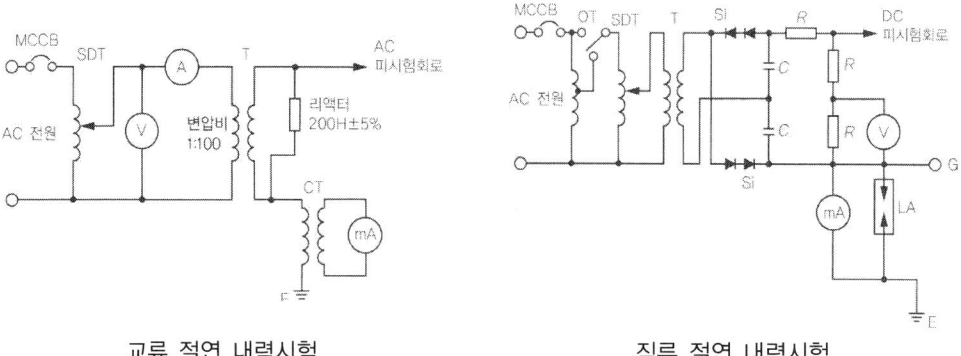

교류 절연 내력시험 직류 절연 내력시험

[그림 2-21] 절연 내력시험 회로도

(3) 절연 내력시험 기준

고압 및 특고압 전로(전기설비시설기준의 판단기준 제12조 각 호의 부분, 회전기, 정류기, 연료전지 및 태양전지 모듈의 전로, 변압기의 전로, 기구 등의 전로 및 직류식 전기철도용 전차선을 제외한다)의 절연 내력시험에 대한 시험 방법과 판정기준은 전기설비기술기준의 판단기준 제13조, 제14조, 제15조, 제16조 및 제17조에 의해 지정된 교류 시험전압 또는 교류 시험전압의 2배의 직류전압을 전로와 대지 사이(다심 케이블은 심선 상호 간 및 심선과 대지 사이)에 연속하여 10분간 가하여 절연 내력을 시험하였을 때에 이에 견디도록 규정되어 있다.

① 절연 내력시험 전압(전기설비시설기준의 판단기준 제13조)

고압 및 특고압 전로는 [표 2-15]에 따른 시험전압에 따른 절연 내력시험을 견뎌야 한다. 다만 다음의 경우는 제외된다.

- 최대사용전압이 60kV를 초과하는 중성점 직접 접지식 전로에 사용되는 전력케이블은 정격전압을 24시간 가하여 절연 내력을 시험하였을 때 이에 견디는 경우(참고표준 : IEC 62067 및 IEC 60840)
- 최대사용전압이 170kV를 초과하고 양단이 중성점 직접접지 되어 있는 지중 전선로는, 최대 사용전압의 0.64배의 전압을 전로와 대지 사이(다심 케이블에 있어서는, 심선 상호 간 및 심선과 대지 사이)에 연속 60분간 절연 내력시험을 했을 때 견디는 경우
- 특고압 전로와 관련되는 절연 내력에 있어 한국전기기술기준위원회 표준 KECS 1201-2011(전로의 절연 내력 확인방법)에서 정하는 방법에 따르는 경우
- 고압 및 특고압의 전로에 전선으로 사용하는 케이블의 절연체가 XLPE 등 고분자재료인 경우 0.1Hz 정현파 전압을 상 전압의 3배 크기로 전로와 대지 사이에 연속하여 1시간 가하여 절연 내력을 시험하였을 때에 이에 견디는 것

[표 2-15] 전로 별 절연 내력시험 전압

전 로 의 종 류	시 험 전 압
1. 최대사용전압 7kV 이하인 전로	최대사용전압의 1.5배의 전압
2. 최대사용전압 7kV 초과 25kV 이하인 중성점 접지식 전로(중성선을 가지는 것으로써 그 중성선을 다중접지 하는 것에 한한다)	최대사용전압의 0.92배의 전압
3. 최대사용전압 7kV 초과 60kV 이하인 전로(2란의 것을 제외한다)	최대사용전압의 1.25배의 전압 (10,500V 미만으로 되는 경우는 10,500V)
4. 최대사용전압 60kV 초과 중성점 비접지식 전로(전위 변성기를 사용하여 접지하는 것을 포함한다)	최대사용전압의 1.25배의 전압
5. 최대사용전압 60kV 초과 중성점 접지식 전로(전위 변성기를 사용하여 접지하는 것 및 6란과 7란의 것을 제외한다)	최대사용전압의 1.1배의 전압 (75kV 미만으로 되는 경우에는 75kV)
6. 최대사용전압이 60kV 초과 중성점 직접 접지식 전로(7란의 것을 제외한다)	최대사용전압의 0.72배의 전압
7. 최대사용전압이 170kV 초과 중성점 직접 접지식 전로로써 그 중성점이 직접 접지되어 있는 발전소 또는 변전소 혹은 이에 준하는 장소에 시설하는 것.	최대사용전압의 0.64배의 전압
8. 최대사용전압이 60kV를 초과하는 정류기에 접속되고 있는 전로	교류 측 및 직류 고전압 측에 접속되고 있는 전로는 교류 측의 최대사용전압의 1.1배의 직류전압
	직류 측 중성선 또는 귀선이 되는 전로는 아래에 규정하는 계산식에 의하여 구한 값

※ 직류 측 중성선 또는 귀선이 되는 전로의 절연 내력시험 전압은 다음과 같이 계산한다.

$$E = V \times \frac{1}{\sqrt{2}} \times 0.5 \times 1.2$$

E : 교류 시험 전압(V를 단위로 한다)

V : 역변환기의 전류(轉流) 실패 시 중성선 또는 귀선이 되는 전로에 나타나는 교류성 이상전압의 파고 값(V를 단위로 한다). 다만, 전선에 케이블을 사용하는 경우 시험전압은 E의 2배의 직류전압으로 한다.

② 회전기 및 정류기의 절연 내력시험(전기설비시설기준의 판단기준 제14조)

　　회전기 및 정류기는 [표 2-16]에서 정한 시험방법으로 절연 내력을 시험하였을 때에 이에 견디어야 한다. 다만, 회전 변류기 이 외의 교류의 회전기로 [표 2-16]에서 정한 시험전압의 1.6배의 직류전압으로 절연 내력을 시험하였을 때 이에 견디는 것을 시설하는 경우에는 그러하지 아니하다.

[표 2-16] 회전기 및 정류기의 절연 내력시험

종류			시험전압	시험방법
회전기	발전기·전동기·조상기·기타 회전기(회전 변류기를 제외한다)	최대 사용 전압 7kV 이하	최대사용전압의 1.5배의 전압 (500 V 미만으로 되는 경우에는 500 V)	권선과 대지 사이에 연속하여 10분간 인가 한다.
		최대 사용 전압 7kV 초과	최대사용전압의 1.25배의 전압 (10,500 V 미만으로 되는 경우에는 10,500 V)	
	회전 변류기		직류 측의 최대사용전압의 1배의 교류전압(500 V 미만으로 되는 경우에는 500 V)	
정류기	최대사용전압이 60kV 이하		직류 측의 최대사용전압의 1배의 교류전압(500 V 미만으로 되는 경우에는 500 V)	충전부분과 외함 간에 연속하여 10분간 인가 한다.
	최대사용전압 60kV 초과		교류 측의 최대사용전압의 1.1배의 교류전압 또는 직류 측의 최대사용전압의 1.1배의 직류전압	교류 측 및 직류 고전압 측 단자와 대지 사이에 연속하여 10분간 가한다.

③ 연료전지 및 태양전지 모듈의 절연 내력시험(전기설비시설기준의 판단기준 제15조)

　　연료전지 및 태양전지 모듈은 최대 사용전압의 1.5배의 직류전압 또는 1배의 교류전압(500V 미만으로 되는 경우에는 500V)을 충전부분과 대지 사이에 연속하여 10분간 가하여 절연 내력을 시험하였을 때에 이에 견디는 것이어야 한다.

④ 변압기 전로의 절연 내력시험(전기설비시설기준의 판단기준 제16조)

　　변압기(방전등용 변압기·엑스선관용 변압기·흡상 변압기·시험용 변압기·계기용 변성기와 전기설비기술기준의 판단기준 제246조 제1항에 규정하는 전기집진 응용장치용의 변압기 기타 특수 용도에 사용되는 것을 제외한다.)의 전로는 [표 2-17]에서 정하는 시험전압 및 시험방법으로 절연 내력을 시험하였을 때에 이에 견디어야 한다. 단, 특 고압 전로와 관련되는 절연 내력에 있어 한국전기기술기준위원회 표준 KECS 1201-2011(전로의 절연 내력 확인방법)에서 정하는 방법에 따르는 경우는 제외할 수 있다.

[표 2-17] 변압기 전로의 절연 내력시험

권선의 종류	시험전압	시험방법
1. 최대 사용전압 7kV 이하	대 사용전압의 1.5배의 전압(500 V 미만으로 되는 경우에는 500 V) 다만, 중성점이 접지되고 다중 접지된 중성선을 가지는 전로에 접속하는 것은 0.92배의 전압(500 V 미만으로 되는 경우에는 500 V)	시험되는 권선과 다른 권선, 철심 및 외함 간에 시험전압을 연속하여 10분간 인가한다.
2. 최대 사용전압 7kV 초과 25kV 이하의 권선으로써 중성점 접지식 전로(중선선을 가지는 것으로써 그 중성선에 다중 접지를 하는 것에 한한다)에 접속하는 것.	최대 사용전압의 0.92배의 전압	
3. 최대 사용전압 7kV 초과 60kV 이하의 권선(2란의 것을 제외한다)	최대 사용전압의 1.25배의 전압(10,500 V 미만으로 되는 경우에는 10,500 V)	
4. 최대 사용전압이 60kV를 초과하는 권선으로써 중성점 비접지식 전로(전위 변성기를 사용하여 접지하는 것을 포함한다. 8란의 것을 제외한다)에 접속하는 것.	최대 사용전압의 1.25배의 전압	
5. 최대 사용전압이 60kV를 초과하는 권선(성형결선, 또는 스콧결선의 것에 한한다)으로써 중성점 접지식 전로(전위 변성기를 사용하여 접지 하는 것, 6란 및 8란의 것을 제외한다)에 접속하고 또한 성형결선(星形結線)의 권선의 경우에는 그 중성점에, 스콧결선의 권선의 경우에는 T좌 권선과 주좌권선의 접속점에 피뢰기를 시설하는 것.	최대 사용전압의 1.1배의 전압(75kV 미만으로 되는 경우에는 75kV)	시험되는 권선의 중성점 단자(스콧결선의 경우에는 T좌권선과 주좌권선의 접속점 단자. 이하 이 표에서 같다) 이외의 임의의 1단자, 다른 권선(다른 권선이 2개 이상 있는 경우에는 각 권선)의 임의의 1단자, 철심 및 외함을 접지하고 시험되는 권선의 중성점 단자 이외의 각 단자에 3상교류의 시험 전압을 연속하여 10분간 가한다. 다만, 3상 교류의 시험전압 가하기 곤란할 경우에는 시험되는 권선의 중성점 단자 및 접지되는

		단자 이외의 임의의 1단자와 대지 사이에 단상교류의 시험전압을 연속하여 10분간 가하고 다시 중성점 단자와 대지 사이에 최대 사용전압의 0.64배(스콧결선의 경우에는 0.96배)의 전압을 연속하여 10분간 가할 수 있다.
6. 최대 사용전압이 60kV를 초과하는 권선(성형결선의 것에 한한다. 8란의 것을 제외한다)으로써 중성점 직접 접지식 전로에 접속하는 것. 다만, 170kV를 초과하는 권선에는 그 중성점에 피뢰기를 시설하는 것에 한한다.	최대 사용전압의 0.72배의 전압	시험되는 권선의 중성점 단자, 다른 권선(다른 권선이 2개 이상 있는 경우에는 각 권선)의 임의의 1단자, 철심 및 외함을 접지하고 시험되는 권선의 중성점 단자 이외의 임의의 1단자와 대지 사이에 시험전압을 연속하여 10분간 가한다. 이 경우에 중성점에 피뢰기를 시설하는 것에 있어서는 다시 중성점 단자의 대지 간에 최대사용전압의 0.3배의 전압을 연속하여 10분간 가한다.
7. 최대 사용전압이 170kV를 초과하는 권선(성형결선의 것에 한한다. 8란의 것을 제외한다)으로써 중성점 직접 접지식 전로에 접속하고 또한 그 중성점을 직접 접지하는 것.	최대 사용전압의 0.64배의 전압	시험되는 권선의 중성점 단자, 다른 권선(다른 권선이 2개 이상 있는 경우에는 각 권선)의 임의의 1단자, 철심 및 외함을 접지하고 시험되는 권선의 중성점 단자 이외의 임의의 1단자와 대지 사이에 시험전압을 연속하여 10분간 가한다.
8. 최대 사용전압이 60kV를 초과하는 정류기에 접속하는 권선	정류기의 교류 측의 최대 사용전압의 1.1배의 교류전압 또는 정류기의 직류 측의 최대 사용전압의 1.1배의 직류전압	시험되는 권선과 다른 권선, 철심 및 외함 간에 시험전압을 연속하여 10분간 가한다.
9. 기타 권선	최대 사용전압의 1.1배의 전압(75kV 미만으로 되는 경우는 75kV)	시험되는 권선과 다른 권선, 철심 및 외함 간에 시험전압을 연속하여 10분간 가한다.

⑤ 기기 등의 전로의 절연 내력시험(전기설비시설기준의 판단기준 제17조)

개폐기 · 차단기 · 전력용 커패시터 · 유도 전압조정기 · 계기용변성기 기타의 기구의 전로 및 발전소 · 변전소 · 개폐소 또는 이에 준하는 곳에 시설하는 기계기구의 접속선 및 전로를 구성하는 모선은 [표 2-18]에서 정하는 시험전압을 충전 부분과 대지 사이(다심 케이블은 심선 상호 간 및 심선과 대지 사이)에 연속하여 10분간 가하여 절연 내력을 시험하였을 때 이에 견디어야 한다.

다만, 접지형 계기용 변압기 · 전력선 반송용 결합 커패시터 · 뇌서지 흡수용 커패시터 · 지락 검출용 커패시터 · 재기전압 억제용 커패시터 · 피뢰기 또는 전력선 반송용 결합 리액터로써 다음 각 호에 따른 표준에 적합한 것 혹은 전선에 케이블을 사용하는 기계기구의 교류의 접속선 또는 모선으로써 [표 2-18]에서 정한 시험전압의 2배의 직류전압을 충전부분과 대지 사이(다심 케이블에서는 심선 상호 간 및 심선과 대지 사이)에 연속하여 10분간 가하여 절연 내력을 시험하였을 때 이에 견디도록 시설할 때에는 그러하지 아니하다.

[표 2-18] 기기 등의 전로의 절연 내력시험

종 류	시험전압
1. 최대 사용전압이 7kV 이하인 기구 등의 전로	최대 사용전압이 1.5배의 전압(직류의 충전 부분에 대하여는 최대 사용전압의 1.5배의 직류전압 또는 1배의 교류전압) (500V 미만으로 되는 경우에는 500V)
2. 최대 사용전압이 7kV를 초과하고 25kV 이하인 기구 등의 전로로써 중성점 접지식 전로(중성선을 가지는 것으로써 그 중성선에 다중 접지하는 것에 한한다)에 접속하는 것.	최대 사용전압의 0.92배의 전압
3. 최대 사용전압이 7kV를 초과하고 60kV 이하인 기구 등의 전로(2란의 것을 제외한다)	최대 사용전압의 1.25배의 전압 (10,500V 미만으로 되는 경우에는 10,500V)
4. 최대 사용전압이 60kV를 초과하는 기구 등의 전로로써 중성점 비접지식 전로(전위 변성기를 사용하여 접지하는 것을 포함한다. 8란의 것을 제외한다)에 접속하는 것.	최대 사용전압의 1.25배의 전압
5. 최대 사용전압이 60kV를 초과하는 기구 등의 전로로써 중성점 접지식 전로(전위 변성기를 사용하여 접지하는 것을 제외한다)에 접속하는 것.(7란과 8란의 것을 제외한다)	최대 사용전압의 1.1배의 전압 (75kV 미만으로 되는 경우에는 75kV)
6. 최대 사용전압이 170kV를 초과하는 기	최대 사용전압의 0.72배의 전압

구 등의 전로로써 중성점 직접 접지식 전로에 접속하는 것(7란과 8란의 것을 제외한다)	
7. 최대 사용전압이 170kV를 초과하는 기구 등의 전로로써 중성점 직접 접지식 전로 중 중성점이 직접접지 되어 있는 발전소 또는 변전소 혹은 이에 준하는 장소의 전로에 접속하는 것(8란의 것을 제외한다).	최대 사용전압의 0.64배의 전압
8. 최대 사용전압이 60kV를 초과하는 정류기의 교류 측 및 직류 측 전로에 접속하는 기구 등의 전로	교류 측 및 직류 고전압 측에 접속하는 기구 등의 전로는 교류 측의 최대 사용전압의 1.1배의 교류전압 또는 직류 측의 최대 사용전압의 1.1배의 직류전압
	직류 저압 측 전로에 접속하는 기구 등의 전로는 제13조제2항에 규정하는 계산식으로 구한 값

1) 접지형 계기용 변압기의 표준은 KS C 1706(2007) "계기용변성기(표준용 및 일반 계기용)"의 "6.2.3 내전압" 또는 KS C 1707(2007) "계기용변성기(전력 수급용)"의 "6.2.4 내전압"에 적합할 것.
2) 전력선 반송용 결합 커패시터의 표준은 고압단자와 접지된 저압단자 간 및 저압단자와 외함 간의 내전압이 각각 KS C 1706(2007) "계기용변성기(표준용 및 일반 계기용)"의 "6.2.3 내전압"에 규정하는 커패시터형 계기용 변압기의 주 커패시터 단자 간 및 1차 접지 측 단자와 외함 간의 내전압의 표준에 준할 것.
3) 뇌서지 흡수용 커패시터 · 지락 검출용 커패시터 · 재기전압 억제용 커패시터의 표준은 다음과 같다.
  (a) 사용전압이 고압 또는 특고압일 것.
  (b) 고압단자 또는 특고압단자 및 접지된 외함 사이에 [표 2-19]에서 정하고 있는 공칭전압의 구분 및 절연 계급의 구분에 따라 각각 같은 표에서 정한 교류전압 및 직류전압을 다음과 같이 일정시간 가하여 절연 내력을 시험하였을 때에 교류전압에서는 1분 간, 직류전압에서는 10초 간 견디는 것일 것.

[표 2-19] 공칭전압에 따른 절연 내력시험 전압

공칭전압의 구분[kV]	절연 계급의 구분	시험전압 교류[kV]	시험전압 직류[kV]
3.3	A	16	45
	B	10	30
6.6	A	22	60
	B	16	45
11	A	28	90
	B	28	75
22	A	50	150
	B	50	125
	C	50	180
33	A	70	200
	B	70	170
	C	70	240
66	A	140	350
	C	140	420
77	A	160	400
	C	160	480

※ 비고
A : B 또는 C 이외의 경우
B : 뇌서지 전압의 침입이 적은 경우 또는 피뢰기 등의 보호장치에 의해서 이상 전압이 충분히 낮게 억제되는 경우
C : 피뢰기 등의 보호장치의 보호범위 외에 시설되는 경우

4) 직렬 갭이 있는 피뢰기의 표준은 다음과 같다.
   (a) 건조 및 주수상태에서 2분 이내의 시간간격으로 10회 연속하여 상용주파 방전개시 전압을 측정하였을 때 [표 2-20]의 상용주파 방전개시 전압의 값 이상일 것.
   (b) 직렬 갭 및 특성요소를 수납하기 위한 자기용기 등 평상 시 또는 동작 시에 전압이 인가되는 부분에 대하여 [표 2-20]의 "상용주파전압"을 건조 상태에서 1분간, 주수상태에서 10초간 가할 때 섬락 또는 파괴되지 아니할 것.
   (c) (b)목과 동일한 부분에 대하여 [표 17-3]의 "뇌 임펄스 전압"을 건조 및 주수상태에서 정·부 양극성으로 뇌 임펄스 전압(파두장 $0.5\mu s$ 이

상 1.5µs 이하, 파미장 32µs 이상 48µs 이하인 것. 이하 이 호에서 같다)에서 각각 3회 가할 때 섬락 또는 파괴되지 아니할 것.
(d) 건조 및 주수상태에서 [표 2-20]의 "뇌 임펄스 방전개시 전압(표준)"을 정·부 양극성으로 각각 10회 인가하였을 때 모두 방전하고 또한, 정·부 양극성의 뇌 임펄스 전압에 의하여 방전개시전압과 방전개시 시간의 특성을 구할 때 0.5µs에서의 전압 값은 같은 표의 "뇌 임펄스 방전개시 전압(0.5µs)"의 값 이하일 것.
(e) 정·부 양극성의 뇌 임펄스 전류(파두장 0.5µs 이상 1.5µs 이하, 파미장 32µs 이상 48µs 이하의 파형인 것)에 의하여 제한전압과 방전전류와의 특성을 구할 때, 공칭방전전류에서의 전압 값은 [표 2-20]의 "제한전압"의 값 이하일 것.

[표 2-20] 직렬 갭이 있는 피뢰기의 절연 내력시험

피뢰기 정격전압 (실효값) [kV]	상용주파 방전 개시전압 (실효값) [kV]	내전압[kV]				충격방전 개시전압 (파고값)[kV]		제한전압(파고값) [kV]		
		상용주파 전압 (실효값) [kV]	충격전압(파고값) [kV]			1.2~50µs	250~2500µs	10kA	5kA	2.5kA
			1.2~50µs	250~2500µs						
7.5	11.25	21 (20)	60	-		27	-	27	27	27
9	13.5	27 (24)	75	-		32.5	-	-	-	32.5
12	18	50 (45)	110	-		43	-	43	43	-
18	27	42 (36)	125	-		65	-	-	-	65
21	31.5	70 (60)	120	-		76	-	76	76	-
24	26	70 (60)	150	-		87	-	87	87	-
72 75	112.5	175 (145)	350	-		270	-	270	270	-
138 144	207	325 (325)	750	-		460	-	460	-	-
288	432	450 (450)	1175	950		725	695	690	-	-

※ 비고 ; ( ) 안의 숫자는 주수시험 시 적용

5) 직렬 갭이 없는 피뢰기의 표준은 다음과 같다.(KS C IEC 60099-4)
   직렬 갭이 없는 피뢰기의 용기는 다음에 명시된 전압에 대한 내력이 있어야 한다.
   (a) 피뢰기의 뇌임펄스 보호등급은 1.3을 곱한 것이다.
   (b) 200kV 이상인 정격전압의 10,000A와 20,000A 피뢰기는 피뢰기의 임펄스 보호등급에 1.25를 곱한 것이다.
   (c) 1,500A, 2,500A와 5,000A의 피뢰기 용기와 대전류 동작책무는 1분 동안 0.88을 곱한 뇌임펄스 보호등급과 같은 파고 값의 상용 주파수 전압을 인가한다.
   (d) 200kV 이하의 정격전압을 갖는 10,000A와 20,000A 피뢰기 용기는 1분 동안 1.06을 곱한 스위칭 임펄스 보호등급과 같은 파고 값의 상용 주파수 전압을 인가한다.

6) 전력선 반송용 결합 리액터의 표준은 다음과 같다.
   (a) 사용전압은 고압일 것.
   (b) 60Hz의 주파수에 대한 임피던스는 사용전압의 구분에 따라 전압을 가하였을 때에 [표 2-21]에서 정한 값 이상일 것.
   (c) 권선과 철심 및 외함 간에 최대사용전압이 1.5배의 교류전압을 연속하여 10분간 가하였을 때에(이에) 견딜 것.

[표 2-21] 전력선 반송용 결합 리액터의 절연 내력시험

사용전압의 구분	전압	임피던스
3,500V 이하	2,000V	500kΩ
3,500V 초과	4,000V	1,000kΩ

3. 활선 절연 저항 측정

전로의 절연 저항을 측정하기 위해서는 반드시 전원의 차단이 필요하나 전원을 차단하고 절연 저항을 측정하는 것이 어려운 경우가 많아 전원이 인가된 상태에서 전로의 누설전류를 측정함으로써 절연 저항을 측정하는 방법이 연구되었다.

전로의 누설전류는 누설저항에 의한 것, 선로와 대지 간의 정전용량에 의한 것, 전자기기의 노이즈 필터에 의한 것 등 다양한 원인이 있는데 이 중 누설저항에 의한 성분만 검출하는 방식이다. 단상 선로의 절연 저항 측정은 정확도가 높으나 그 외의 결선방식에서는 각 상의 누설전류가 벡터적으로 합산되어 측정되므로 정확도가 떨어지는 단점이 있다.

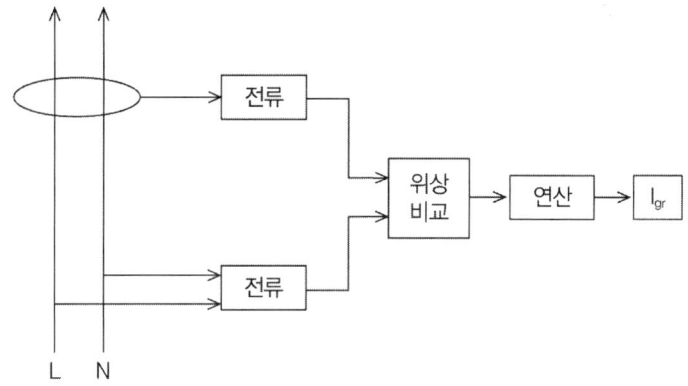

[그림 2-22] 활선 절연 저항계의 검출방식

[그림 2-23] 각종 활선 절연 저항 측정계

절연 저항이 양호할 경우 대부분의 누설전류는 대지 간의 정전용량에 의한 누설 전류(I_{gc})로 전압위상보다 90° 앞선다. 하지만 절연 저항의 저하로 인하여 저항분의 누설전류(I_{gr})가 흐를 경우 합산 누설전류(I_o)의 위상은 0~90° 사이에 존재하게 되며, 이를 위상검출장치로 절연 저항성분을 계산하게 된다.

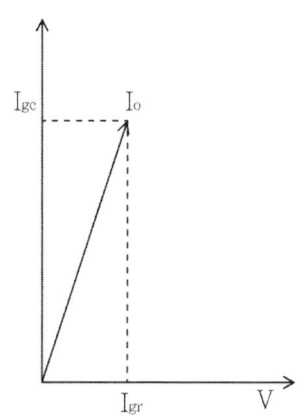

[그림 2-24] 누설전류 벡터도

4. 유전정접(tanδ) 측정

유전정접(誘電正接, tanδ) 시험이란 진단 대상설비에 대지전압에 상당하는 상용주파수 교류전압을 인가하여 절연물의 흡습, 오손이나 보이드(Void) 등에 의한 유전체 손실을 측정·분석함으로써 절연물의 열화상태를 진단하는 방법을 말한다. 유전정접 측정을 통하여 측정할 수 있는 항목은 다음과 같다.

- 인가전압에 대한 유전체(절연체)의 총 전류
- 유전체의 손실전류에 의한 손실 전력
- 유전체의 퍼센트 절연 역률(%PF)
- 유전체의 정전용량
- 여자전류

전력시설물의 절연시스템은 여러 가지 절연물로 인한 수많은 저항과 커패시터 요소로 복합적으로 구성되어 있다. 이러한 복합적인 절연시스템을 [그림 2-25]과 같이 오직 하나의 저항과 하나의 커패시터의 직렬회로와 병렬회로로 간단하게 생각하여 그 전기적인 특성들을 측정하게 된다. 이 때 저항성분은 전압이 인가될 때 절연체에서의 손실을 나타내며, 커패시턴스 성분은 절연체의 전하를 축적할 수 있는 능력을 나타낸다. 절연체에서의 유전손실은 매우 낮기 때문에 고 전압으로부터 전력시설물을 절연할 수 있다.

낮은 절연 역률의 전기기기에서 직렬회로에 있는 R_s는 0[Ω]에 가깝고, 반면 병렬회로에서 R_p는 무한대에 가깝다(즉 손실이 적음을 나타낸다). 따라서 절연 역률이 0이면 손실이 0이고 직렬회로의 C_s와 병렬회로의 C_p는 정확히 같다고 할 수 있다.

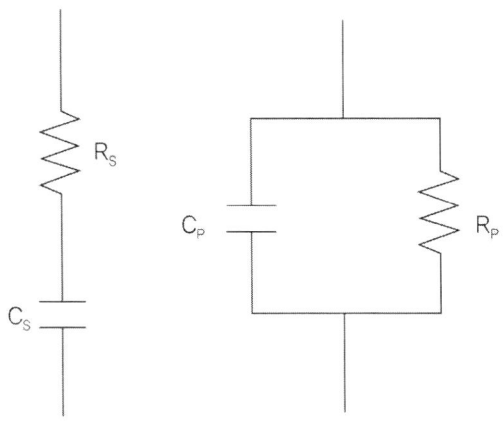

[그림 2-25] 절연시스템의 전기적 등가회로

(1) 절연 역률의 정의

[그림 2-26]과 같은 절연체 등가회로의 저항성분은 전압이 인가되었을 때 절연체에서 소비되는 손실전력을 나타낸다. R_p는 일반적으로 절연체에서 바람직하지 않은 성분이지만 어느 정도의 손실은 대부분의 절연체에서 정상적이다. R-C 병렬회로에서 이상적인 저항에서의 전류와 전압은 정확히 동상이고, 정상적인 커패시터에서의 전류는 전압에 대해 정확히 90° 진상이다.

[그림 2-26]에서의 손실전력은 다음과 같이 나타나며,

$$손실전력 = E \times I_T \times \cos\theta$$

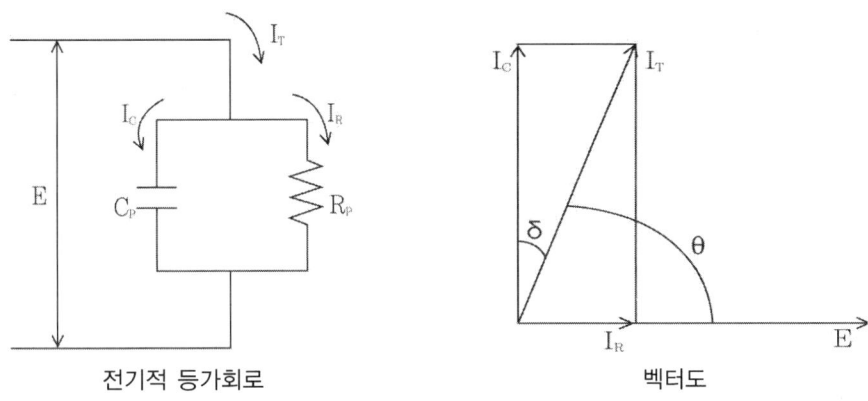

[그림 2-26] 절연 역률의 정의

위상각 θ는 피 측정 대상의 단자에 인가되는 시험전압 E와 그것에 흐르는 총 전류 IT 사이의 위상각을 나타내며, 각 θ의 코사인 값이 절연 역률이다.

$$절연역률(Power\ Factor) = \cos\theta = \frac{I_R}{I_C} = \frac{I_R \times E}{I_C \times E} = \frac{손실전력[W]}{VA}$$

10[kV]의 전압을 인가 경우의 %PF는

$$\%Power\ Factor = \frac{손실전력[W]}{VA} \times 100 = \frac{손실전력[W] \times 10}{mA}$$ 이며,

%Dissipation Factor(유전정접, tanδ)가 0~10% 이내에서는 %PF의 값과 거의 동일하다.

$$\%Power\ Factor(\cos\theta) \fallingdotseq \%Dissipation\ Factor(\tan\delta)$$

그러므로, 절연체 내의 전류는 다음과 같이 정의할 수 있다.

$$I_T = I_R + I_C$$

만약 I_C가 99%이고, I_R이 1%이면 $I_T \fallingdotseq I_C$ 즉, 총 전류는 충전전류와 거의 같다. 또한, 충전전류는 다음과 같다.

$$I = E_\omega C = E_\omega \frac{A_\epsilon}{4\pi d}$$

I_C 또는 C를 변화시킬 수 있는 요소는 전극의 면적(A), 전극 사이의 거리(d), 절연체의 유전율(ε)이므로 주로 절연체의 유전율에 의하여 커패시턴스의 양과 충전전류가 변화하며, 이에 따라 절연 역률이 변화한다. 예를 들어, 변압기에서 전자 기계력에 의한 권선변형이나 층간 단락이 발생하였다면 이는 도체 사이의 거리가 변화할 것이므로 커패시턴스의 양과 충전전류가 변화하며, 절연 역률도 변화한다.

사용기간이 오래된 기기에서 절연물의 경년열화는 절연물 저항성분의 감소에 따라 I_R이 증가하여 절연물의 손실전력을 증가시킨다.

(2) 절연 역률의 특성

유전정접 시험에 의해 구해진 $\tan\delta$ 값은 측정대상의 온도나 인가전압에 의해 그 값이 변화하므로 절연 열화 판정에는 그 특성을 고려하여야 한다.

① $\tan\delta$ - 온도특성

일반적으로 $\tan\delta$ 는 온도가 상승하면 증가하는 경향이 있어 열화된 절연물은 양호한 것에 비해 어느 정도 낮은 온도에 급격히 증가하는 경향이 있다.

② $\tan\delta$ - 전압특성

절연물의 내부 또는 표면에서 부분방전이 발생하면 $\tan\delta$ 는 증가한다. 따라서 $\tan\delta$ - 전압특성을 측정함으로써 부분방전의 유무, 부분방전 개시전압의 개략값, 부분방전 발생량의 평균적인 값을 알 수 있다. [그림 2-28]에서 비교적 낮은 전압에서 $\tan\delta$ 가 전압에 대해 변화하지 않는 영역의 $\tan\delta$ 를 $\tan\delta_0$ (고압기기의 경우 1~2kV), 대지전압(정격전압/$\sqrt{3}$) 및 정격전압에서의 $\tan\delta$ 를 각각 $\tan\delta_1$, $\tan\delta_2$라 하면, 이때의 $\tan\delta$ 증가분 $\Delta\tan\delta$ 는 $\tan\delta_2 - \tan\delta_1$ 또는 $\tan\delta_1 - \tan\delta_0$이다.

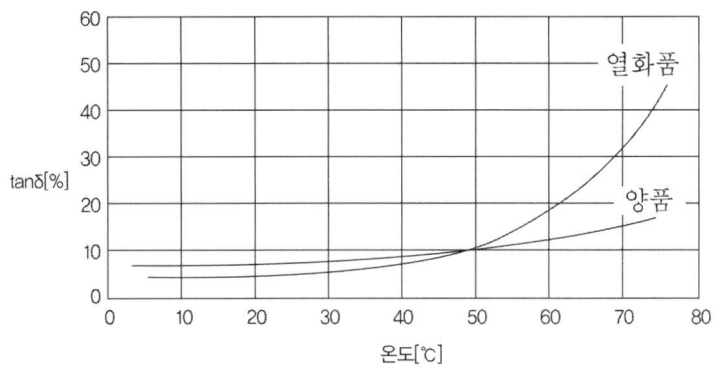

[그림 2-27] tanδ – 온도특성

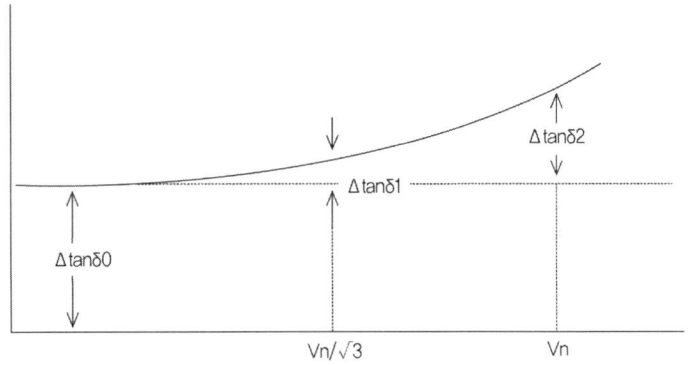

[그림 2-28] tanδ – 전압특성

③ 절연 열화 형태에 따른 특성

일반적으로 tanδ -전압특성은 [그림 2-29]의 곡선과 같이 절연물의 열화형태에 따라 다음과 같은 특성을 나타낸다.

- (a) 곡선 : 절연 상태가 양호한 경우, 전기기기의 정격전압 부근까지 인가전압을 상승시켜도 tanδ 값은 일정하여 전압강하곡선도 상승곡선과 거의 일치하는 곡선으로 된다.
- (b) 곡선 : 절연물에 공극(Air Gap) 등이 있는 경우, 인가전압이 높아지면 공극 내에서 부분방전이 발생하여 tanδ 가 급격히 증가한다.
- (c), (d) 곡선 : 절연물이 노화된 경우로써, 건조한 때에는 양품보다 tanδ 가 작게 되지만, 공극이 많이 발생하게 되어 인가전압이 높아지게 되면 급격히 tanδ 가 증가하여, (c) 곡선과 같이 된다. 또, 노화된 절연물은 흡습성이 강해 그 경우 하루 동안에 (d) 곡선과 같이 되는 일도 많다.

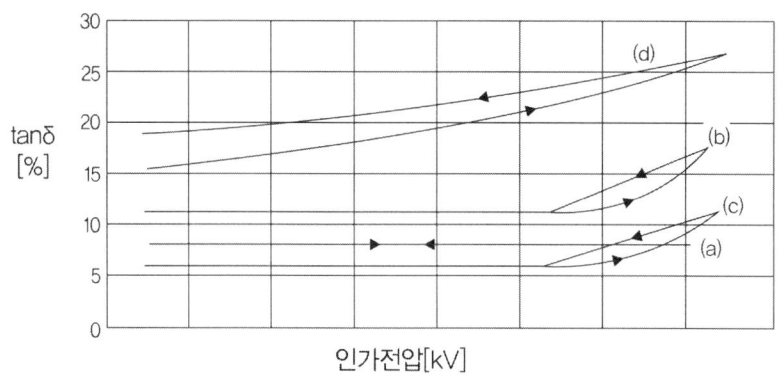

[그림 2-29] 절연 열화 형태에 따른 절연 역률 특성

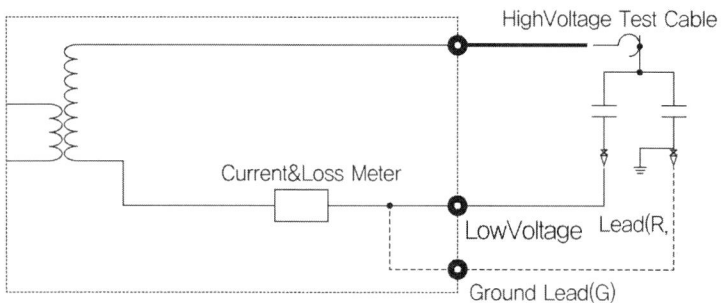

[그림 2-30] GST – Ground Mode

(3) 측정방법

유전정접의 측정방법은 측정에 이용하는 기기에 따라 약간의 차이는 있겠지만 대동소이하다. 여기서는 DOBLE사의 M4000 기종을 이용한 유전정접 측정방법을 예로 들어 설명한다.

① GST-Ground(Ground-Specimen Test) Mode

기기의 고압 단자와 외함 사이의 절연 특성과 고압단자와 저압단자 사이의 절연 특성을 동시에 측정하기 위한 방법이며, [그림 2-30]과 같이 고압 시험 케이블을 측정기기의 고압단자에 연결하고, 저압리드를 측정기기의 저압단자에 연결하며, 측정기기의 접지단자와 tanδ Tester의 접지단자를 접지선으로 연결하여 측정한다.

② GST-Guard Mode

기기의 고압단자와 외함 사이의 절연 특성을 측정하기 위한 방법이며, [그림 2-31]과 같이 고압 시험 케이블을 측정기기의 고압단자에 연결하고, 저압 리드를 측정기기의 저압단자에 연결하며, 측정기기의 접지단자와 tanδ Tester의 접지단자를 접지선으로 연결하여 측정한다.

③ UST(Ungrounded-Specimen Test) Mode

기기의 고압단자와 저압단자 사이의 절연 특성을 측정하기 위한 방법이며, [그림 2-32]와 같이 고압 시험 케이블을 측정기기의 고압단자에 연결하고, 저압리드를 측정기기의 저압단자에 연결하여 측정한다.

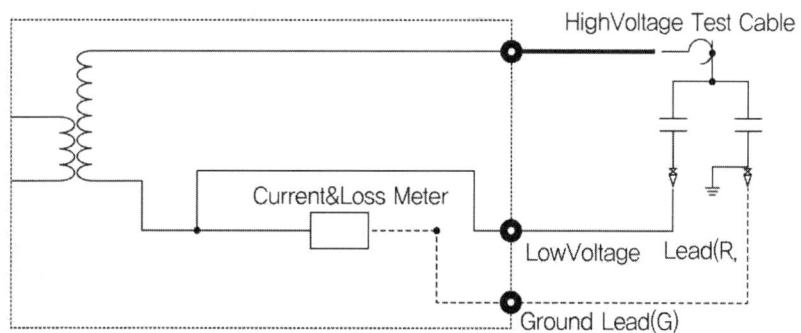

[그림 2-31] GST - Guard Mode

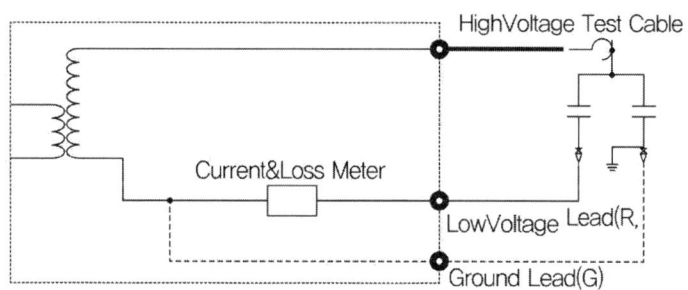

[그림 2-32] UST Mode

(4) 측정 시 고려사항

유전정접 측정은 측정대상 기기를 전력계통으로부터 분리하여 실행하는 측정이며, 기기의 운전조건과 상태에 따라 실행할 측정방법과 시험 인가전압을 적절하게 결정하여야 한다.

① 정격전압이 23[kV] 이상인 기기
  - 일반적으로 표준 측정전압인 10[kV]를 적용한다.

- 부싱의 탭과 중성점의 절연이 저감된 기기를 측정할 때는 시험인가전압을 10[kV] 이하로 한다.
- 건식 변압기나 케이블 등과 같이 고체 절연물로 절연된 기기를 측정할 때는 2[kV] 정도의 낮은 전압에서 시작하여, 단계적으로 [10kV]까지 시험전압을 증가시켜 측정한다.

② 정격전압이 23[kV] 미만이며 대지 간 전압이 8[kV] 정도인 기기
- 시험전압을 10[kV]로 하여도 절연물의 손상은 없으나 시험전압이 문제가 될 때에는 공칭전압에 가까운 전압을 시험전압으로 인가한다.

③ 정격전압이 15[kV] 이하인 유입기기
- 공칭전압에 가까운 전압을 시험전압으로 인가한다.

④ 정격전압이 15[kV] 이하인 건식기기

　　이러한 기기는 방전 코로나에 민감하므로 2[kV] 정도의 전압에서 최초 시험을 실시하고 측정대상기기의 대지 간 정격보다 10~25% 정도 높은 전압까지 시험한다. 더 높은 전압에서 추가적인 시험을 하는 것은 코로나의 발생상태를 두드러지게 하기 위함이다

⑤ 절연 상태가 의심스러운 기기에 대한 측정

　　유전정접 측정은 측정대상기기의 절연에 아무런 손상을 야기하지 않아야 하는 비파괴 측정의 하나이다. 따라서 운전 또는 보관 중 절연 상태가 심하게 손상되거나 나빠진 것으로 의심이 가는 다음과 같은 상태의 기기는 정상적인 경우보다 낮은 시험전압에 의해서도 절연 상태가 손상될 수 있다. 이러한 기기에 대한 측정 시에는 시험용 고압 케이블에 인가하는 전압을 2[kV] 또는 그 이하의 범위에서 최초 측정을 실시하여야 하며, 이상이 없다고 판단될 때 점차 시험전압을 상승시켜 단계적으로 기기가 허용하는 정상적인 시험전압까지 인가하여 측정하여야 한다.
- 이동 시 습기에 오염된 기기
- 보호 계전기의 동작으로 인해 차단되었던 기기
- 장시간 외부에 보관된 후 습기에 노출된 것으로 의심되는 기기

⑥ 온도보정

　　모든 절연물의 전기적 특성은 온도에 따라 변화하며, 이에 따라 유전정접 측정의 결과가 온도에 따라 변화하므로 측정결과는 기준온도인 20[℃]의 값으로 환산하여 비교하여야 한다.

⑦ 표면누설

표면의 습기와 오손에 따르는 표면누설은 측정결과에 영향을 미칠 수 있으므로 표면누설에 영향을 받지 않는 측정방법(DOBLE 사의 M4000의 경우 UST 측정)을 사용하거나, 습기와 오손을 제거하여 측정하여야 한다.

(5) 판정기준

[표 2-22] 유전정접 판정기준

측정기기	기기상태		측정항목	양호[%]	비고
XLPE 케이블	신품	2[kV]	tanδ	0.1 이하	
		10[kV]	Δtanδ	0.1 미만	변동률
	사용중	2[kV]	tanδ	0.5 미만	
		10[kV]	Δtanδ	0.1 이하	변동률
유입, 종이절연 케이블	신품		tanδ	0.5 이하	
			Δtanδ	1.0 미만	변동률
유입 변압기	500[kVA] 미만	신품	tanδ	1.0 미만	
		사용중	tanδ	2.0 미만	
	500[kVA] 이상	신품	tanδ	0.5 미만	
		사용중	tanδ	1.0 미만	
건식 변압기	CL > CH, CHL		tanδ	5.0 이하	
			Δtanδ	1.0 이하	변동률
몰드 변압기			tanδ	1.0 이하	
			Δtanδ	미량	변동률
고전압 전동기			tanδ	0.5~5.0	비교시험
			Δtanδ	1.0 이하	변동률
부싱	신품		UST C1	0.5 이하	
	사용중			1.0 이하	
절연유	신품		tanδ	0.05 이하	
	사용중		tanδ	0.5 미만	

※ DOBLE 사 M4000 기준임

| 전력시설물진단기술 |

Chapter_3
활선 진단

전력설비 용량의 증가와 기술의 진보에 따라 터빈 발전기, 수차 발전기, 대형 전동기 등의 회전기가 대용량화, 고전압화, 소형화, 경량화됨에 따라 절연 고장 예방을 위한 절연 진단이 중요시되고 있다. 이들 회전기의 전기적 고장의 대부분은 권선의 소손이며, 절연체 중에서 가장 중요한 부분은 고정자인 전기자 권선이다. 이러한 회전기 고정자의 절연 고장은 복구하는데 오랜 시간이 요구되므로, 회전기의 예측진단에 따른 정비와 더불어 고장을 미연에 발견하고 불시 정지에 따른 파급을 막기 위해서는 상시 감시가 요구된다.

3-1. 적외선 열화상 진단

전선로, 변압기, 배전반 등 수·변전 기기의 절연 열화, 접촉불량, 과부하 등으로 인한 이상 온도 상승부분을 활선 상태에서 조기에 발견하고 적절한 대응방안을 모색하여 전력 시설물의 신뢰성을 향상시키기 위하여 사용하는 열화상 카메라는 일반적으로 3~5[μm] 파장의 중간 적외선 영역을 측정하여 의료, 연구, 군사, 산업현장 등에서 다양하게 사용되고 있는 대표적인 활선 비접촉식 진단 장비이다.

전력 시설물에 있어 이상 발열은 수시로 나타날 수 있고 이를 방치할 경우 전력 시설물의 사고 원인이 될 수 있으므로 수시로 점검을 실시하는 것이 바람직하나 곤란한 경우라도 최소한 1~3개월 단위의 정기적인 점검이 필요하다. 전력 시설물을 측정, 관리하기 위한 열화상 카메라의 관측 온도범위는 통상 0~250℃ 정도면 무난하다.

1. 적외선(Infrared)의 특징

물체는 절대영도(-273℃) 이상의 온도를 가지고 있으며 이들 물체로부터 그 온도에 대응하는 세기의 적외선이 복사된다. 한편 방출된 에너지는 전도, 대류, 복사현상에 의해 외부로 전달되는데 이 중 0.8~1,000[μm] 파장의 에너지를 적외선이라 한다.

적외선은 공기 중에서 산란되지 않고 직진하며, 전달매질(공기)에 의한 손실이 적기 때문에 생활 전반에 걸쳐 다양하게 사용된다. 그 중에서도 중간 적외선은 파장 대역이 비교적 안정되고 온도분포에 따라 복사파장이 다르기 때문에 온도측정에 많이 이용된다. 그러나 중간 적외선은 전력 시설물 대부분의 외함을 형성하는 철판이나 절연재 등을 투과하지 못하기 때문에 노출된 부분을 제외한 전력 시설물 내부의 직접적인 온도측정은 불가능하다.

비 접촉식으로 온도를 측정하는 열화상 카메라는 적외선 복사에너지를 매개로 물체의 온도를 측정하게 되며, 적외선과 사람의 눈으로 볼 수 있는 가시광선의 차이점은 다음과 같다.

사람의 눈으로 뚜렷이 보이는 것도 온도의 차이가 없으면 적외선 장비로 구별할 수 없다.

사람의 눈에 보이지 않는 어두운 물체도 온도의 차이가 있으면 적외선 장비로 구별할 수 있다.

측정 대상 주변의 적외선 발생원으로부터 간섭을 받을 수 있다.

[표 3-1] 적외선의 특징 및 용도

명 칭	파장[μm]	특징 및 용도
근적외선 (Infrared Wave Infrared Radiation)	0.8~2	가시광선에 가장 근접한 파장 적외선 중 물체에 가장 깊게 투과 수광기에 적용
중간적외선 (Infrared Wave Infrared Radiation)	2~4	열복사에 적용되는 파장 적외선 중 공기 중의 투과력이 가장 크다 열온도 측정에 적용
원적외선 (Infrared Wave Infrared Radiation)	4~1,000	무선 주파수에 가장 가까운 파장 고분자 재료의 표면가열, 유기용제의 건조 등에 적용

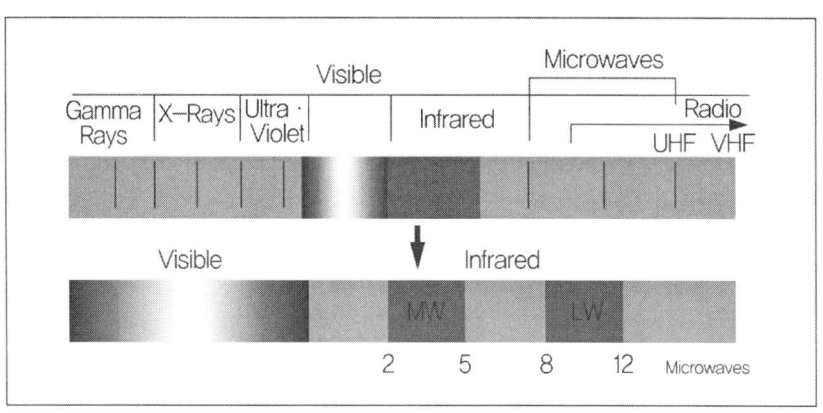

[그림 3-1] 적외선의 구분

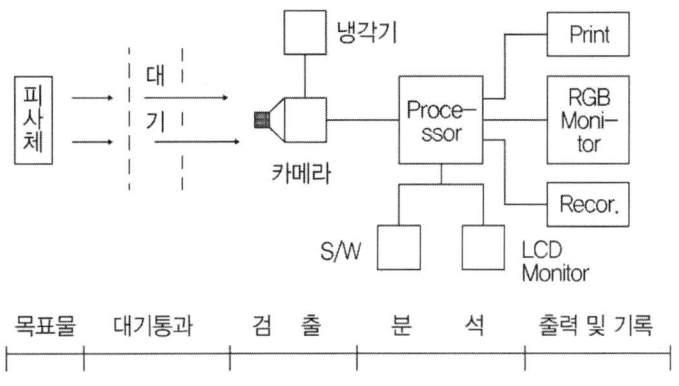

[그림 3-2] 열화상 카메라 측정원리

2. 판정기준

(1) 3상 비교법

    3상 전력시설물의 3상이 동일한 조건(3상 평형부하, 전선의 굵기가 같은 경우 등)일 때 3상간의 온도편차를 판정의 기준으로 삼는 방법이다. 따라서 측정점의 정확한 온도보다 비교하고자 하는 측정점 간의 온도차를 중요시 한다. [표 2-19]의 판정기준은 일반적인 전력 시설물에서의 온도차에 따른 판정기준으로 국내·외 각종 자료 및 문헌을 참고하여 마련된 한국전기안전공사 기준이다.

[표 3-2] 3상 비교법 판정기준

온도차	판정
5℃ 미만	정상
5~10℃	요주의
10℃ 이상	이상

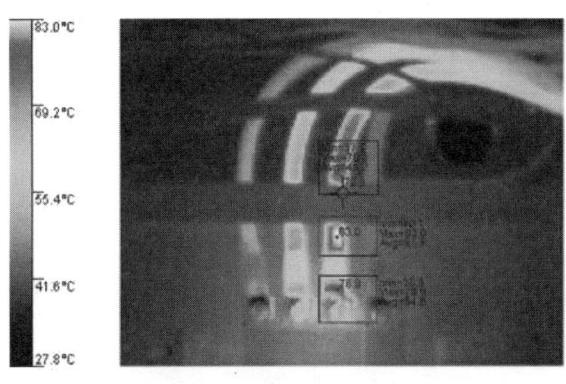

[그림 3-3] 열화상 3상 비교

(2) 온도 패턴법

절연물의 열화개념에서의 판정 기준이므로 기준값 이하라도 측정 당시의 조건(부하율, 주위 온도 등)을 고려하여 판정하여야 한다. 예를 들면, 연속허용전류 127[A]의 3C 25㎟ CV 케이블이 주위온도 20℃에서 부하전류 30[A]일 때 80℃를 나타내었다면 최고허용온도 90℃에는 미달하지만 문제가 있는 것으로 보고 원인을 찾아야 하며, 물론 최고허용온도를 초과한 경우에는 이상이 있는 것으로 판정하여 조치하여야 한다.

[표 3-3] 온도 패턴법 판정 기준(예1)

전력기기		온도상승한도 [K]	최고허용온도 [℃]	비고
유입 변압기(본체)		60	90	IEC 60076-2의 4에 의함
건식 변압기	에폭시부(B종)	80	130	IEC 60076-11
	에폭시부(F종)	100	155	
단로기 및 동Bus-Bar	접촉부	25	65	KSC 4502
	접속부	40	80	
	구조부분 (자기애자 등)	50	90	
전선	IV전선, RB전선	-	60	내선규정 130-1
	폴리에틸렌 절연 전선	-	75	
	에틸렌 프로필렌 고무 절연 전선	-	80	
	CV, CNCV	-	90	
	OF	-	85	제작시방
전력형 고정권선 저항기	V 형	-55~200	350	IEC 60115-4 KSC 6419
	G 형	-40~200	275	

[표 3-4] 전기기기의 온도 판정 기준(예2)

전력기기		기 준	판 정
변압기 표면온도		80~95[℃]	요주의
		95[℃] 이상	이 상
MOLD 변압기	철심부	100~120[℃]	요주의
		120[℃] 이상	이 상
	에폭시 표면 (B종)	70~80[℃]	요주의
		80[℃] 이상	이 상
GIS 외부표면 온도차		10~15[℃] 이상	요주의
전 선	HIV	75[℃] 이상	이 상
	EV	75[℃] 이상	이 상
	CV	90[℃] 이상	이 상
	VVF	60[℃] 이상	이 상
콘덴서	단자부	75[℃] 이상	이 상
	본체	65[℃] 이상	이 상
MCCB	단자	65[℃] 이상	이 상
커버나이프 스위치	단자부	50[℃] 이상	이 상
	개폐 접촉부	50[℃] 이상	이 상
	퓨즈나사 머리부	60[℃] 이상	이 상
전력퓨즈 (COS, PF)	접속부	75[℃] 이상	이 상
	접촉부	80[℃] 이상	이 상
	기계적 구조부	90[℃] 이상	이 상
계기용변성기 (CT, PT)	단자부	75[℃] 이상	이 상
	본체	95[℃] 이상	이 상

3-2. 코로나 방전 진단

1. 코로나 방전

(1) 코로나 방전의 원리

코로나 방전(Corona Discharge)이란 도체 주위에 존재하는 유체의 이온화로 인해 발생하는 전기적 방전이며, 전위경도가 특정 값을 초과하지만 완전한 절연 파괴나 아크를 발생하기에는 불충분한 조건일 때 발생한다. 공기는 보통 절연물이라고 취급하고 있지만 실제에서는 그 절연 내력에 한계를 가지고 있으며, 표준상태(20℃ 760mmHg)의 공기에 있어서는 직류에서 약 30kV/cm, 교류에서 약 21kV/cm(실효값)의 전위경도를 가하면 절연이 파괴되는데 이것을 파열 극한 전위경도라 한다. 즉, 코로나 방전은 [그림 3-4]와 같이 공기 중에서 대전체 간의 전계가 현저하게 불균일할 때 전기력선 밀도가 파열극한 전위경도 이상이 되면 대전체 표면의 공기가 이온화되어 일어나는 방전현상이며, 전극 사이에서 전계가 강한 국부개소가 절연 파괴되어 발생하는 국부 절연 파괴현상을 말한다.

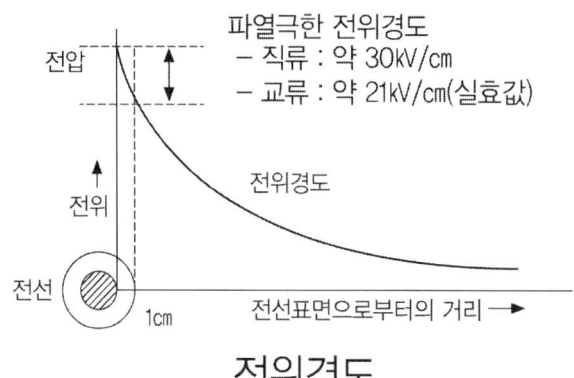

[그림 3-4] 파열극한 전위경도

코로나 방전은 공기와 같은 중성유체 속의 높은 전위의 전극으로부터 발생하는 지속적인 전류에 의한 반응으로, 유체가 전극 주위에 플라스마를 형성하도록 이온화되는 반응이다. 생성된 이온은 결국 낮은 전위인 주변 지역에 전하를 넘겨주거나, 재결합하여 중성 기체 분자를 형성하며, 전위 기울기가 유체의 임계전압보다 충분히 클 경우, 그 점에서 유체는 이온화되고, 전도성을 띠게 된다. 만약 대전된 물체에 뾰족한 점이 있다면 그 점 주위의 공기는 다른 곳보다 높은 전위경도를 띠게 되어, 전극 주위의 공기는 이온화되며, 더 먼 부분은 이온화되지 않는다. 또한, 그 점 주위의 공기가 전도성을 띠면 도체의 겉보기 크기가 커지는 효과가 생긴다.

새로운 전도성 구역은 덜 뾰족하기 때문에, 지금의 구역을 넘어서 이온화가 확대되지는 않는다. 이온화되고 전도성을 띠는 구역의 밖에서는 대전 입자가 중성이 되기 위해 천천히 반대 전하의 물체를 향하게 된다. 이온화 구역이 계속해서 커질 수 있는 기하학적 조건과 전위경도 조건이 만족된다면, 완전한 전도성 경로가 형성되어, 순간적인 스파크 또는 지속적인 아크가 발생된다.

코로나 방전에서는 보통 두 개의 비대칭 전극이 있으며, 하나는 바늘이나 가는 전선의 끝처럼 뾰족하고 다른 하나는 철판이나 대지와 같이 덜 뾰족하다. 전극의 뾰족함 때문에 전극 주위에 높은 전위 경도가 만들어지고, 플라스마가 생성된다.

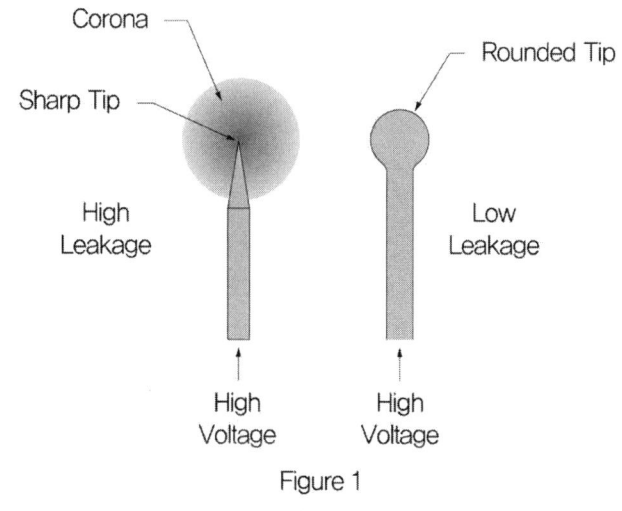

[그림 3-5] 코로나 방전

(2) 코로나 방전의 특성

① 코로나 임계전압

전선의 굵기가 커지면 코로나의 임계전압이 높아져서 코로나의 발생은 억제된다. 반대로 전선이 가늘어지면 코로나의 임계전압이 내려가서 코로나가 일어나기 쉬워진다. 코로나 임계전압(E_0)를 수식으로 나타내면 다음과 같다.

$$E_0 = 24.3 m_0 m_1 \delta \log_{10} \frac{2D}{d} [kV]$$

m_o : 전선표면계수(매끈한 단선 : 1, 거친 단선 : 0.98~0.93)
m_1 : 기후에 관한 계수(맑은 날씨 1.0, 안개 및 비 오는 날 0.8)
δ : 상대공기밀도(기압을 b(mmHg), 기온을 t℃라 하면)

$$\delta = \frac{b}{760} \times \frac{273+20}{273+t} = \frac{0.386 \times b}{273+t}$$

D : 선간 거리[cm]　　　　　d : 전선의 직경[cm]

② 코로나 손실

코로나 방전에 의한 손실(P_C)은 다음과 같이 계산된다.

$$P_c = \frac{241}{\delta}(f+25)\sqrt{\frac{d}{2D}} \times (E-E_0)^2 \times 10^{-5} [kW/km/1wire] \quad \text{(Peek's 식)}$$

E : 전선의 대지전압[kV]　　E_0 : 코로나 임계전압[kV]
f : 주파수[Hz]　　　　　　δ : 상대공기밀도
d : 전선의 직경[cm]　　　D : 선간 거리[cm]

(3) 코로나 방전의 영향

① 전력손실

Peek's 식에 의해 계산할 수 있는 전력손실이 발생한다.

② 코로나 잡음

코로나 방전에 의해 코로나 펄스(코로나는 전선의 표면에서 전위경도가 임계전압을 넘을 때에만 일어나므로 교류전압의 반파마다 간헐적으로 일어나게 된다)가 발생하고 코로나 잡음으로써 전파장해(라디오 소음, TV간섭)를 일으킨다.

③ 고조파 전압, 전류의 발생

전압파형이 코로나 방전에 의해서 잘려짐으로써 푸리에 급수에 의해 전개하면 고조파를 포함하게 된다. 코로나에 의한 고조파 전류 중 제3고조파는 중성점 전류로써 나타나고 중성점 직접 접지방식의 송전선로에서는 유도장해의 원인이 되고, 비접지 계통에서 파형을 일그러지게 한다.

④ 소호 리액터에 대한 영향

(a) 코로나가 발생하면 전선의 겉보기 굵기가 증가하므로 대지정전용량이 증

대하고 계통은 부족보상이 된다. 또 코로나 손실의 유효분 전류나 제3고조파 전류는 잔류전류가 되어 소호 작용을 방해한다.
  (b) 1선 지락 시에 건전상의 대지전압 상승에 의한 코로나 발생은 고장점의 잔류 전류의 유효분을 증가해서 소호 능력을 저하시키기 때문에 소호 리액터 접지방식에서는 이것이 문제가 된다.

⑤ 전력선 반송장치에의 영향

보안, 업무용 전화, 보호계전 방식, 원격측정제어 등에 전력선 반송장치를 사용하는데 코로나에 의한 고조파가 여기에 영향을 미친다.

⑥ 전선의 부식

코로나에 의한 화학작용(오존 및 산화질소가 발생하여 수분과 합해서 초산(HNO_3)이 되면)으로 전선이나 바인드를 부식한다.

⑦ 진행파의 파고값 감쇠(코로나의 유일한 장점에 해당됨)

이상전압 진행파(Surge)는 전압이 높기 때문에 항상 코로나를 발생시키면서 진행한다. 이러한 서지의 감쇠효과는 대부분 코로나 방전에 의한 것이다.

(4) 코로나 방전의 방지대책

전선의 표면 전위경도, 표고, 전선표면조건, 기후조건, 시간 등 외에 먼지 등 이물질이 전선 표면에 접촉되어 돌출부가 생길 경우 코로나 영향이 심화된다. 그러나 코로나의 발생을 방지하기 위해서는 무엇보다도 코로나 발생의 임계전압을 상규전압 이상으로 높여주면 된다.

① 굵은 전선을 사용한다.

전선을 굵게 하면 표면의 전위의 기울기는 완만하게 되어 코로나의 임계전압은 올라가서 공기의 절연은 튼튼하게 된다. 만일 가는 전선을 사용하면 반대로 전위의 기울기가 급해져서 주위 공기의 절연은 약해진다.

② 복도체를 사용한다.

복도체라는 것은 각 상의 전선을 2가닥 이상으로 나누어서 비교적 가는 전선을 사용하면서 코로나의 임계전압을 높이고자 하는 것이다. 또한 복도체는 단선의 경우와 비교해서 선로의 작용인덕턴스는 줄어들고 정전용량은 증대되기 때문에 송전전력을 증대시킬 수 있다는 장점도 있다.

③ 가선금구를 개량한다.

표면이 거칠거나 예리한 경우에는 코로나의 발생이 쉬워지므로 이에 대한 대책으로 금구 류의 표면을 완만하게 한다.

2. 초음파 코로나 진단

고전압을 사용하는 송·배전선 등의 전력설비는 항상 고전압에 의한 방전사고의 가능성을 가지고 있으므로 설비의 진단, 유지관리 및 이상 유무를 빠른 시간 내에 인지하는 것이 중요하다. 그러나 조기 진단을 위한 초기방전은 귀에는 들리지 않는 초음파나 눈에 보이지 않는 자외선이 등이 발생하므로 발견하기 쉽지 않다. 송·배전선의 애자사고, 고압 기기의 불량개소 등에서 발생하는 코로나 방전을 탐지할 때, 종래에는 전계강도 측정법, 방전 측정법 등을 이용하거나 직접 청각에 의존하는 방법이 사용되었다.

이를 위하여 철탑이나 전선주에 오르거나 활선에 근접하여야 하는 위험이 따르게 되어, 불량개소에서의 코로나 방전의 발생과 동시에 발생하는 코로나를 측정을 원하는 지점으로부터 30~40m 정도의 원거리에서도 감지하여 불량개소의 판별, 불량 정도를 알기 위하여 코로나 발생에 의한 초음파를 측정하는 것이 초음파 코로나 진단이다.

(1) 초음파의 성질

초음파는 인간의 귀로 들을 수 있는 범위를 벗어난 주파수의 파형을 말한다. 일반적으로 인간의 귀로 들을 수 있는 주파수의 범위는 16~20[kHz]로 알려져 있으나 실제적인 가청 주파수의 범위는 논리적 한계보다 좁다. 따라서 16[kHz]보다 높은 주파수를 초음파라고 하며, 현재 탐지 가능한 초음파의 한계는 100[MHz] 정도까지이다.

소리의 파형은 주파수가 바뀜에 따라 움직이는 모습도 달라진다. 즉, 낮은 주파수의 소리는 모든 방향으로 같은 강도를 가지고 둥글게 움직이지만, 20[kHz]가 넘는 높은 주파수의 경우에는 빔(Beam)과 같이 지향성을 가지고 움직인다.

초음파의 매질은 기체, 액체, 고체 등 모두가 대상이 되고, 전달하는 파동의 모드도 기체, 액체에서는 세로파형에 한정되지만, 고체에서는 세로파형 이외에도 다양한 모드로 전달된다.

(2) 초음파 코로나의 측정

전력설비에서 발생하는 초음파는 전기적 특성으로 인해 특별한 소리를 내게 되지만 이 소리는 듣는 사람의 주관적 반응에 따라 들리지 않을 수도 있으며, 그 소리의 형태 또한 다양하게 판단된다. 따라서, [그림 3-6]과 같은 방법으로 이러한 초음파 대역의 신호를 측정하고, 가청 주파수 영역으로 변화하는 장치(초음파 코로나 탐지기 등)를 통하여, 초음파 코로나의 발생을 감지하고 전력설비의 유지, 보수를 위하여 활용한다. 일반적으로 전력설비의 내부 부분방전에 의한 초음파는 20~30[kHz] 정도의 대역을 가지며, 트래킹(Tracking), 코로나(Corona), 아킹(Arcing) 등에 의한 초음파는 40[kHz] 대역을 가진다.

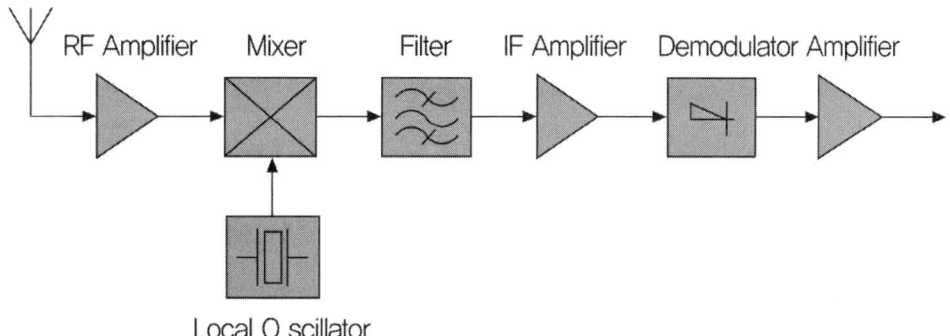

[그림 3-6] 초음파 코로나 측정 방법

(3) 초음파 코로나 측정진단의 판정

초음파 탐지기에서 측정한 음의 크기나 지속적으로 헌팅하며 변화하는 레벨미터의 지시값 만으로 초음파 코로나를 판정하는 것은 큰 무리가 따른다. 다만, 초음파 탐지기로 측정되는 초음파의 파형을 지속적으로 기록하는 형태의 기기인 경우 그 파형의 형태에 따른 패턴을 초음파 발생원인으로 추정하는 것은 가능한 것으로 알려져 있으나, 이 또한 절대적인 판정은 될 수 없다.

① 코로나
   (a) 시간-진폭 그래프 : 평균대역보다 약간 큰 피크를 갖고 일정한 대역이 나타난다.

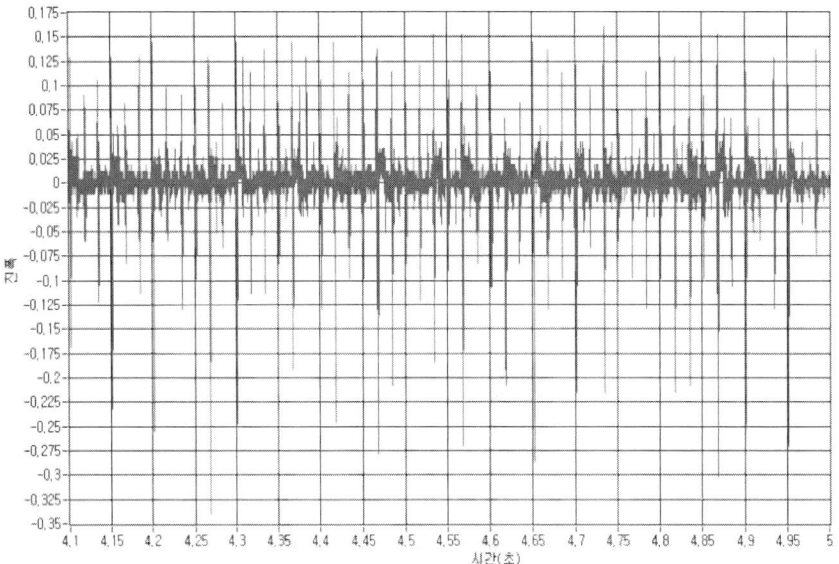

[그림 3-7] 시간-진폭 그래프(코로나)

   (b) 주파수-진폭 그래프 : 60[Hz]의 고조파 성분이 나타나고, 코로나 발생이 심각할수록 60[Hz] 고조파 성분은 점점 작아지는 경향을 보인다.

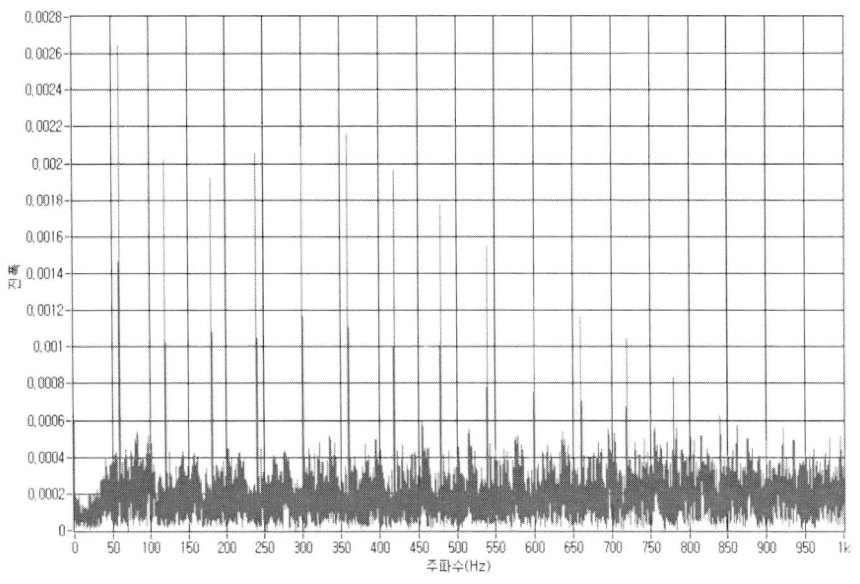

[그림 3-8] 주파수-진폭 그래프(코로나)

② 아킹
(a) 시간-진폭 그래프 : 평균대역보다 급격히 변화하는 값을 다수 포함한다.

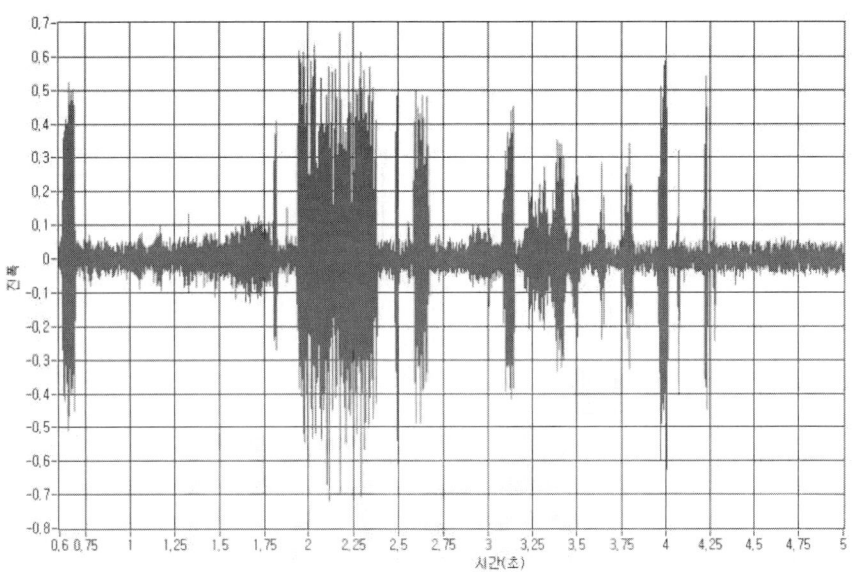

[그림 3-9] 시간-진폭 그래프(아킹)

(b) 주파수-진폭 그래프 : 매우 작은 60[Hz]의 고조파 성분이 나타난다.

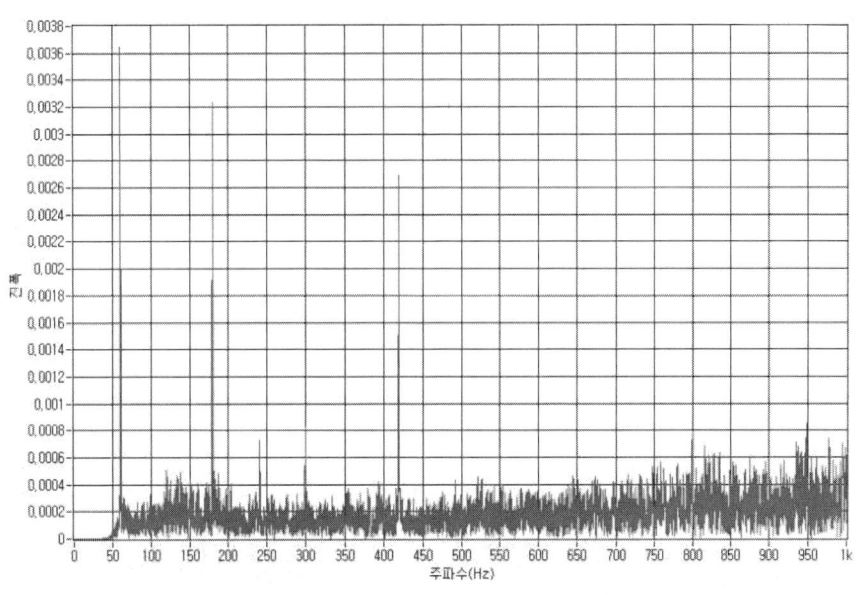

[그림 3-10] 주파수-진폭 그래프(아킹)

③ 트래킹
(a) 시간-진폭 그래프 : 평균대역 위에서 방전된 큰 피크값을 볼 수 있다.

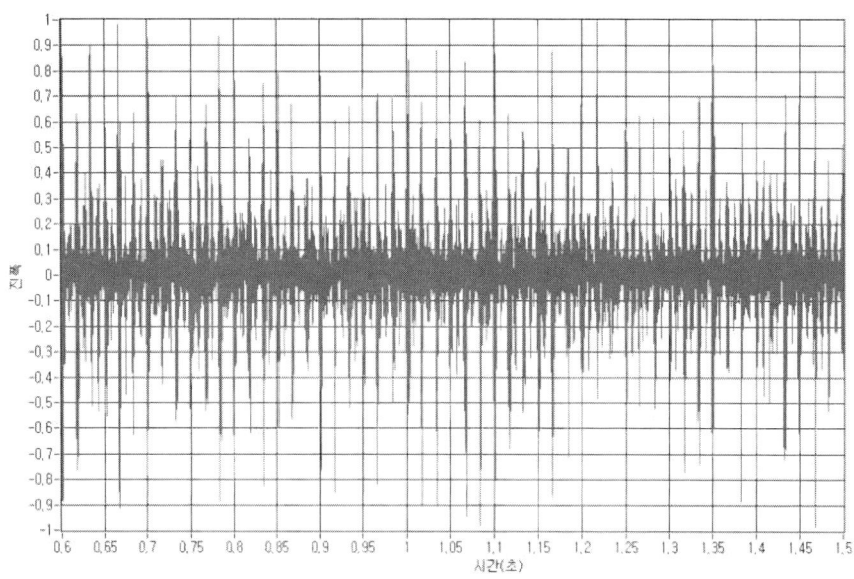

[그림 3-11] 시간-진폭 그래프(트래킹)

(b) 주파수-진폭 그래프 : 60[Hz]의 고조파 성분이 나타나지만 점점 작아지거나 하는 일정한 패턴이 없다.

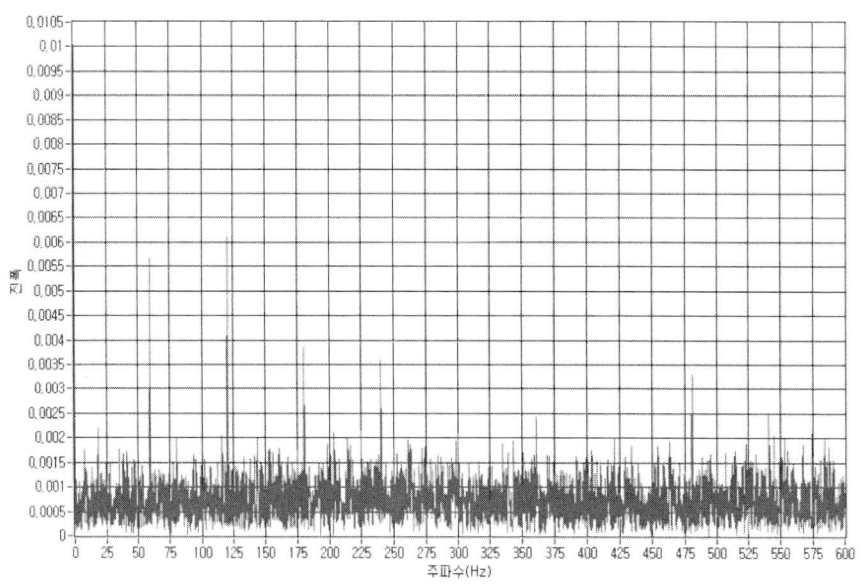

[그림 3-12] 주파수-진폭 그래프(트래킹)

(4) 초음파 탐지기

초음파를 측정하여 가청주파수 영역으로 변화시켜 주는 초음파 탐지기(Ultrasonic Detector)는 그 장비의 제조사와 모델에 따라 다양한 대역의 주파수를 감지할 수 있다.

초음파 코로나 진단을 통한 측정은 그 측정 결과만으로 어떠한 판정을 내리기는 곤란하므로, 초음파 코로나 탐지기 측정을 통하여 그 발생의 유무를 인지하고, 초음파 코로나 파형의 신호크기를 기준으로 지속적인 측정을 실시하고 추세관리(Trend Management)를 통하여 전력설비의 유지, 보수에 적용하는 것이 바람직하다.

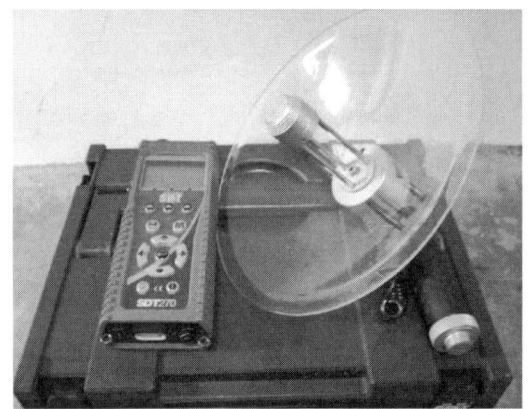 

[그림 3-13] 초음파 코로나 탐지기

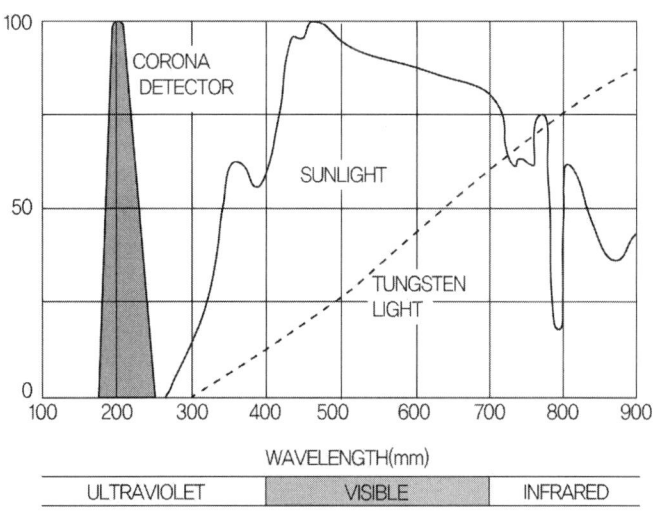

[그림 3-14] 자외선 코로나 측정영역

3. 자외선 영상 진단

고전압을 사용하는 송·배전선 등의 전력설비에서 코로나 방전이 발생하면 초음파와 함께 자외선이 발생하게 되며, 이 자외선을 자외선 카메라를 이용하여 촬영함으로써 코로나 방전을 측정한다. [그림 3-14]는 자외선 카메라의 측정영역을 나타낸다.

자외선 카메라는 주간 코로나/아크 관측 장비로써 이중 스펙트럼 방식의 Solar Blind UV-Visible Imager이므로 주간에도 희미한 상태의 UV 관측이 가능하다.

 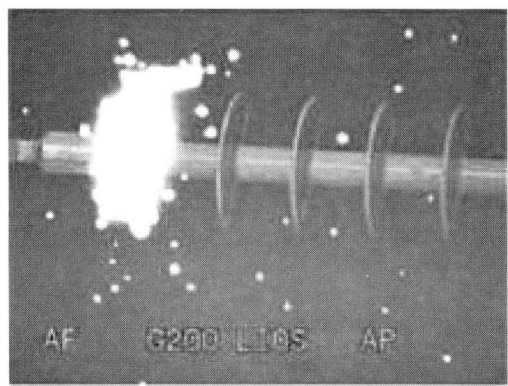

[그림 3-15] 자외선 코로나 측정

(1) 자외선 카메라의 특징

- 오전 중의 강한 태양광 아래에서도 코로나방전 및 아크방전에 의하여 발생하는 자외선의 검출이 가능하다.(주야간 측정 가능)
- 각종 접속부위 및 애자 등의 오염, 파손 돌기 등으로 인하여 발생하는 부분방전과 코로나를 검출한다.
- 고속철도(또는 지하철) 등의 전원 공급부와 같이 마찰이 많은 전원선에 대한 측정이 가능하다.
- 코로나 방전에 의한 전력손실 제거 및 시공오류를 검사할 수 있다.
- 열화 및 손상에 의한 정전사고의 발생을 미연에 방지할 수 있다.

(2) 자외선 카메라의 측정대상

[표 3-5] 자외선 카메라 측정대상

측정대상		비 고
자기애자	아크에 의한 단락	고전압에서 캡과 핀 사이 아크발생 측정
	애자의 내부단락	고전압 인가와 관계없이 영구적 단락 발생
	갈라진 틈 및 조각이탈	벨 틈에서 열화발생 및 애자발열
	녹슨 벨과 소켓의 결함	고저항의 초래
	핀의 부식	부식된 핀의 지름이 작아져 작은 조각으로 나뉨
폴리머 애자	코로나 링 손상	
	코로나 링의 설치 오류	
	End Fittings 손상	외부 아크에 의한 손상
	Rod의 탄화	내부방전에 의한 탄화
전원공급 연결부		전원공급 연결부의 오손
단로기의 손상		손상, 부식, 오염 및 접지 오류
전선	손상된 연선	도체 표면은 손상된 상태로 돌기됨
	돌기된 연선	도체의 소선이 강심에서 분리괴어 융기됨
	암-로드	코로나로 인함 찌그러짐 등의 손상

(3) 적외선 카메라와 자외선 카메라의 비교

코로나 방전은 매우 적은 양의 미열만을 발생시키므로 높은 저항점의 전류 흐름으로 인해 발생하는 열의 원천(핫스팟)을 탐지하는 적외선 카메라로는 탐지가 잘 되지 않는다. 대부분의 경우 자외선 카메라에 의해 관찰되는 것은 적외선 카메라에서 명확히 볼 수 없다. 코로나 에너지가 매우 적을 경우 주울열에 의한 적외선 열 영상을 얻기 힘들 뿐만 아니라 낮에 촬영할 경우 태양광선에 의한 오류가 발생할 수 있다.

[표 3-6] 적외선 및 자외선 카메라 특성비교

구 분		적외선 카메라	자외선 카메라
측정원리		가시광선에 근접한 적외선 파장에 의한 측정	자외선 파장에 의한 측정
측정방법		누설전류 등에 의한 열화의 진행단계에서 검출(전류검출)	전압에 의해 발생된 열화의 모든 단계에서 검출(전압검출)
결함원천		전류의 고저항 결함 부적절한 결선 절연물의 내부 결함 아크 등의 대전류 발생	부적절한 설치 절연 장치, 붓싱, 콘덕터의 오염, 파손, 부식 등 콘덕터의 고장
특징	장점	누설전류의 양에 따라 열화의 정도를 판단	코로나방전에 의한 미세한 이상도 측정 가능. 낮은 열에서도 측정 가능
	단점	과열상태가 아닌 상태에서의 이상검출 불가 외부 적외선 발생원에 의한 간섭, 교란	과부하 측정 불가

3-3. 부분방전 진단

1. 부분방전의 정의

전계분포가 균일하지 않은 절연물에 전압을 인가하고 인가전압을 서서히 증가시키면 국소적인 불균일 개소(보이드, 이물질 등)에 전계가 집중하고, 전계가 집중된 부분에서 국소적인 절연 파괴가 발생해 미세한 방전이 일어나는데 전체의 절연 파괴에는 이르지 않는다. 이러한 방전을 부분방전(Partial Discharge)이라 하며, 인가전압을 점차 상승시키면 부분 방전량이 더욱 증가하여 절연물이 갖는 절연 내력의 한계를 넘어서게 되면 전면방전(Flashover)에 이르게 된다. 부분방전은 절연 파괴의 전조현상이기도 하므로 경미한 상태에서 절연 열화를 검출하는 것을 목적으로 부분방전을 측정하고 있다.

부분방전이 발생하게 되면 방전에 따른 전하의 이동으로 인해 펄스상태의 전압·전류의 변화가 발생함과 동시에 전자파나 초음파가 발생하기 때문에 부분방전 측정법으로써 펄스상태의 전압·전류의 변화를 검출하는 전기적 측정법, 전자파를 안테나에 의해 검출하는 전자파 측정법, 초음파를 검출하는 음향측정법이 이용되고 있다.

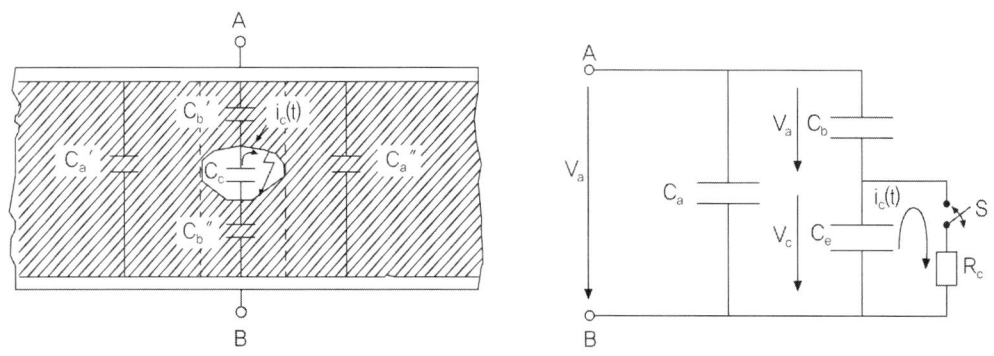

[그림 3-16] 부분방전 등가회로

2. 부분방전의 형태

(1) 고체 또는 액체 절연체의 부분방전

고체 절연체 혹은 액체 절연체 내부에 있는 보이드에서 발생한 부분방전은 약 수~수십 ns 이하 정도의 지속시간을 가지는 매우 짧은 전류 펄스를 발생시키며, 이것은 매우 제한된 공간 내에서 기체 방전 프로세스가 매우 짧은 시간 동안 진행되어 종료되기 때문이다.

(2) 기체 절연체의 부분방전

균일한 유전체, 즉 기체 내부에서 발생하는 방전은 매우 짧은 상승시간(≤5 ns)과 긴 꼬리를 갖는 전류 펄스를 발생시킨다. 급속한 전류상승은 전자성 전류를 발생시키며, 전류의 감쇄는 공극 내 공기의 전자 부착성과 양이온의 이동 속도 때문이다. 보통 대기 중에서 방전 펄스는 일반적으로 100 ns 이하의 지속시간을 가지는 전류 펄스를 발생시킨다. 절연체 내부에서 발생된 이러한 고주파 PD펄스는 선로를 따라 진행하면서 저주파 펄스로 바뀐다.

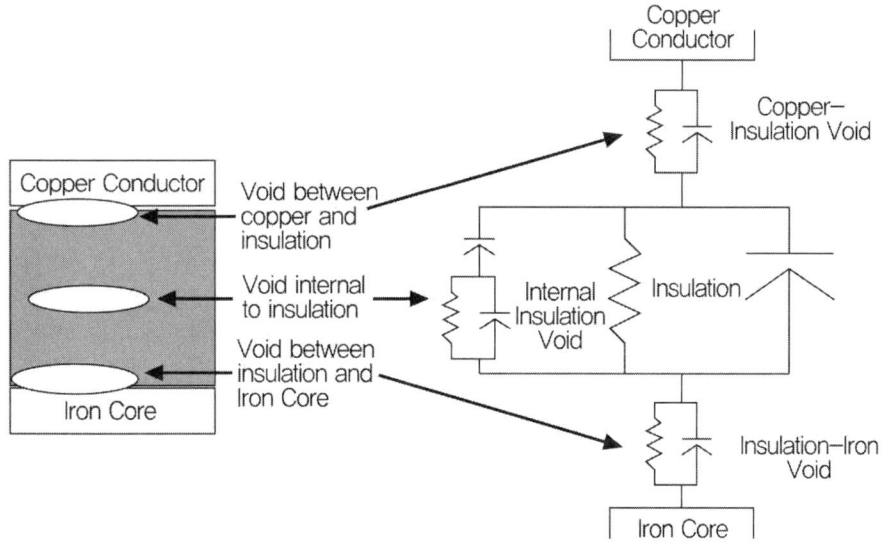

[그림 3-17] 유전체에서의 부분방전 모델

3. 부분방전의 측정

부분방전 측정은 유중 가스분석이 적용되지 못하는 몰드 변압기나 채유에 시간이 많이 걸리는 유침지 콘덴서 부싱의 진단에도 적용이 가능해 유중 가스분석 보다도 응답이 빨라 부분방전의 발생을 조기에 발견할 수 있다는 이점이 있다. 그 반면에 부분방전의 측정신호가 미세하기 때문에 주변 환경으로부터의 다양한 노이즈의 영향을 받기 쉬운 문제가 있어 유효한 측정진단을 실시하는 데에는 충분한 노이즈 대책이 중요하다.

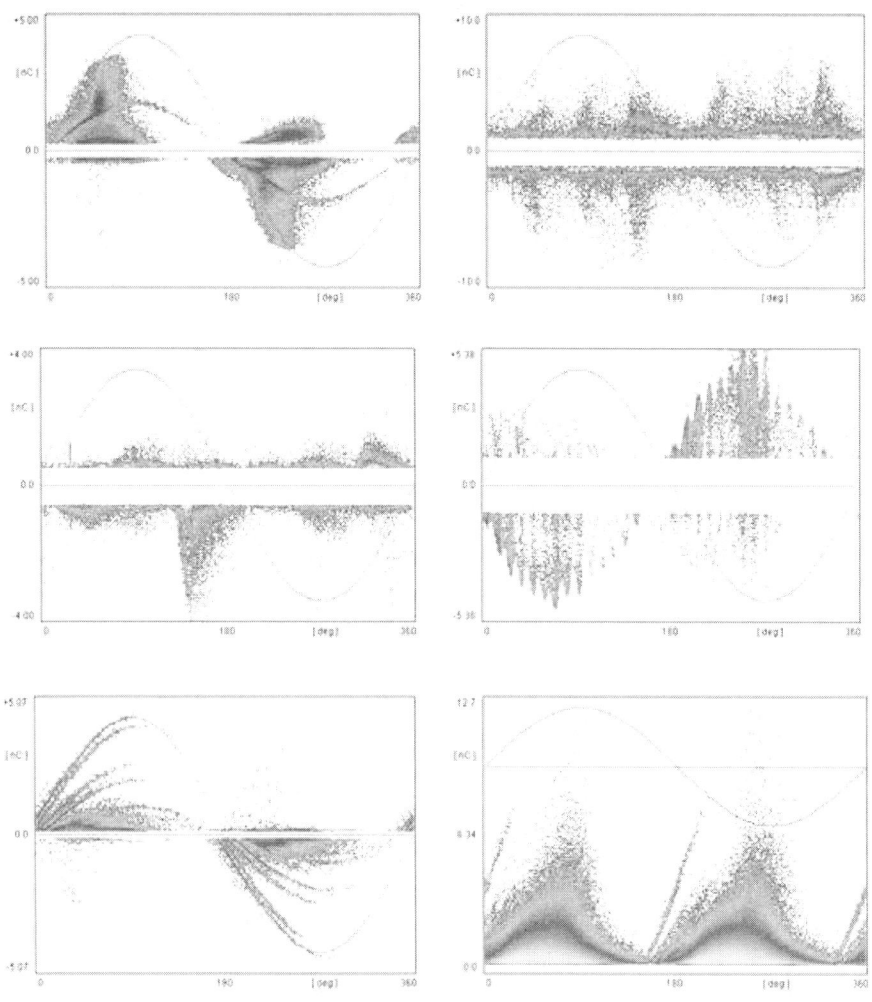

[그림 3-18] 부분방전의 다양한 패턴

(1) 전기적 측정법

운전 중인 변압기 내부에서 부분방전에 의해 발생하는 전기현상(펄스전압, 전류)을 검출하는 방법으로써 콘덴서 부싱의 탭(전압 측정용 단자 내지는 실험용 단자)을 이용하는 방법, 변압기의 중성점이 직접 접지되고 있는 경우에 접지선에 고주파 CT 내지는 로고스키 코일을 삽입하는 방법, 그리고 변압기 외함의 접지선에 고주파 CT 내지는 로고스키 코일을 삽입하는 방법 등의 방법이 있다. 변압기 외함의 접지선에 고주파 CT를 접지하는 방법은 부싱 탭의 유무, 중성점 접지의 유무에 관계없이 시공이 용이하지만 부분방전에 의한 펄스전류를 직접 측정할 수는 없어 변압기 외함의 정전용량에 의해 유기되는 전류를 검출하기 때문에 검출감도가 낮아진다.

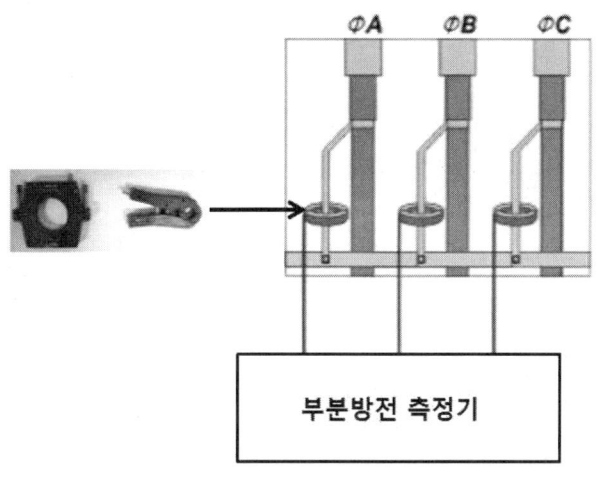

[그림 3-19] 전기적 측정법

(2) 전자파(UHF) 측정법

부분방전이 없는 정상상태에서는 전자파의 발생이 거의 없고 핸드폰 등의 상용 주파수대역에서 전자파가 발생하지만, 이는 부분방전을 다루는 진단장비에서는 노이즈로 처리한다. 부분방전이 발생하면 전 대역에 걸쳐서 전자파가 발생하게 되며, 부분방전 시 발생하는 전 대역의 전자파 중 500~1500MHz 대역을 부분방전 진단에 사용한다.

UHF 측정법은 가스 절연 개폐장치(GIS)의 부분방전 진단용으로 개발, 적용되어온 진단기술이며, GIS(Gas Insulated Switchgear) 설비에서의 전자파는 도파관 형태인 GIS 내부를 전파되어 나가지만 GIS 자체는 접지된 금속제이므로 이를 통하여 외부로 전파되지는 못한다. 그러나 도체를 지지하는 에폭시 절연 스페이서를 통하여 외부로 전파될 수 있다. 또한, 이를 유입 변압기 내부의 부분방전에서 발생하는 전자파의 측정에 적용하는 방법이 연구되고 있다. 부분방전에 따라 발생하는 전자파를 안테나를 통해 수신하는 경우 변압기 외함 내부에서의 방전은 변압기 외함에 의해 방해를 받게 된다. 한편 부싱 내부의 방전은 방해를 받지 않고 수신이 가능하기 때문에 안테나를 이용해 전자파를 검출하는 방법은 부싱 내부의 부분방전을 측정하는 데에 매우 적합하다.

유입 변압기의 부싱의 대부분은 유침지 콘덴서 부싱이므로 유중 가스분석도 가능한데 부싱에서의 채유는 변압기의 운전정지, 채유 후의 절연유 보충 등의 작업이 따르기 때문에 전자파 측정에 의한 이점은 크다. 한편, 안테나에는 검출하지 않은 부분방전에 의한 전자파 이외에도 무선 방송파나 대기 중 코로나 등에 의한 전자파가 도달하기 때문에 적절한 주파수 필터나 평균화 방법을 통해 노이즈의 영향을 억제할 필요가 있다.

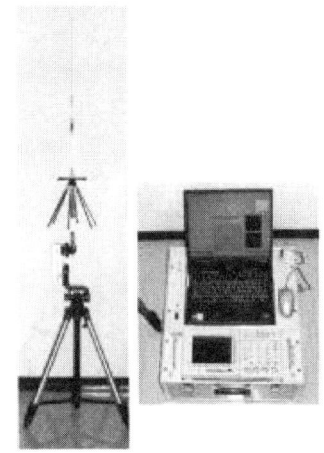

[그림 3-20] 전자파 측정법

안테나를 포함한 측정기 자체를 소형화 저 소비 전력화하고 있어 측정대상에 근접해 부착함으로써 충분한 감도를 확보할 수 있다. 또한 전자파 측정법은 비 접촉으로 감시가 가능해 대상기기에 상관이 없다는 특징이 있어 안테나의 배치도 매우 자유롭기 때문에 변압기 운전 중의 안테나 부착도 가능해 온라인 진단에 매우 적합하다.

(3) 음향 측정법

부분방전에 따라 발생하는 초음파는 유입 변압기에서는 절연유를 통해 변압기 외함까지 전달되기 때문에 변압기 외함 외부 몸체에 부착한 AE(Acoustic Emission) 센서를 통해 검출할 수가 있다. 몰드 변압기에서도 발생한 초음파가 몰드 내를 통해 몰드 표면의 센서에서 검출이 가능하다. AE 센서는 PZT(지르콘산 티탄산염) 등의 압전소자가 이용되어 기계적 진동을 전기신호로 변환하고 있다.

변압기의 내부 구조재나 전달 경로에 의한 초음파의 감퇴가 있기 때문에 초음파에서는 부분방전의 정량적인 측정은 어려우나 유입 변압기의 출력과 비교해 음파의 유중 전달속도(1.4[m/ms]) 만큼 늦게 도착하기 때문에 전기적 측정과 병용하면 센서에서 방전부분까지의 거리가 계산될 수 있다는 특징이 있으며, 더욱이 복수의 센서를 이용함으로써 방전부분의 위치 특정이 가능하다.

한편, 운전 중인 변압기의 외부 몸체의 측정에서는 탭 전환기의 동작음이나 차단기 등의 조작음, 나아가서는 비바람 등 다양한 노이즈가 측정되기 때문에 AE 센서 뿐 아니라 CT를 이용한 전기적 측정법과 조합해 동기체크를 통하여 노이즈를 제거하며 더욱이 방전점까지의 거리를 계산해 변압기 외부의 노이즈를 제거한 후 탭 절환기 동작음 등의 노이즈도 제거할 수 있다.

변압기 외함에 부착하는 AE 센서의 감도는 500~수 천[pC]이기 때문에 고감도화를 위해 탱크내부의 유중에 부착한 소형 광 파이버 음향센서가 마이크로 머신기술을 응용해 연구되고 있다.

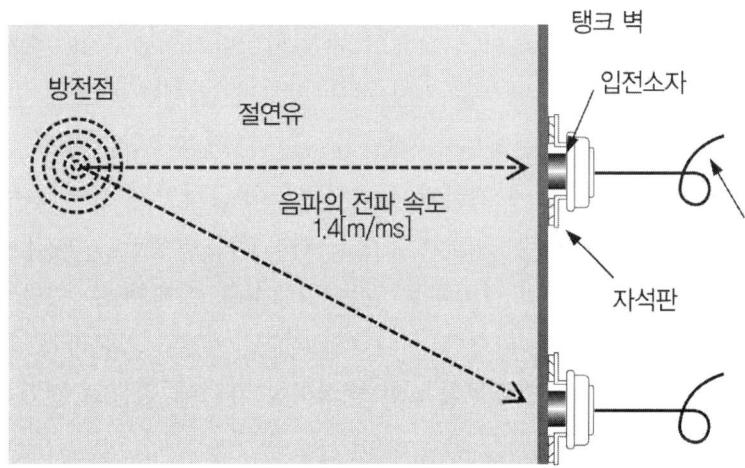

[그림 3-21] 음향 측정법

3-4. 고조파 진단

1. 고조파(Harmonics)

고조파는 주기적으로 반복되는 교류의 기본파(일반적으로 상용 주파수 : 50Hz 또는 60Hz)의 정수배인 주파수를 가진 파를 말하며, 왜형파 때문에 발생한다. 왜형파는 전력변환기 등 비선형부하, 변압기 등 여자전류 발생 부하, 교류전기로 등 과도현상 발생 부하 등에 기본파 교류전력을 공급하면 부하에 흐르는 전류의 파형이 왜곡되고, 이에 따라 전압의 파형도 왜곡되어 발생한다. 따라서 왜형파는 하나의 기본파와 그 정수배 주파수를 갖는 고조파로 분해할 수 있다. 예를 들면 방형파는 정현파에 비해서 파형은 전혀 다르지만, 이것도 기본파와 고조파의 합성에 의해서 얻을 수 있다. 파고값 A인 왜형파를 퓨리에 급수로 전개하면

$$F(t) = \frac{4A}{\pi}[\sin\omega t + \frac{1}{3}\sin 3\omega t + \frac{1}{5}\sin 5\omega t + \frac{1}{7}\sin 7\omega t + \cdots + \frac{1}{2n+1}\sin(2n+1)\omega t]$$

이 되며, 파고값이 4A/π 인 기본파와 그리고 기본파에 대한 파고값이 1/3, 1/5, 1/7, …인 기수배의 주파수를 갖는 고조파가 합성된 것임을 알 수 있다

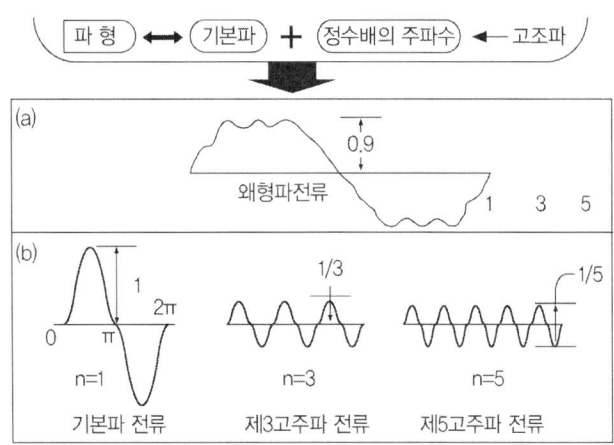

[그림 3-22] 고조파의 개념

왜형파는 무한 개의 고조파를 포함하고 있고, 고차일수록 그 함유율은 감소한다. 전력계통에 있어서 고조파의 대상이 되는 주파수 범위는 일반적으로 제 40~50차(약 3[kHz]) 정도까지를 말하며 전자회로 등에서 다루는 고주파 영역(수 10[kHz] 이상)과는 구별하고 있다.

함유율	왜 형 파	함유율	왜 형 파
0%	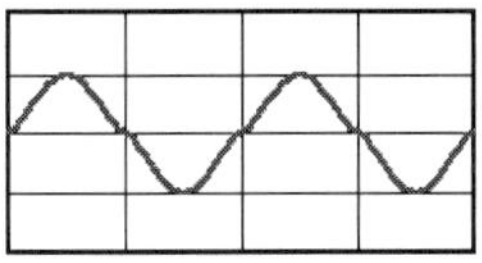	20%	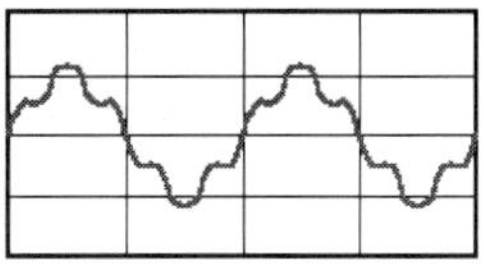
10%	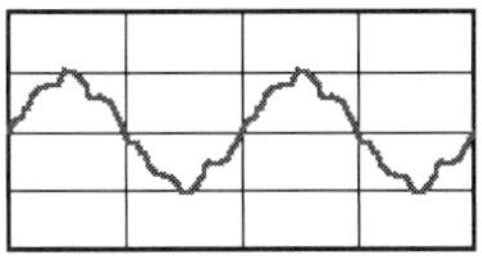	35%	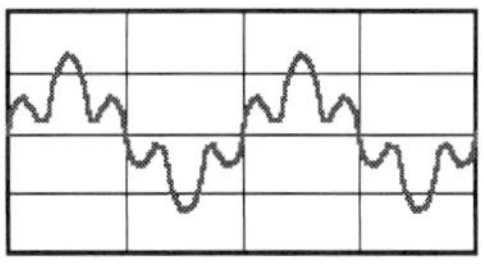

[그림 3-23] 왜형파의 예

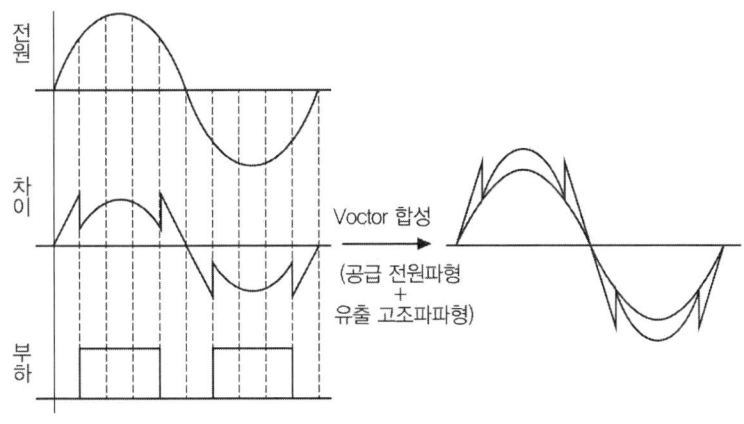

[그림 3-24] 구형파와 고조파

또한, 기본파, 고조파, 왜형파 사이에는 다음의 등식이 성립된다.

고조파 = 왜형파 - 기본파

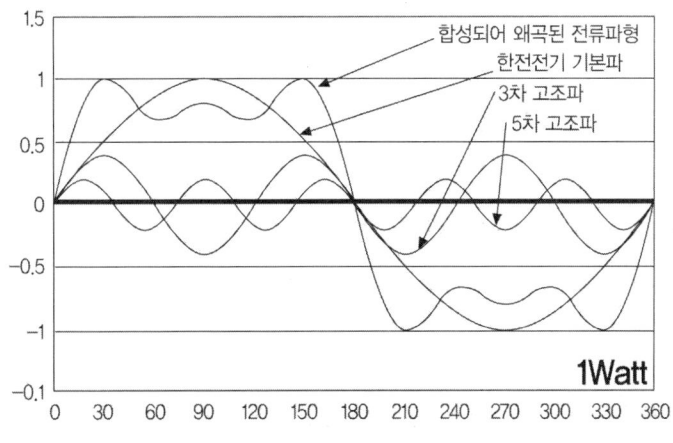

[그림 3-25] 고조파의 합성

(1) 총 고조파 왜형율(THD : Total Harmonic Distortion)

기본성분의 실효 값에서 특정한 차 수(Hmax)까지 이르는 모든 고조파 성분 합의 실효 값의 비를 말한다.

$$V_{THD} = \frac{\sqrt{V_2^2 + V_3^2 + \cdots + V_k^2}}{V_1} \times 100\%$$

$$I_{THD} = \frac{\sqrt{I_2^2 + I_3^2 + \cdots + I_k^2}}{I_1} \times 100\%$$

여기서 V_1 : 기본파 전압, I_1 : 기본파 전류
$V_2, V_3, \cdots, V_n$: 각 차수별 고조파 전압
$I_2, I_3, \cdots, I_n$: 각 차수별 고조파 전류

(2) 부분가중 고조파 전류(PWHC : Partial Weighted Harmonic Current)

$$PWHC = \sqrt{\sum_{n=14}^{40} n \left(\frac{I_n}{I_1}\right)^2}$$

- 고조파 차수(hn)로 가중되고, 선정된 고차 고조파 전류(이 지침에서는 14~40 차수)의 총 실효 값(r.m.s)을 말한다.
- 고차 고조파 전류가 결과에 미치는 영향이 충분히 감소되어 개별 한계 값을 규정할 필요가 없는지를 확인하는데 사용된다.

(3) 단락 회로 전력(S_{sc} : Short-circuit Power)

공칭 상간의 계통전압 $U_{nominal}$과 PCC에서 계통의 선로 임피던스 Z로부터 계산한 3상 단락 전력의 값을 말한다.

$$S_{SC} = \frac{U_{norminal}^2}{Z}$$

여기서 Z는 상용 주파수에서의 계통 임피던스이다.

(4) 기준 전류(Iref : Reference Current)

고조파 방출 한계를 정하는 데 사용되는 장비의 입력전류 실효 값(r.m.s)을 말한다.

(5) 단락 회로 비(Rsce : Short-circuit Ratio)

장비의 특성 값을 말하며 다음과 같이 정의된다.

- $R_{sce} = \dfrac{S_{sc}}{3S_{equ}}$: 단상 장비와 하이브리드 장비의 단상 부분을 위한 식

- $R_{sce} = \dfrac{S_{sc}}{2S_{equ}}$: 상 간 장비를 위한 식

- $R_{sce} = \dfrac{S_{sc}}{S_{equ}}$: 평형 3상 장비와 하이브리드 장비의 3상 부분을 위한 식

(6) 적합성 레벨(Compatibility Level)

전체 계통의 전자기 적합성(EMC)을 보증하기 위해 전력계통의 일부 또는 전력계통에 의해 공급되는 기기의 고조파 내성과 유출의 정합(整合, Coordination)을 위해 설정된 기준 값을 말한다.

(7) 전자기 적합성(EMC : Electro Magnetic Compatibility)

전기, 자기 환경 내에서 기기나 계통이 과도한 전자기적 장해 없이 정상적으로 동작하는 성능을 의미한다.

(8) 등가방해전류(EDC : Equivalent Disturbing Current)

전력계통에서 발생한 고조파는 인접해 있는 통신선에 영향을 주며 통신선에 영향을 주는 고조파 전류의 한계 값을 규제하는 전류값이다.

$$EDC = \sqrt{\sum_{n=1}^{\infty}(S_n^2 \times I_n^2)} \ [A]$$

여기서 S_n : 통신 유도계수, I_n : 영상 고조파 전류

(9) 비선형 부하 또는 비선형 설비

정현파 전압 인가 시 비정현파의 전류를 흐르게 하여 전원 측에 비정현파 전압강하를 발생시키고 정현파 전압을 왜곡시키는 부하 또는 설비를 말한다. 정류기 전원장치나 DC 모터 속도제어장치, 전력전자 반도체 사용기기, 교류 아크로 등은 대표적인 비선형 부하이다.

(10) 리플 프리 직류

교류를 직류로 변환할 때 10%(실효 값) 이하의 리플 성분이 포함된 직류를 말한다.

(11) K-Factor

고조파에 있어 K-Factor란 비선형 부하에 의해 발생하는 고조파로 인하여 기계기구(변압기 등)가 과열되는 정도를 나타내는 지수이며, 이러한 고조파의 K-Factor에 대응하여 고조파에 대한 열적 내구성을 향상시킨 제품이 생산되고 있다. 대표적인 것이 K-Factor 변압기이며, 변압기 K-Factor = 1(100%)로 기준할 때 고조파에 의한 변압기 권선의 온도상승, 과열 등의 문제를 최소화하기 위해 내구성을 키워주는 것으로써 제조 당시(발주 시) 설계를 할 때 적용되는 것이다.

[표 3-7] K-Factor 산정 예

고조파(h)	I_h(pf)	I_h(pu)	I_h(pu)^2	h^2	K-h Factor = I_h(pu)^{2}h^2
1	100%	0.886	0.786	1	0.7855
3	37.60%	0.333	0.111	9	0.998
5	22.60%	0.2	0.04	25	1
7	16.10%	0.143	0.02	49	0.98
…	…	…	…	…	…
합계	52.30%	52.30%	1,000	-	K-Factor 12.786

여기서, I_h(pf) = 기본파에 대한 각 차수별 고조파의 함유율[%]

$$I_h(pu) = \frac{각차수별고조파(I_h(pf)함유율[\%])}{\sqrt{총고조파(I_h(pf))함유율[\%]^2 + 기본파의비율[\%]^2}}$$

[표 3-8] 각 기기별 K-Factor 예

K	Typical Load Characteristics(대표적인 부하의 특성)
1	Purely Linear No Distortion(순수한 선형, 왜곡이 없는)
7	50% 3 Phase Nonlinear(3상 50% 비선형, 50% 선형)
13	3 Phase Nonlinear(3상 비선형)
20	Both Single And 3 Phase Nonlinear(단상과 3상 비선형의 양립)
30	Purely Single Phase Nonlinear(순수한 단상 비선형)

2. 고조파 발생원

고조파는 공급전압의 파형과 동일하지 않은 파형의 전류가 흐르는 비선형 부하에 의해서 발생되며, 비선형 부하의 예는 다음과 같다.
- 용접기, 아크로, 유도로, 정류기 등의 산업용 기기
- 비동기 전동기 또는 직류전동기용 가변속도제어장치
- 무정전 전원공급장치
- 컴퓨터, 복사기, 팩스 등의 사무용 기기
- TV, 마이크로웨이브오븐, 형광등 등의 가전기기
- 변압기 등 자기포화가 일어나는 전력기기

(1) 변압기 포화특성에 의한 고조파

변압기 철심의 자화특성은 직선적이 아니고 히스테리시스 현상이 있기 때문에 변압기에 정현파 교류전압을 인가하면 여자전류는 많은 기수조파를 포함한 왜형파가 된다. 여자전류 파형의 대표적인 예는 아래 [그림 3-26]과 같다.

[표 3-9] 변압기 여자전류의 고조파 크기

고조파	열간 압연 규소 강판	냉간 압연 규소 강판
기본파	1	1
제3조파	0.15~0.55	0.4~0.5
제5조파	0.03~0.25	0.10~0.25
제7조파	0.02~0.10	0.05~0.10
제9조파	0.005~0.02	0.03~0.06
제11조파	0.01 이하	0.01~0.03

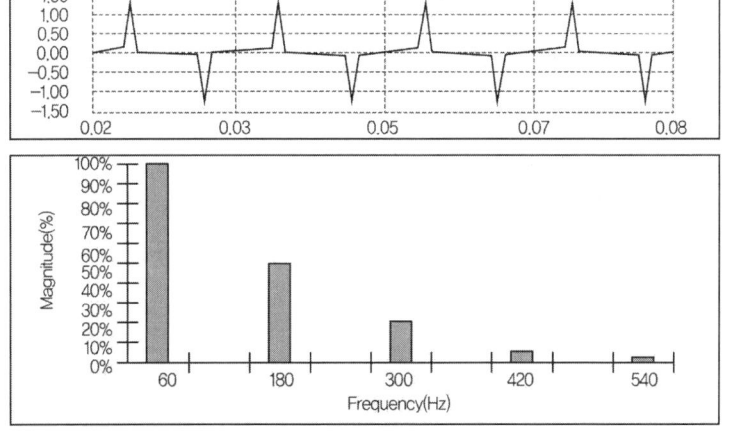

[그림 3-26] 변압기 여자전류의 고조파

각 고조파의 크기는 철심의 재질과 자속밀도에 따라 다르지만 보통의 상태에서 대략 [표 3-9]와 같이 된다. [표 3-9]에서 보는 바와 같이 제3조파 성분이 가장 크고 제5조, 제7조파 순으로 되지만, 제3조파 및 그 배수조파는 영상성분으로 변압기에 △권선을 설치함으로써 △권선 내를 순환하기 때문에 제3고조파 전류는 흡수되고 회로에는 나타나지 않는다.

(2) 각종 전력변환장치에 의한 고조파

싸이리스터 소자 성능의 향상, 품질의 안정, 신뢰도의 향상 등에 의하여 본래의 특성인 제어의 용이성, 응답의 빠름, 고 효율성 및 보수의 용이성 등의 특징이 안정됨과 동시에 대량 생산에 의한 가격의 저하에 따라 널리 사용하게 되었다. 현재 사용되고 있는 싸이리스터(Thyrister) 응용기기의 종류는 다음과 같다.

- 교류를 직류로 변환하여 이 직류를 부하에 공급하는 것
- 변환한 직류를 전원으로 하는 여러 가지 용도로 사용하는 것
  (예 DC 쵸퍼(Chopper), 인버터 등)
- 교류를 상이한 주파수로 변환하는 싸이클로 컨버터
- 싸이리스터 제어에 의하여 부하에 공급하는 교류전력을 조정하는 전력 조정기 등

싸이리스터 응용기기에서 발생하는 고조파 응용기기의 정류상수에는 6상으로 되어 있고, CVCF용 정류기에 있어서 복수 대를 설치하는 경우 싸이리스터 응용기기에서 발생하는 고조파 응용기기의 정류상수에는 6상으로 되어 있고 CVCF용 정류기에 있어서 복수 대를 설치하는 경우에는 조합해서 12상이 되도록 고려되어 있는 것 이외에는 6상으로 생각한다. 그러나 전원에서 보았을 때 정류기용 변압기의 결선이 △형, Y형 양자가 혼재하므로 어느 정도 종합적으로 12상 정류로 되는 것으로 생각되나 배전전압, 배전계통 마다 경향이 틀린 것으로 생각되며, 또 어느 정도 용량 적으로 평형이 이루어지는지 확실하지 않으므로 발생하는 고조파는 6상 정류로 취급해야 된다고 생각된다. 정류기 결선방식 및 출력 파형은 다음 [그림 3-27]과 같다.

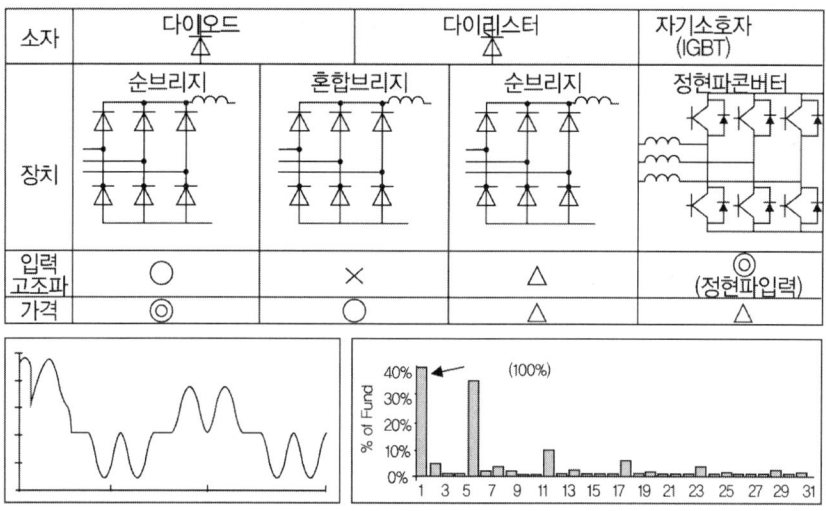

[그림 3-27] 정류기 결선방식 및 출력파형

(3) 아크로에 의한 고조파

아크로는 고철(또는 환원철 Pellet)을 아크열에 의해 용해, 정련 하는 것으로 써 흑연전극과 철 간에 아크를 조업한다. 전기적으로는 과도현상을 연속으로 일으키는 상태가 되므로 일반적으로 전력계통에서는 보이지 않을 정도의 고조파 전류를 함유하게 되며, 조업조건에 따라서는 크게 변화하게 된다.

[표3-10] 아크로용 변압기의 고조파 크기

Arc Furnace Load(Typical)		Arc Furnace Load(Maximum)	
Harmonics	% of Fund	Harmonics	% of Fund
1	100	1	100
3	18	3	29
5	5.00 (4.3)	5	7.9
7	2.00 (1.7)	7	3.1
9	1.2	9	2

3. 고조파 장해의 종류

(1) 콘덴서 및 리액터에 대한 영향

콘덴서는 높은 주파수에서는 임피던스 값이 작아지게 되며, 이로 인하여 고조파 전류가 유입하기 쉽다. 전력용 콘덴서는 직렬 리액터가 설치될 경우 최대 사용전류의 120% 이하, 제5고조파 전류에서는 35% 이하에서 사용되어야 하나, 고조파 전류 등으로 인해서 기준값 보다 많은 전류가 흐르게 되면 과열로 소손이 발생할 우려가 많다.

① 공진 현상의 발생

콘덴서는 용량성 리액턴스이기 때문에 전원 측의 유도성 리액턴스와의 사이에서 공진(회로 중 어느 부분의 전압 또는 전류가 특정한 주파수 부근에서 급격히 크게 변화되는 현상을 말한다)이 생겨 고조파 전류가 확대될 경우 전력용 콘덴서가 소손될 우려가 많다.

② 전류 실효값의 증대

고조파가 유입되면 실효전류가 증대되며, 과도한 고조파 함유 전류가 흐르면 부싱 리드 및 내부배선 리드 등의 접속부분에 과열이 발생하는 원인이 될 수 있다.

③ 단자전압의 상승

고조파가 유입되면 콘덴서의 단자전압이 상승되며, 이에 따라 콘덴서 내부 소자나 직렬 리액터 내부의 층간 절연 및 대지 절연이 파괴될 수 있다.

④ 콘덴서 실효용량의 증대

고조파가 유입되면 실효용량의 증대에 따라 유전체 손실(tanδ Loss)이 증가되고, 소자 내부의 온도상승이 커지며 콘덴서의 열화를 가져온다.

⑤ 고조파 전류에 의한 손실 증대

고조파 전류가 유입되면 직렬 리액터의 손실이 발생되며, 이에 따라 직렬 리액터의 기름 및 권선 온도가 이상하게 높아지고 경우에 따라서는 소손되는 일도 있다. 또한 유입 고조파 전류가 커지면 직렬 리액터나 콘덴서에서 큰 이상 음이나 진동이 발생되는 경우가 있다.

(2) 변압기에 대한 영향

① 변압기 출력 감소

변압기에 고조파가 유입되면 THDF(Transformer Harmonic Derating Factor)에 따른 변압기 출력감소가 발생하게 된다.

$$THDF = \sqrt{\frac{P_{LL-R}(pu)}{P_{LL}(pu)}} \times 100 = \sqrt{\frac{1 + P_{EC-R}(pu)}{1 + KFactor \times P_{EC-R}(pu)}} \times 100 [\%]$$

예) 1000kVA Mold TR, 부하 K Factor : 7인 경우의 THDF 계산

(1000kVA 초과 Mold TR의 와류손은 14(pu) 임.)

$$THDF = \sqrt{\frac{1+14}{1+7\times14}} \times 100 = 38.9[\%]$$

이 변압기는 고조파에 의하여 38.9%의 출력 즉, 389kVA의 출력이 감소되어 실제 출력은 611kVA이다.

② 고조파 전류 중첩에 의한 손실

기본파 전류에 고조파 전류가 포함되면 도체의 표피효과에 의하여 손실증가 현상이 일어나며, 이러한 손실의 증가로 인하여 변압기유 및 권선의 온도상승을 초래한다. 더욱이 손실의 대부분은 동손이다.

③ 고조파 전류 중첩에 의한 철심의 자화현상

변압기는 고조파 전류에 따른 철심의 자속으로 인하여 철심에 자화현상이 일어나며, 주파수가 높으면 손실이 커진다. 따라서 고조파가 변압기에 유입되면 소음이 발생하며, 때로는 금속적인 소리나 이상 음을 만들기도 한다.

(3) 발전기에 대한 영향

최근 발전기에 실리콘 정류장치, 사이리스터 변환장치 등에 고조파 발생부하를 연결한 경우가 많아지는 경향이다. 이러한 부하가 접속되면 발전기의 부하 측에 고조파 전류원이 존재하는 것과 같기 때문에 발전기에 고조파 전류가 흐르고 고정자권선, 제동권선 등의 손실을 증가시켜 전압파형을 왜곡시킨다. 역상전류가 15%를 초과한 경우는 정격출력을 얻을 수 없기 때문에 초기의 출력을 선정하거나 필터 설치 등의 대책이 필요하다. 제작회사에 따라서는 등가 역상전류 내량의 설계기준을 25%로 하는 경우도 있다.

(4) 유도전동기에 대한 영향

① 철손, 동손의 증가

철손은 주파수에 비례 또는 제곱에 비례한다. 따라서 고조파 전류의 유입에 따라서 철심 샤프트 등에 대한 온도상승을 일으킨다.

동손은 일반적으로 고조파 함유성분을 증가시키지만, 그밖에도 표피효과에 의하여 도체 내에 전류 불균일 분포가 일어나 권선저항이 증가하기 때문에 권선에 온도상승을 유발시킨다.

② 정상진동 토오크의 발생과 소음

고조파에 기인하여 전자기력이 증가하기 때문에 정상진동 토크 소음이 발생한다.

③ 축 계통 비틀림 진동

전동기와 피구동기계로써 구성된 비틀림 진동의 고유주파수에 저차의 고조파에 기인하는 맥동 토크 주파수가 일치하면 공진을 일으키고, 축에 강한 스트레스가 발생한다.

(5) 케이블 과열

고조파에 의한 높은 주파수로 인하여 케이블의 교류저항은 증가하고, 송전용량은 감소하여 케이블이 과열된다.

4. 고조파 관리기준

(1) 전압 THD 기준

① IEEE Std.519

Bus Voltage at PCC	Individual Voltage Distortion[%]	Total Voltage Distortion(THD)[%]
69kV and below	3.0%	5.0%
69.001kV through 161kV	15.%	2.5%
161.001kV and above	1.0%	1.5%

② 한국전력공사 전기공급약관

전압	계통	지중선로가 있는 S/S에서 공급하는 고객		가공선로가 있는 S/S에서 공급하는 고객	
	항목	전압왜형률(%)	등가방해전류(A)	전압왜형률(%)	등가방해전류(A)
66kV 이하		3.0	-	3.0	-
154kV 이상		1.5	3.8	1.5	-

(2) 고조파 전류 관리기준

IEEE Std.519(120V~69kV, 단위 : %)

SCR = I_{SC}/I_L	Individual Harmonic Order(Odd Harmonics)					
	<11	11<h<17	17<h<23	23<h<35	>35	TDD
<20	4.0	2.0	1.5	0.6	0.3	5.0
20~50	7.0	3.5	2.5	1.0	0.5	8.0
50~100	10.0	4.5	4.0	1.5	0.7	12.0
100~1000	12.0	5.5	5.0	2.0	1.0	15.0
>1000	15.0	7.0	6.0	2.5	1.4	20.0

※짝수 고조파의 관리기준은 상기 홀수 고조파의 25% 이내
I_{SC} : 단락전류, I_L : 부하전류, h : 고조파차수

| 전력시설물진단기술 |

Chapter_4
변압기 진단

전력계통이 초고압, 대규모화됨에 따라 대용량 변압기가 다량 설치되고 있다. 변압기는 사고 발생 시 그 사고범위가 넓고, 이에 따른 경제적인 손실이 증대되며, 점검 및 보수를 위하여 장시간의 휴전이 필요한 기기이므로 변압기 운전에 대한 신뢰성 확보는 매우 중요하다.

4-1. 변압기 개요

변압기는 철심과 둘 또는 그 이상의 권선을 가지고, 전자기 유도작용을 이용하여 전압 또는 전류를 변성하여 입력 측에서 출력 측으로 동일한 주파수의 교류전력을 전달하는 교류전력기기를 말하며, 일반적으로 전력용 변압기는 ①전력회사로부터 직접 전력을 수전하거나, ②전력회사로부터 수전한 전력을 1차 변성한 변압기로부터 공급받거나, ③발전기로부터 전력을 공급받아 부하 측이 요구하는 전압으로 변성하여 부하에 공급하는 전력기기이다.

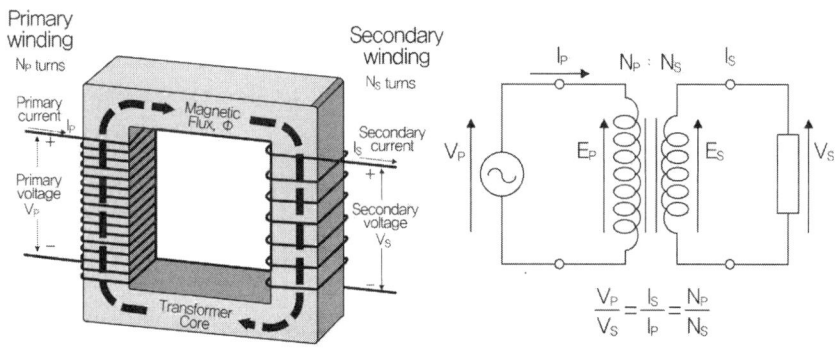

[그림 4-1] 변압기의 원리

1. 유기기전력

변압기의 원리는 1차 측에 교류가 흐르면 이 전류에 의해 자속이 발생되고, 2차 측의 권선에는 이 자속의 변화를 방해하려는 방향으로 기전력이 유기된다는 것이다.

(1) 2차 측 개방 시(무부하 시)의 변압기

[그림 4-2 (a)]와 같이 2차 측의 단자가 개방되고 1차 측에 정현파 전압을 인가하였을 경우에도 1차 측에는 적은 량의 전류가 흐르게 되며, 이러한 전류를 무부하 전류라고 한다. [그림 4-2 (b)]의 무부하 시 벡터도에 나타난 것과 같이 자화전류 I_m과 철손전류 I_C의 벡터 합으로 나타난다.

$$I_0 = I_m + I_c$$

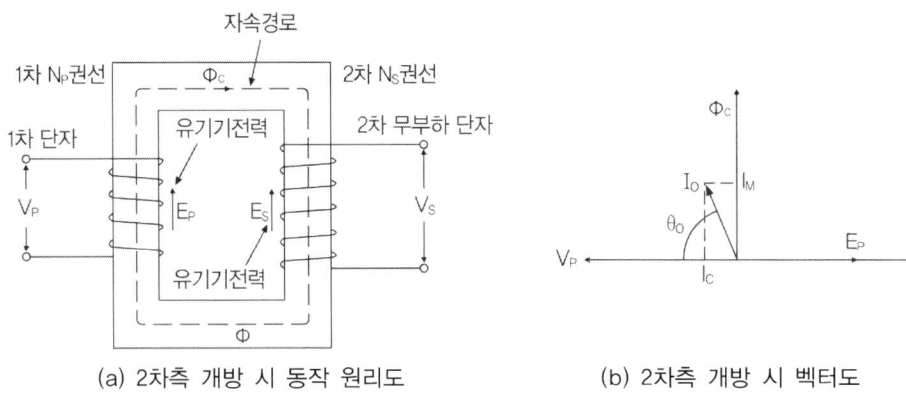

(a) 2차측 개방 시 동작 원리도   (b) 2차측 개방 시 벡터도

[그림 4-2] 2차 개방 시의 변압기

변압기의 손실(권선의 저항, 철손, 자기포화 등)이 없고, 1차 권선에서 발생한 자속이 양 권선과 모두 쇄교한다고 가정하면, 철심에 존재하는 자속의 변화에 의한, 1차 유기전압 EP와 2차 유기전압 ES는 렌쯔의 법칙에 의해 다음과 같이 나타난다.

$$E_S = -N_S \frac{d\varnothing}{dt}$$

$\varnothing = \varnothing_m \sin(\omega t)$ 이므로

$$E_S = -N_S \frac{d\varnothing}{dt}(\varnothing_m \sin(\omega t)) = -N_s \varnothing_m \omega \cos(\omega t)$$

$$= E_{\max}\sin(wt - \frac{\pi}{2})$$

따라서 자속보다 2차 유기전압 E_S가 $\frac{\pi}{2}$만큼 위상이 뒤지게 되며, E_S의 크기는 다음과 같다.

$$E_{\max} = N_s \varnothing_m w = \sqrt{2}\, E_s$$

$$E_s = N_s \varnothing_m \frac{\omega}{\sqrt{2}} = 4.44 N_s \varnothing_m f$$

같은 크기의 자속이 1차와 2차 권선에 쇄교하게 되므로 2차 유기전압 E_p의 크기는 다음과 같다.

$$E_p = 4.44 N_p \varnothing_m f$$

이를 정리하면

$$\frac{E_p}{E_s} = \frac{4.44 N_p \varnothing_m f}{4.44 N_s \varnothing_m f} = \frac{N_p}{N_s} = a \text{이며,}$$

변압기의 1차 권선 및 2차 권선에 유도되는 기전력의 크기는 각 권선의 권수에 비례하고, 1차 권선의 권수 N_p와 2차 권선의 권수 N_s의 비 $\frac{N_p}{N_s}$를 권수비(Turn Ratio)라고 하고, "a"로 표시한다.

또한, 이상적인 변압기에서는 입력되는 에너지와 출력되는 에너지는 같아야 하므로 $V_P I_P = V_S I_S$가 된다. 이를 권수비 a에 대해 정리하면 다음과 같다.

$$\frac{E_p}{E_s} = \frac{V_p}{V_s} = \frac{N_p}{N_s} = \frac{I_s}{I_p}$$

(2) 누설 리액턴스

[그림 4-3]에서와 같이 무부하 전류 I_O에 의해 발생된 자속 $\varPhi$는 1차 권선과 2차 권선을 모두 쇄교하지 않고 일부 자속이 1차 권선만을 쇄교하는 자속이 존재하게 되는 데 이를 1차 누설자속이라 하고, 마찬가지로 2차에 전류가 흐를 때 생긴 기자력 $N_S I_S$에 의해서 발생한 자속이 2차 권선만을 쇄교하는 자속이 존재하게 되는 데 이를 2차 누설자속이라 한다. 이들 누설자속의 영향으로 1차 권선과 2차 권선에 유기 기전력이 발생하게 되는 데 이들 유기 기전력은 누설 리액턴스로 불리는 전압강하로 해석하게 된다.

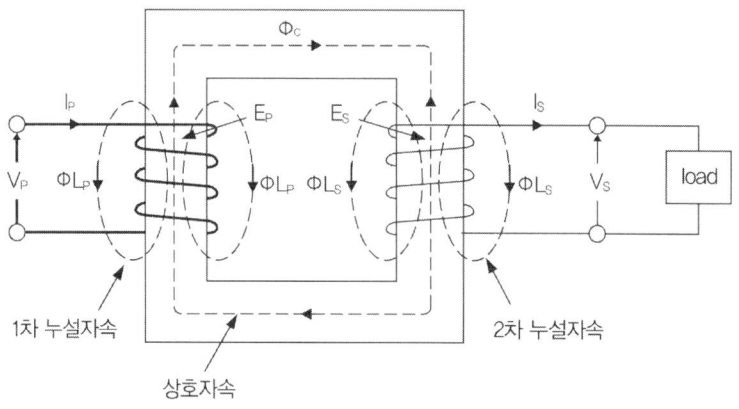

[그림 4-3] 누설 리액턴스

2. 손실과 효율

(1) 무부하손

　　변압기에 전압을 가하면 변압기 철심에는 교번자속을 발생시키기 위한 여자 전류가 흐른다, 자속의 방향이 반대방향일 때마다 철심 내에 남아있는 잔류 자기를 없애기 위해 불필요한 전력이 소모된다. 이 손실의 유효분이 무부하손에 대응되며, 그의 대부분이 철손이다. 또한, 이 손실의 무효분은 철손의 자화에 대응되며, 이것이 히스테리시스 손실이다. 이 히스테리시스손의 크기는 자성체의 히스테리시스 곡선(Hysteresis Loop) 내의 면적과 같다.

　　변압기의 무부하손 중에는 실제로 철손 이외에 동손과 유전체손도 포함되어 있으나 이 손실은 대단히 작다. 유전체 손은 전압이 상당히 높을 경우 겨우 확인할 수 있을 정도로 작으며, 상용주파수에서 대용량 기기의 철손에 비하면 문제가 되지 않는다.

　　변압기의 여자용량은 결국 철심에서 소비되는 유효전력과 무효전력이므로 변압기의 여자특성은 철심의 중량, 품질, 구조 및 자속밀도가 주어지게 되면 권선과는 무관하게 계산된다. 물론 변압기의 크기가 변하면 철심의 중량은 변화하나, 철심의 구조와 철심재료의 품질과 함께 자속밀도는 거의 동일하므로 변압기의 무부하손과 여자용량은 개개의 변압기 전압과 용량과 권선의 형식과는 무관하게 철심의 중량만으로 결정된다.

① 히스테리시스손(Hysteresis Loss)

　　히스테리시스손은 철심의 자화 특성에 의한 자계를 방향이 서로 다른 자계로 변환시킬 때 손실로 철심의 재질에 따라 변화하며, 사용주파수에 비례하고 철심에 통과하는 자력선 밀도의 1.6 제곱에 비례한다. 이 히스테리시스손을 줄이기 위해서는 철심의 잔류자기가 적은 소재를 사용하여 변압기를 제작해야 하는데, 이러한 소재로써 규소강판이 주로 사용되고 있으며, 최근에는 규소강판보다 철손을 획기적으로 줄일 수 있는 신소재로써 비정질 합금인 아몰퍼스(Amorphous Alloy)가 사용되고 있다.

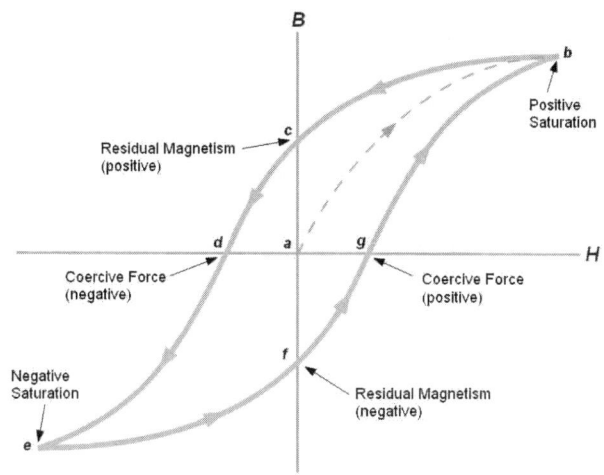

[그림 4-4] 히스테리시스 곡선

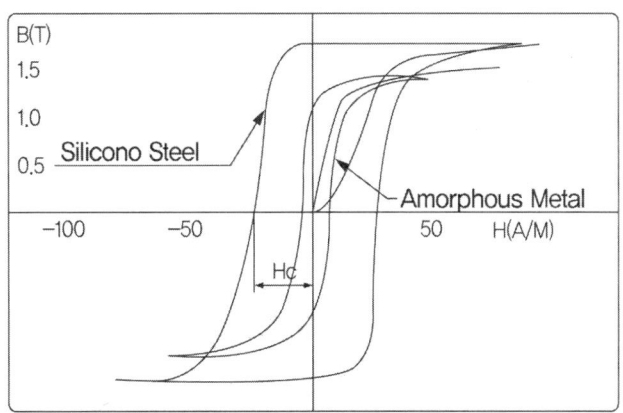

[그림 4-5] 아몰퍼스의 히스테리시스 곡선

② 와전류손(Eddy Current Loss)

변압기 철심에 교번자속이 흐르게 되면 철심 자체에 유도전압이 유기되고, 플레밍의 오른손 법칙에 따라 교번자속과 직각방향으로 자속의 주변에 맴도는 와전류가 흐르게 되고, 이 와전류 크기의 제곱 및 철심의 전기 저항에 비례하는 주울열 손실을 발생시키는데, 이 손실을 철심의 와전류손이라 한다. 이러한 와전류손은 도전율에 비례하고 사용 주파수의 제곱에 비례하며, 철심 자속밀도의 제곱에 비례한다. 와전류손을 줄이기 위해서는 철심을 흐르는 자속과 직각방향 즉, 와전류가 흐르는 방향의 철심 전기저항을 증가시켜 와전류의 크기를 줄이는 방법을 주로 사용하며, 현재 대부분의 변압기 제작사들은 두께가 얇고, 그 양쪽 면은 무기 절연재로 코팅된 규소 강판을 적층하여 변압기 철심을 제작하고 있다.

(2) 부하손

변압기 2차측에 부하전류가 흐를 때 수반하는 손실로써, 유효분과 지상 무효분으로 구성되며 부하전류가 증가하면 부하손도 증가하게 된다.

① 동손(Copper Loss)

동손 즉 저항손은 권선 도체의 전기저항에 의해 발생하는 손실로써 부하전류의 제곱에 비례한다. 저항손이 과다할 경우, 도체단면적을 증가시켜 도체의 전기저항을 줄이면 권선의 길이가 작아져 저항손은 감소한다.

② 표유부하손(Stray Loss)

변압기 권선에서 발생한 자속 중 일부 자속은 철심을 따라 흐르지 않고 누설되어, 변압기 본체의 철 구조물, 내부 조임용 볼트류나 외함을 따라 흐르게 된다. 이에 따라 이들 부위에 와전류가 흐르게 되어 손실을 발생시키는데, 이것을 표유부하손이라 한다. 부하전류 제곱에 비례하며, 일반적으로 본체의 철 구조물에서 발생하는 표유부하손은 미미하나, 주로 외함 상판에서 발생하는 표유부하손의 양은 상당히 문제가 크므로, 외함 내부를 차폐하는 방법으로 규소강판으로 자기차폐를 만드는 방법과 알루미늄 판으로 도전차폐를 실시하는 방법 등을 사용한다.

③ 전압 변동률

전압 변동률이란 지정된 전류, 역률 및 정격주파수에서 변압기 2차 측 단자전압을 정격 값으로 유지했을 때의 변압기 1차 측 전압을 변경하지 않고 변압기를 무부하로 했을 때의 변압기 2차 단자전압 변동의 정격 2차 전압에 대한 비를 말하며 이를 백분율로 표시한다.

$$전압변동률 \epsilon = \frac{무부하시\,2차\,단자전압 - 2차측\,정격전압}{2차측\,정격전압} \times 100$$
$$= \frac{V_{20} - V_{2n}}{V_{2n}} \times 100\,[\%]$$

(4) 효율

변압기는 전력설비기기 중에서 가장 효율이 좋은 기기인 반면(98% 이상), 항상 가동되고 있기 때문에 가장 손실이 많이 생기는 기기이기도 하다. 따라서 약간의 손실 향상만으로도 전력손실에 주는 파급효과가 크므로 고효율 선정 및 전력에너지 절약에 중점을 두어서 운영할 필요가 있는 기기이다.

$$효율\,\eta = \frac{출력}{입력} = \frac{출력[W]}{출력[W] + 부하손[W_c] + 무부하손[W_i]} \times 100\,[\%]$$

임의의 출력에 있어서의 변압기의 효율은 [그림 4-6]의 그래프와 같이 부하율에 의해서 변화한다. 부하율에 관계없이 일정한 무부하손(철손)과 부하율의 제곱에 비례하는 부하손(동손)이 같게 되었을 때 최고효율이 된다.

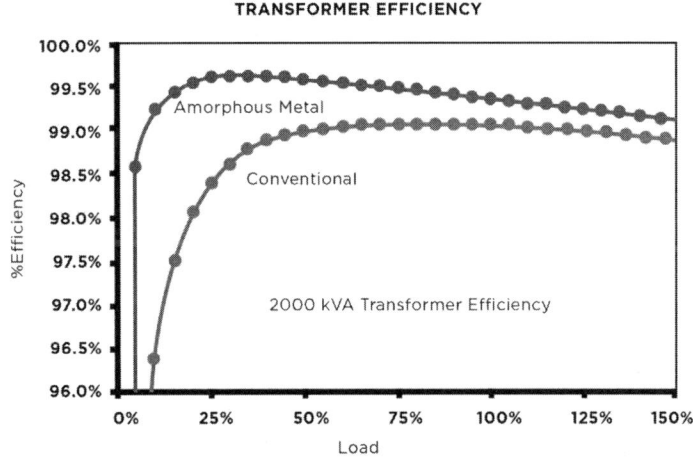

[그림 4-6] 부하율에 따른 변압기 효율

3. 변압기 % 임피던스

변압기의 임피던스는 변압기의 저항분과 권선의 인덕턴스에 관련되나 거의 1차와 2차 권선의 상호 간격에 따른 누설 임피던스의 크기에 의해 결정된다.

(1) 임피던스 전압

변압기에 정격전류를 흐르게 했을 때 권선의 임피던스(교류 저항 및 누설 리액턴스)에 의한 전압강하를 임피던스 전압이라고 하며, 변압기 2차 측을 단락하고 변압기 1차 측에 인가하는 전압을 서서히 증가하여 정격전류가 흐르게 되었을 때, 변압기 1차 측 단자의 전압을 측정하는 방법으로 확인하며, 이 때의 저항분 및 리액턴스분을 각각 저항전압, 리액턴스 전압이라고 한다. 이러한 전압강하를 지정된 기준 권선 온도로 보정하여 그 권선의 정격전압에 대한 백분율로 표시하고 % 임피던스라 한다. 실제 측정한 값은 설계값과 약간 다를 수 있으므로 변압기 명판에는 실제 측정값이 기록되며, 단락전류계산은 이 값을 적용하여야 정확히 계산할 수 있다.

(2) % 임피던스의 영향

변압기의 % 임피던스는 무부하손, 부하손, 효율, 전압 변동율 등과 밀접한 관계가 있으며, % 임피던스의 크기에 따라 변압기 2차 측에서 단락고장이 발생할 경우에 고장전류의 크기가 결정되어 변압기 보호장치 선정의 기준이 된다.

% 임피던스의 값이 커지면 단락전류가 감소하나, 전압변동율이 높게 되고 계통의 안정도가 저하한다. 반대로 % 임피던스의 값이 작으면 전압변동률이 작아지고 변압기 2차 회로의 단락 시 단락전류의 크기가 증가되어 기계적, 열적으로 가혹하게 된다. 대용량 변압기의 경우 단락용량이 커지므로 % 임피던스를 높게 결정하는 것이 차단기 등의 정격을 낮게 결정할 수 있어 유리하나, 동손의 증가로 인하여 손실이 커질 수 있으므로 부하설비의 용도와 경제성을 고려하여 적합한 % 임피던스의 값을 선정하여야 한다. % 임피던스는 권선의 절연 계급에 따라 적당한 값이 존재하고, 동일한 정격 변압기의 경우 임피던스의 값이 적은 쪽이 규소강판과 동의 중량비가 커 이른 바 철기계가 되어 중량이 무겁게 된다

[표 4-1] % 임피던스의 영향

구분	% 임피던스가 클 때	% 임피던스가 작을 때
단락용량	감소	증가
계통 안정도	저하	향상
전압변동율	증가	감소
손실	부하손(동손) 증가	철손 증가
중량	감소	증가

[표 4-2] 변압기의 임피던스

변압기의 종류	3상변압기											
	6.6[kV] / 210[V] 유입식			6.6[kV] / 210[V] 몰드			22[kV] / 420[V] 유입식			22[kV] / 420[V] 몰드		
%임피던스 변압기의 용량[kVA]	Z_T[%]	R_T[%]	X_T[%]	Z_T[%]	R_T[%]	X_T[%]	Z_T[%]	R_T[%]	X_T[%]	Z_T[%]	R_T[%]	X_T[%]
20	2.19	1.94	1.03									
30	2.45	1.92	1.53	4.7	2.27	4.12						
50	2.47	1.59	1.89	4.7	1.94	4.28						
75	2.35	1.67	1.66	4.4	1.56	4.11						
100	2.54	1.65	1.96	4.6	1.5	4.24						
150	2.64	1.64	2.07	4.2	1.29	4.0						
200	2.8	1.59	2.31	4.5	1.17	4.35						
300	3.26	1.46	2.92	4.5	1.2	4.33						
500	3.61	1.33	3.36	4.7	0.08	4.69	5.0	1.56	4.76	6.0	1.0	5.92
750	4.2	1.55	3.9	6.0	0.8	5.95	5.0	1.40	4.80	6.0	0.9	5.93
1000	5.0	1.35	4.82	7.0	0.7	6.96	5.0	1.26	4.84	6.0	0.8	5.95
1500	5.1	1.22	4.95	7.0	0.6	6.97	5.5	1.2	5.37	7.0	0.75	6.96
2000	5.0	1.2	4.85	7.5	0.65	7.47	5.5	1.1	5.39	7.0	0.7	6.96

4. 변압기의 결선

변압기의 결선방식은 전력회사로부터의 수전하는 수전방식, 병렬운전방식, 접지방식 등과 부하설비의 요구에 따른 전압과 방식에 따라 결정된다.

(1) 3상 교류의 결선

① Y 결선

선전류(I_L)와 상전류(I_P)는 동일한 크기와 위상을 가지며, 선간전압(V_L)은 상전압(V_P)보다 크기는 $\sqrt{3}$ 배이고, 위상은 30° 앞선다.

- $I_L = I_P \angle 0°$
- $V_L = V_P \angle 30°$

② Δ 결선

선간전압(V_L)과 상전압(V_P)은 동일한 크기와 위상을 가지며, 선전류(I_L)는 상전류(I_P) 보다 크기는 $\sqrt{3}$ 배이고, 위상은 30° 뒤진다.

- $I_L = I_P \angle -30°$
- $V_L = V_P \angle 0°$

③ V 결선

단상 변압기 2대를 이용하여 3상 전압을 얻기 위한 결선방법이며, Δ 결선에서 하나의 권선을 제거한 것과 같기 때문에 단상 변압기 3대를 Δ 결선하여 3상으로 운전하는 변압기에서 1대의 단상 변압기가 고장을 일으킬 경우에 응급조치용으로 사용된다.

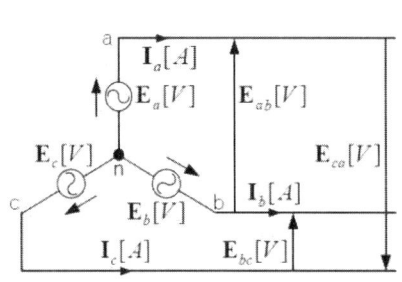 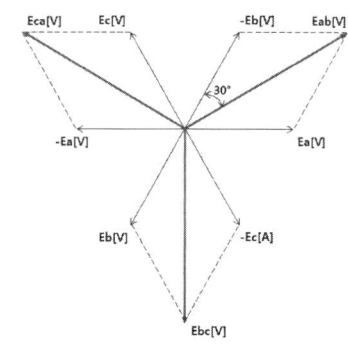

[그림 4-7] 3상 교류의 Y 결선

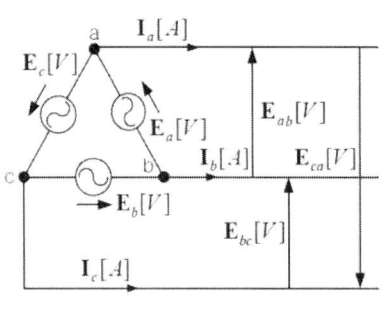 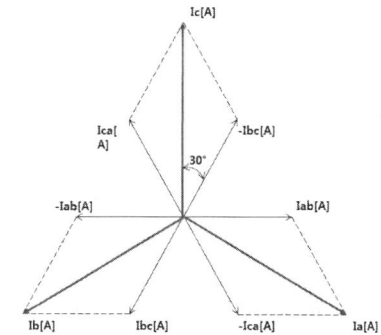

[그림 4-8] 3상 교류의 Δ 결선

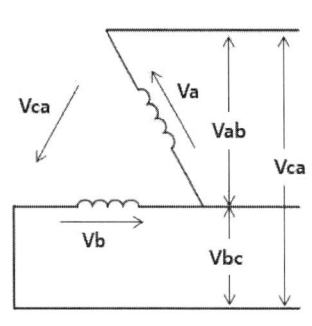 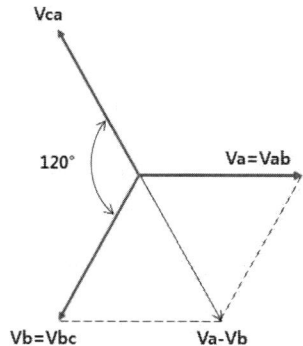

[그림 4-9] 3상 교류의 V 결선

단상 변압기 2대를 V-V 결선으로 사용할 경우 변압기 Bank용량은 단상 변압기 1대 용량의 배가 된다.

$$이용률 = \frac{V결선 시의 용량}{단산 변압기 2대 용량} = \frac{\sqrt{3}P}{2P} = 86.6[\%]$$

$$출력 = \frac{V결선 시의 용량}{고장 전의 용량} = \frac{\sqrt{3}P}{3P} = 57.5[\%]$$

④ 스코트(Scott) 결선

권수비가 다른 단상 변압기 2대를 이용하여 변압기 2차 측에 위상각이 90°인 2개의 단상 전원을 얻으면서 변압기 1차 측 3상 전원에 대해 불평형 부하가 되지 않도록 하는 결선 방법으로 주로 전기 철도 등에 적용하는 결선 방법이다.

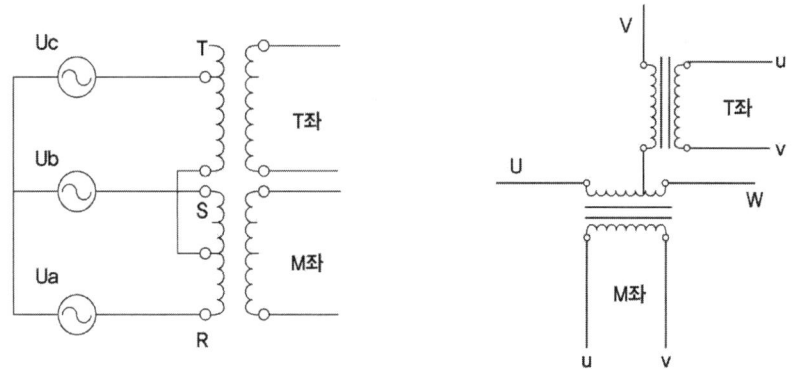

[그림 4-10] 3상 교류의 스코트 결선

(2) 3상 변압기의 결선방법

① Δ - Δ 결선
- 제3고조파 여자전류가 Δ 결선 내부를 순환하므로 정현파 교류전압이 유기되어 기전력이 왜곡을 일으키지 않는다.
- 변압기의 상전류가 선전류의 $1/\sqrt{3}$ 배가 되어 대전류에 적합하다.
- 중성점을 접지할 수 없으므로 지락전류의 검출이 용이하지 않다.
- 서로 특성이 다른 단상변압기를 사용할 때, 즉 각 상의 권선 임피던스가 다르면 3상 부하가 평형이더라도 부하전류가 불평형이 된다.

② Y - Y 결선
- 변압기의 1, 2차 측 모두 중성점을 접지할 수 있어 이상전압을 경감시킬 수 있다.

- 저전압, 대전류이므로 권선의 점적률이 좋고, 상 전압이 선간전압의 1/배이므로 고전압 권선에 적합하다.
- 중성점을 접지할 수 있으므로 단절연 방식을 채택할 수 있다.
- 변압비 또는 각 상 권선 임피던스가 서로 달라도 순환전류가 흐르지 않는다.
- 제3고조파 여자전류의 통로가 없으므로 유도전압의 파형은 제3고조파를 포함하는 왜형파가 되고, 권선의 스트레스가 증가한다.

③ Y – Y – Δ 결선
- Y-Y결선에 있어서의 제3고조파 대책으로 변압기의 안정권선(Stabilizing Winding –3차 권선)을 설치한 것으로 Δ 결선의 3차 권선을 설치한 결선 방법이다.
- 1차 측 또는 2차 측에서 Surge 침입 시 안정권선이 흡수하게 되므로 안정권선에 고전압이 유기되어 절연이 파괴되기 쉽다.
- 안정권선의 정격 용량은 주권선의 약 1/3 정도이며, 제3차 권선에 변전소 공급용 전원 또는 역률 개선용 콘덴서를 설치하는 용도로 쓰이기도 한다.

④ Δ – Y 결선
- 1, 2차 권선 중 어느 하나는 Δ 결선을 적용하여 제3고조파 여자전류가 Δ 결선 내부를 순환하므로 정현파 교류전압이 유기되어 기전력이 왜곡을 일으키지 않는다.
- 3상 입력, 출력의 전압, 전류 간에 위상변위가 생긴다.

(3) 각 변위

각 변위는 변압기의 고압 측과 저압 측 권선의 중성점에 대한 유기전압 벡터의 각도 차 즉, 위상변위 차를 표시하는 것이다. 변압기의 결선과 각 변위를 동시에 표시하기 위하여 벡터도 또는 벡터군 기호를 사용한다.

① 벡터군 기호 표시방법
- 고압 측을 대문자, 저압 측을 소문자로 표시
- D : Δ 결선, Y : Y 결선, n : Y결선의 중성점 접지여부
- 아라비아 숫자 : 고압 측 벡터에 대해 저압 측 벡터가 30°의 몇 배나 지상인지를 나타낸다.
  ㉠ 벡터군 기호 Dyn1의 해석
   고압 측 Δ 결선, 저압측 Y 결선이고, Y결선의 중성점은 접지하였으며, 고압 측 벡터에 대하여 저압 측 벡터가 30° 지상인 결선을 가지는 변압기

② 벡터도

변압기의 고압 측 및 저압 측 벡터를 각각 표시하며, 반드시 각 상 벡터 중 어느 하나를 평행하도록 표시하여야 한다. [그림 4-11]에 있어 (a)는 고압 측 결선의 벡터, (b)는 저압 측 결선의 벡터를 표시하며, (c)는 두 벡터를 중성점이 일치하도록 이동하여 비교한 그림이다. (c)에서 저압 측 벡터가 고압 측 벡터에 대해 330° 지상이므로 이 벡터도는 벡터군 기호로 표시하면 Dyn11이 된다.

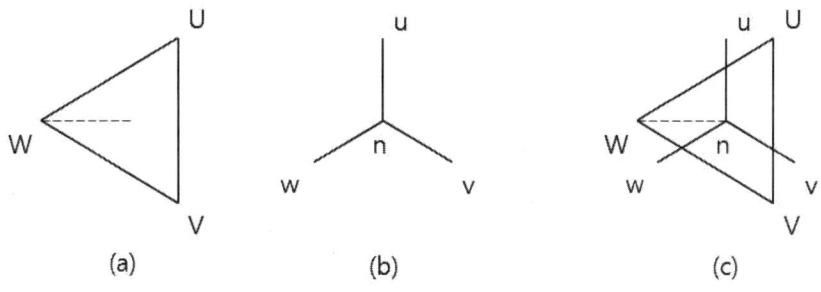

[그림 4-11] 변압기의 벡터도 표시

5. 변압기의 온도상승

변압기를 운전하면 무부하손이나 부하손에 의하여 철심 및 권선이 발열하게 된다. 변압기에서 발생하는 열은 유입 변압기의 경우에는 절연유를, 건식인 몰드 변압기는 대기 중의 공기를 매개체로 하여 방사, 대류 등에 의해서 외기 중에 방열하게 되며, 발열량이 방열량 보다 큰 동안은 온도가 상승하지만 양자가 평형을 유지하게 되면 온도는 일정하게 유지된다.

이때 외기 온도와 변압기 온도와의 차이를 변압기의 온도상승이라고 한다. 변압기의 온도상승의 한도는 각 규격에서 정하고 있으며 규격이 정하는 온도상승 한도를 벗어나서는 안 된다. 따라서 유입 변압기의 경우는 규격이 정하는 절연유 및 권선의 온도상승을, 건식인 몰드 변압기는 권선의 온도상승 한도만을 고려, 제작 검토되어야 한다.

(1) 운전 방법에 의한 온도상승 패턴

① 연속 사용패턴

일정한 부하를 변압기의 온도상승이 일정하게 되는 시간 이상으로 계속 운전하는 사용패턴을 말한다.

② 단속부하 연속 사용패턴

　　일정한 부하를 변압기의 온도상승이 최종값에 도달하지 않는 범위의 어떤 시간 동안 계속 운전한 후 부하를 분리하고 변압기 온도가 외기 온도까지 내려가지 않는 시간 내에 다시 부하를 걸어 운전하는 사용패턴을 말한다.

③ 단시간 사용패턴

　　일정한 부하를 변압기의 온도상승이 최종값에 도달하지 않는 범위의 제한된 어떤 시간 동안만 운전한 후 부하를 분리, 운전하는 사용패턴을 말한다.

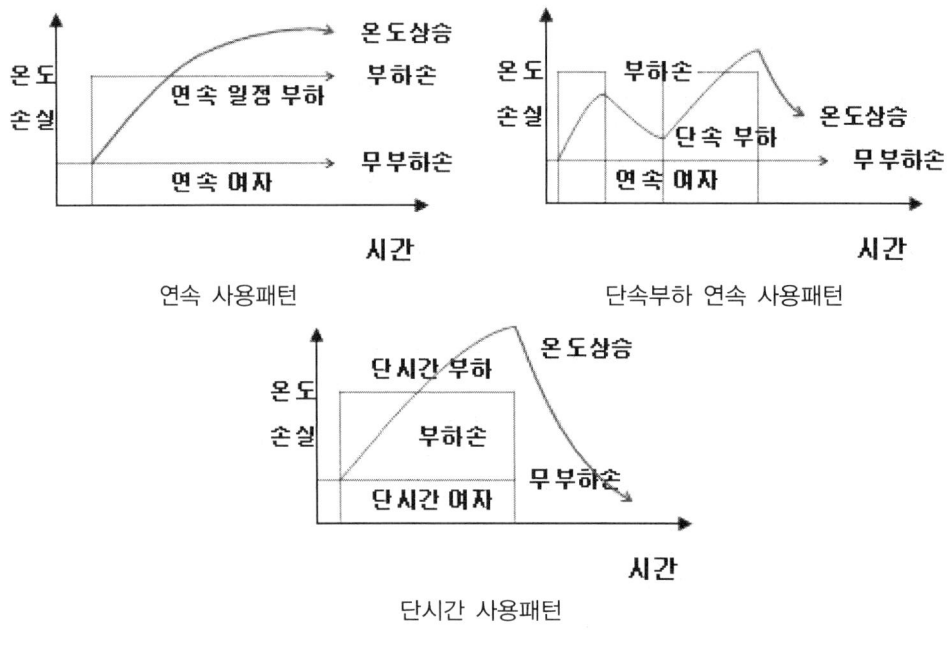

[그림 4-12] 변압기의 온도상승 패턴

(2) 변압기 온도 상승의 한도

　　변압기의 온도상승이란 변압기 각 부분의 측정 온도와 기준 냉매 온도와의 차이를 일컫는다. 기준 냉매 온도는 변압기 주위의 냉각모체, 즉 등가 주위 온도를 말하며 변압기의 온도 상승을 측정할 때의 기준이 되는 냉매 온도를 기준 냉매 온도라 한다.

　　변압기의 온도 상승은 각 규격에 의해 규정하고 있으며 이의 한도 내에서 사용하여야 한다. 온도 상승의 한도는 변압기에 사용되고 있는 절연물에 허용되는 최고온도에 의해 결정된다.

[표 4-3] 변압기 온도 상승 한도의 규격 별 비교

구 분	항 목	측정 및 절연 구분		온 도 상 승 한 도 [℃]	
		측정법	절연 구분	JEC 2200	ANSI C 57.12
유입 변압기	권 선	저항법	Oil 자연 순환	55	65
			Oil 강제 순환	60	65
	절연유	온도계법	* 외기 접촉	55	65
			* 외기 미 접촉	50	65
몰드 변압기	권 선	저항법	A 종 절 연	55	-
			E 종 절 연	70	-
			B 종 절 연	75	80
			F 종 절 연	95	115
			H 종 절 연	120	150

- ANSI의 건식 변압기에는 B, F, H종 절연이라는 분류 호칭이 없지만 비교 편의상 위와 같이 구분하여 표기함.
- IEC의 ( ) 값은 권선 내 Oil 강제 순환인 경우에 적용됨.
- *는 변압기 본체 탱크내의 절연유가 직접 외기와 접촉하는 부분과 접촉하지 않는 부분으로 구분하여 적용한다는 의미.
- BS 171 적용 규격은 IEC 726 규격과 동일함.

[표 4-4] KS C IEC 60076-2에 따른 변압기 온도 상승 한도

요구사항	온도상승한도[K]
상부 절연 액체	60
평균 권선(권선저항 변화로 측정) ON 및 OF 냉각방식 OD 냉각방식	65 70
열점 권선	78

[표 4-5] 변압기 절연물의 최고 허용온도의 규격 별 비교

적용분류	JEC 2200	ANSI C 57.12.80	IEC 60085 / BS 2757
A종 절연	105	105	105
E종 절연	120	-	120
B종 절연	130	150	130
F종 절연	155	*185	155
H종 절연	180	220	180

- 유입 변압기는 A종 절연, 몰드 변압기는 B종 또는 F종 절연을 적용한다.
- *는 ANSI C 89.2(1974)에 의거한다.

6. 변압기의 냉각방식

변압기 운전 시 발생하는 손실은 모두 열 에너지로써, 권선 및 철심의 표면에서 방산하여 변압기 온도를 높이고 절연물을 열화시켜 일반적인 변압기 정규 기대 수명을 단축시킨다. 따라서 적절한 냉각 방식을 취하여 절연물의 온도상승을 그 절연물에 규정한 일정한 허용값 이하로 억제, 관리하여야 한다. 변압기 냉각방식은 냉각 매체 및 이의 순환 방식의 조합에 따라 여러 가지가 있으며 기호표시에 의해 명판에 기재하여야 한다.

(1) 변압기 냉각방식의 종류

① 유입 자냉식

배전용 유입 변압기에서 가장 일반적으로 사용되는 냉각 방식이며, 발생 열은 절연유의 대류에 의해서 외함 및 방열기에 전달되어 대기 중으로 방산된다.

② 유입 풍냉식

유입 자냉식 변압기의 방열기에 냉각 팬을 설치함으로써, 냉각효과를 더욱 증가시키는 방식이다. 유입 자냉식에 비하여 20~30%의 용량 증대를 기대할 수 있다.

③ 유입 수냉식

외함 내부에 설치된 냉각관에 물을 통과시켜 냉각하는 방식이며, 양질의 물을 풍부하게 필요로 하는 외에 냉각수 계통의 보수가 대단히 중요한 것으로 최근 이 방식은 감소하고 있다.

④ 송유 자냉식

절연유을 송유 펌프로 강제 순환시켜 내부 발생 열을 방열기로 대기 중에 방산하는 방식이다.

⑤ 송유 풍냉식

절연유를 송유 펌프로 강제 순환시켜 냉각 팬을 설치한 공냉식 유닛 쿨러로 보내어 냉각하는 방식이다. 송유 풍냉방식은 유입 풍냉방식에 비해서 크기를 상당히 작게 할 수 있는 특징이 있으며, 대용량 변압기에서 많이 사용하는 방식이다.

⑥ 송유 수냉식

절연유을 송유 펌프로 강제 순환시켜 수냉식 유닛 쿨러로 보내어 냉각하는 방식이다. 소음 문제가 있는 도시 및 그 주변 지역의 변압기 등에서 사용된다.

⑦ 건식 자냉식 및 풍냉식

절연유를 사용하지 않고 철심 및 권선을 대기노출 상태에서 공기 및 냉각 팬으로 냉각하는 방식이다. 이 방식은 냉각 효과가 좋지 않기 때문에 F종 및 B종 절연 등 내열성이 좋은 절연물이 사용되며, 일반적으로 몰드 변압기가 이에 해당된다.

⑧ 변압기 냉각 방식의 기호 표시

주요 냉각 방식의 종류 및 적용 규격 별 기호 표시는 다음과 같으며 변압기 용량 및 특성에 따라 적절한 방식을 채택, 사용한다.

[표 4-6] 변압기 냉각 방식 및 규격 별 표시 기호

냉각 방식		규격 별 기호 표시		권선, 철심의 냉각 매체		주위 냉각 매체	
		JEC 2200 IEC 60076	ANSI C 57.12	종류	순환방식	종류	순환방식
유입 변압기	유입 자냉식	ONAN	OA	기름	자연	공기	자연
	유입 풍냉식	ONAF	FA	기름	자연	공기	강제
	유입 수냉식	ONWF	OW	기름	자연	물	강제
	송유 자냉식	OFAN	-	기름	강제	공기	자연
	송유 풍냉식	OFAF	FOA	기름	강제	공기	강제
	송유 수냉식	OFWF	FOW	기름	강제	물	강제
몰드 변압기	건식 자냉식	AN	AA	공기	자연	-	-
	건식 풍냉식	AF	AFA	공기	강제	-	-
	건식밀폐 자냉식	ANAN	GA	공기	자연	공기	자연
	건식밀폐 풍냉식	ANAF	-	공기	강제	공기	강제

● BS 171은 JEC 2200 또는 IEC 60076과 동일 함.
● 유입 자냉식을 유입 풍냉식으로 대체하면 20~30%의 용량 증가를 기대할 수 있다.
● 건식 자냉식을 건식 풍냉식으로 대체하면 33% 이상의 용량 증가를 기대할 수 있다.

[표 4-7] 주요 약어의 설명

약어	설명	약어	설명
AN	Air Natural	AF	Air Forced
ONAN(OA)	Oil Natural Air Natural	ONAF(FA)	Oil Natural Air Forced
OFAN(OF)	Oil Forced Air Natural	OFAF(FOA)	Oil Forced Air Forced
ONWF(OW)	Oil Natural Water Natural	OFWF(FOW)	Oil Forced Water Forced

7. 변압기 명판

변압기 명판에는 그 변압기의 결선 및 부하상태 등의 기본적인 특성이 명기되어 있다. [그림 4-13]은 대표적인 변압기 명판의 예이다.

① 정격용량(kVA) : 변압기가 과부하 되지 않는 상태까지 최대로 사용할 수 있는 용량
② 정격전압(V) : 선 간 전압/상 전압을 표시
③ 정격전류(A) : 정격전압, 정격용량에서 운전될 수 있는 선전류
④ BIL(kV) : 각 붓싱에 인가되어 권선에 미칠 수 있는 충격전압에 대한 전파 절연 계급
⑤ 임피던스 : 공장 시험실에서 측정한 정격부하에서의 % 임피던스
⑥ 탭 결선도 : 운전 가능한 탭 번호와 이에 대응하는 전압을 표시
⑦ 위상각 : 1, 2차 전압 간의 각 변위와 상 회전 방향을 표시
⑧ 형식 : 변압기의 냉각방식
⑨ 주파수(Hz) : 변압기의 설계에 적용된 주파수이며 변압기의 모든 특성 및 시험값은 이 주파수를 기준으로 보증된다.
⑩ 온도상승 : 변압기 본체의 유온 및 권선의 온도 상승분을 표시(외기 온도를 제외한 내부 온도 상한값임.)
⑪ 유량(ℓ) : 변압기 전체에 소요되는 절연유의 양이 리터(ℓ)로 표시
⑫ 총 중량(kg) : 변압기의 취급, 운반에 필요한 변압기의 전 중량
⑬ 제조번호 : 해당 변압기 고유의 제조번호
⑭ 제조일 : 제작을 완료하여 시험을 실시한 날을 표시
⑮ 권선결선도 : 붓싱의 위치와 탭 터미널의 접속을 표시

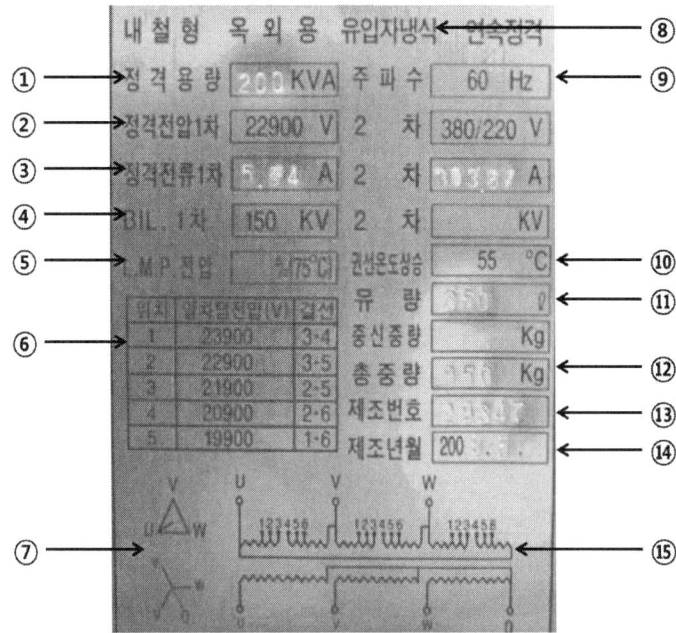

[그림 4-13] 변압기 명판의 예

4-2. 변압기의 경년열화

변압기는 대표적인 정지기로써 변압기가 가압되어 있는 동안 지속적으로 운전되며, 운전되는 동안 주위 온도, 습도 등의 외부 요인과 지속적인 부하전류로 인하여 자연적인 경년열화가 일어난다.

1. 절연 열화의 원인

변압기에서 일반적으로 절연 열화의 원인이 되는 것은 열 스트레스, 전압 스트레스, 기계적 스트레스 및 환경 스트레스 요인 등으로 나눌 수 있고 일반적으로 절연 열화는 이러한 요인들의 복합적인 작용에 의해 나타난다. 특히 고온 운전에 따른 열적 열화, 외부단락에 의한 열적 열화, 기계적 손상 및 부분방전 열화가 대표적이며 이로 인하여 전기적 성능과 기계적 성능이 저하하게 된다. 이러한 열화에 의하여 이들 변압기에서는 기계적 강도 저하, 진동 증가, 가연성 가스 발생 등이 나타나고 절연 파괴로 진전된다.

(1) 열에 의한 열화

운전온도가 높을수록 수명은 지수 함수적으로 감소한다. 온도상승은 절연물의 화학반응을 촉진하여 열화속도를 증진시키고, 수명을 단축하는 일반적인 열화요인이다. 변압기의 온도상승 한계도 소재의 열 열화의 관점에서 결정되며, 열적 스트레스에 의해 소재는 물리적·화학적으로 변성되어 전기적·기계적 성능이 저하된다.

(2) 흡습에 의한 열화

절연물 등 고분자 재료는 흡습으로 인해 전기적·기계적 성질 등의 물리적 요소의 변화를 일으키는 것 외에 가수분해 등의 화학적 변화를 일으키며 이는 종합적인 열화로 진행된다.

(3) 산소 침투에 의한 열화

절연 재료는 산소에 의해 산화되고 점차적으로 그 절연 성능이 저하된다.

(4) 부분방전에 의한 열화

절연 재료 내부의 미소 보이드를 완전히 제거하는 것은 기술상 항상 가능한 것은 아니다. 절연 재료의 내부에 미소 보이드가 존재하는 상태에서 고전압을 인가시키면 파괴전압이 낮은 기체 중에서 방전이 일어나고 광·열 작용을 동반하여 여러 종류의 열화작용을 절연 재료에 미치게 된다.

(5) 기계적 응력에 의한 열화

외부 단락 과전류 등에 의한 전자 기계력이나 전자적 진동 등에 의해 발생되는 절연 재료의 기계적 손상에 따른 열화이다.

2. 절연 열화의 현상

상기의 여러 절연 열화 원인으로 인하여 변압기는 다양한 형태의 열화현상을 나타내며, 이러한 열화현상의 관찰을 통하여 변압기의 이상 유무를 확인할 수 있다.

[표 4-8] 몰드 변압기의 열화 현상

절연 열화 종류		원인	진행 프로세스
열적 열화		열	산화, 열분해 기계적 강도 저하, 흡습성 증대
전기적 열화	부분방전 열화	보이드(크랙, 기포)	산화, 보이드
	트리잉	돌기, 이물	절연 두께 감소, 관통 파괴
기계적 열화		열응력 히트 사이클 진동 응력	크랙, 보이드 발생 전압 열화
환경적 열화		습기 등	오손, 흡습 절연 저항 감소, 트래킹

[표 4-9] 유입 변압기의 이상현상 및 원인

구분		이 상 현 상	이 상 원 인
내부	철 심	과 열	냉각 불량, 누설 지속, 조임 불량
		진동 증가	조임 불량
	코 일	과열	냉각 불량
		방전	절연 불량, 이상 전압
		변형	단락 기계력
	리드선	과열	냉각 불량, 접속부 조임 불량
		방전	절연 불량
	절연물	방전	경년열화, 수분 혼입

			파손	용접 불량, 외부 상처
	절연유		방전	경년열화, 이물 혼입
외부	탱크		누유	용접 불량, 외부 상처
	배관		파손	지진 등의 외력
	가스키트		누유	경년열화, 조임 불량
	애관		파손	지진 등의 외력
부속기기	냉각장치		누유	용접 불량, 외부 상처, 부식
			냉각능력저하	팬 고장, 펌프 모터 고장
	보호장치		오동작, 부동작, 지시 불량	흡습에 의한 절연 저하, 단락, 피로에 의한 파손, 기계적 불량
	부하시 탭 절환장치		오동작, 부동작, 이상 차단	조작기구의 전기적 불량, 조작기구의 기계적 불량

[표 4-10] 유입 변압기의 열화 현상

구성부위			열화현상		
	구성부품	재료	종류	영향	지표
철심	철심 절연	마닐라지, 프레스보드	열 열화	기계적 강도 저하 진동 증가	잡음, 진동
권선	도체 절연	크라프트지	열 열화 부분 방전 열화	절연물 열분해	유중가스의 변화 절연지의 중합도 저하
	권선 절연	크라프트지, 프레스보드			
	코일 지지물	목재, 프레스보드			
리드선	도체 절연	크라프트지	열 열화 부분 방전 열화 흡습	절연 내력 저하	절연 파괴 전압 유중가스 변화 유중수분 증가 절연 파괴 전압 산가 변화
	리드 지지물	목재, 프레스보드			
절연유		전기절연유			
부하시 탭 절환기	절연유	전기절연유			
	접촉자	동, 동합금	마모, 부식(유화동)	접촉면 손상 접촉 저항 증가 과열 및 용손	절환 회수 접촉 저항 접촉 상태 동작 토오크

4-3. 변압기의 절연 진단

변압기의 절연 성능의 양부 또는 열화의 정도를 파악하기 위하여 절연 성능에 대한 측정을 실시하여야 한다.

1. 절연 저항의 측정

변압기의 절연 저항을 측정할 경우 반드시 1, 2차 측에 접속된 Bus 및 케이블 등을 모두 접속 해제하여 전압이 인가되지 않는 상태에서 측정하도록 한다. 측정결과가 다음 기준값 이상이면 양호하다.

$$R = \frac{정격전압(V)}{정격출력(kW) + 1000} [M\Omega]$$

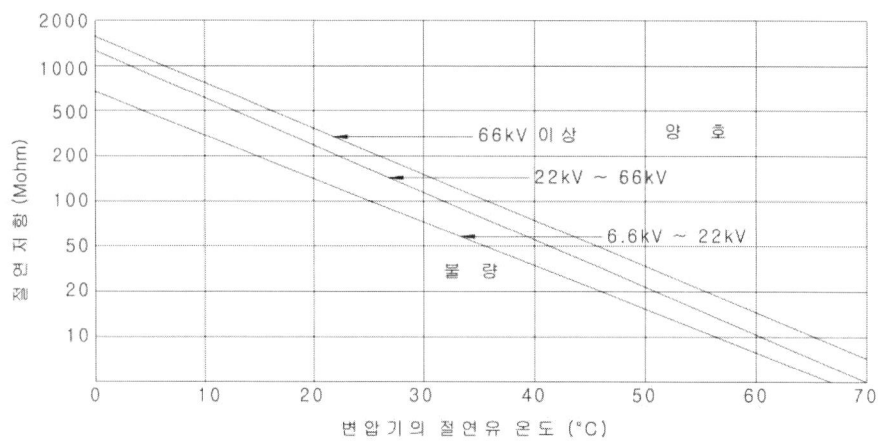

[그림 4-14] 유입 변압기의 절연 저항

(1) 절연 저항계 측정

1,000[V] 2,000[MΩ] 및 500[V] 100[MΩ] 절연 저항계를 이용하여 다음 각 부의 절연 저항을 측정하고 매 측정 시 마다 그 측정값을 기록하여 지속적인 절연 저항의 추이를 관리하여야 한다.
- 1차 측과 대지 간
- 2차 측과 대지 간
- 1차 - 2차 간

① 상과 대지 간의 절연 저항 측정

[그림 4-15]와 같이 절연 저항계의 L단자는 상에, E단자는 접지단자에 접속하고 1차 측과 2차 측의 상과 대지 간의 절연 저항을 각각 측정하고 그 측정 결과를 기록한다.

② 1차 – 2차 간의 절연 저항 측정

[그림 4-16]과 같이 절연 저항계의 양 단자를 1차 측과 2차 측의 상에 각각 접속하고 1차 측과 2차 측간의 절연 저항을 각각 측정하고 그 측정 결과를 기록한다.

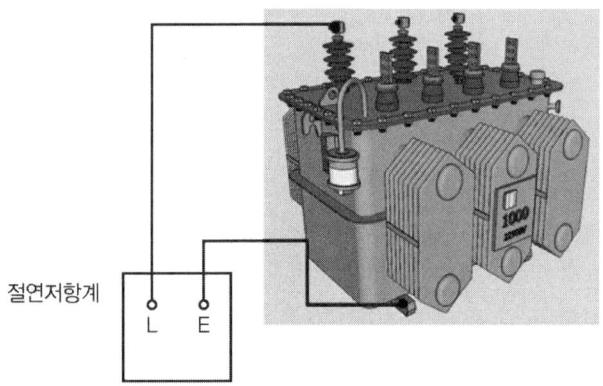

[그림 4-15] 상과 대지 간의 절연 저항 측정

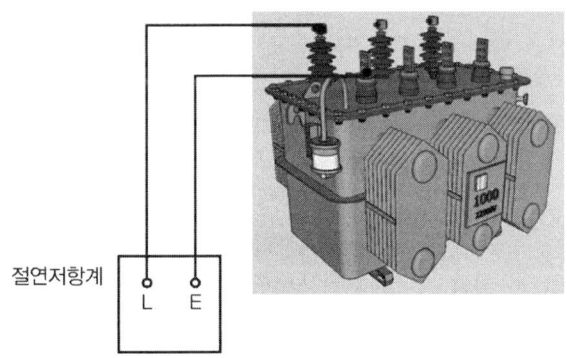

[그림 4-16] 1차 – 2차 간의 절연 저항 측정

(2) 절연 내력 측정

전기설비기술기준의 판단기준 제16조(변압기 전로의 절연 내력)에 따른 절연 내력 시험을 실시하여 성극비 및 약점비를 측정한다.

[표 4-11] 성극비 판정기준

성극비(성극지수)	판정
1.0 이상	양호
0.5 이상~1.0 미만	요주의
0.5 미만	불량

[표 4-12] 약점비 판정기준

사용전압	제 1Step 전압	제 2Step 전압	비 고
저압	500V	250V	대지전압 기준임
3,300V	2000V(3,000V)	1,000V(1,500V)	
6,600V	5,000V	2,500V	
22.9kV	10,000V	5,000V	
20kV	20,000V	10,000V	

2. 유전정접 진단

유전정접 진단은 변압기에 대지전압에 상당하는 상용주파 교류전압을 인가하여 절연물의 흡습, 오손이나 보이드 등에 의한 유전체 손실을 측정, 분석함으로써 절연물의 열화 상태를 진단하는 방법이다. 변압기의 경우 $\tan\delta$ 는 절연 열화, 흡습과 함께 증가하며, 몰드 변압기에 있어서는 $\tan\delta$ -전압 특성을 측정함으로써 보이드의 유무를 판정할 수 있다. $\tan\delta$ 는 절연물을 사이에 두고 전극 사이에 교류전압을 가했을 때 발생하는 손실전류를 충전전류의 비(%)로 나타낸다. 변압기의 절연물의 상태를 파악하는데 유용한 값이다.

유전정접 진단은 측정 당시의 $\tan\delta$ 값도 중요하지만 $\tan\delta$ 의 변화량이 중요하므로 일정한 주기에 따라 유전정접 측정장비를 이용하여 유전정접을 측정하고 그 측정값을 기록 관리하여 유전정접에 대한 추이를 관리하여야 한다.

[표 4-13] 유전정접 판정기준

측정기기		기기상태	측정항목	양호[%]	비고
유입 변압기	500[kVA] 미만	신품	$\tan\delta$	1.0 미만	20°C 기준
		사용중	$\tan\delta$	2.0 미만	
	500[kVA] 이상	신품	$\tan\delta$	0.5 미만	
		사용중	$\tan\delta$	1.0 미만	
건식 변압기			$\tan\delta$ (CH)	2.0 이하	제작사에 따라 비교 판정
			$\tan\delta$ (CL)	5.0 이하	
			$\Delta\tan\delta$	1.0 이하	
몰드 변압기			$\tan\delta$	1.0 이하	제작사에 따라 비교 판정
			$\Delta\tan\delta$	미량	

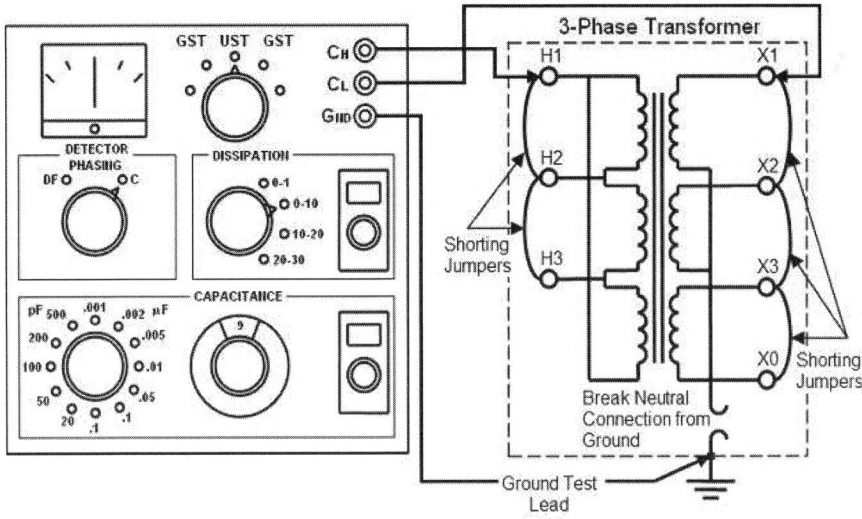

[그림 4-17] 변압기의 유전정접 측정

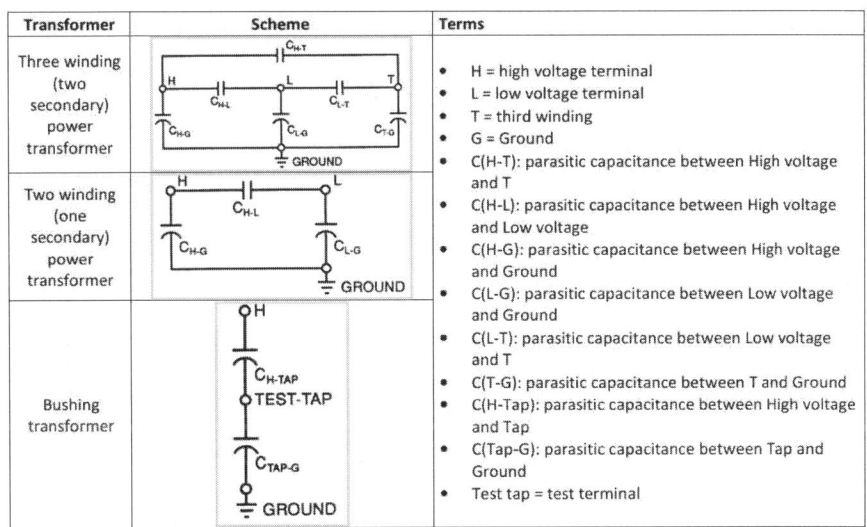

[그림 4-18] 변압기의 유전정접 측정방법

4-4. 절연유 진단

유입 변압기에 사용되는 절연유는 일반적으로 광유 1종 4호가 많이 사용된다. 광유는 경제적이며 양호한 전기적 강도와 열전달 특성을 가지고 있다. 또한 광유는 산화 방지제와 함께 용해가스, 불순물과 같이 많은 성분이 들어 있으며 정확한 조성비를 구성하지 않는다. 변압기 절연유의 주요기능은 전기적 절연과 냉각작용이다. 이에 절연유의 절연 저하는 냉각 기능 저하를 가져와 변압기 사용 중 과열, 방전, 온도, 수분, 산소 등의 영향을 받아 열화하여 절연 내력 및 냉각 기능이 저하하게 되므로 변압기 사고의 원인이 되기도 한다.

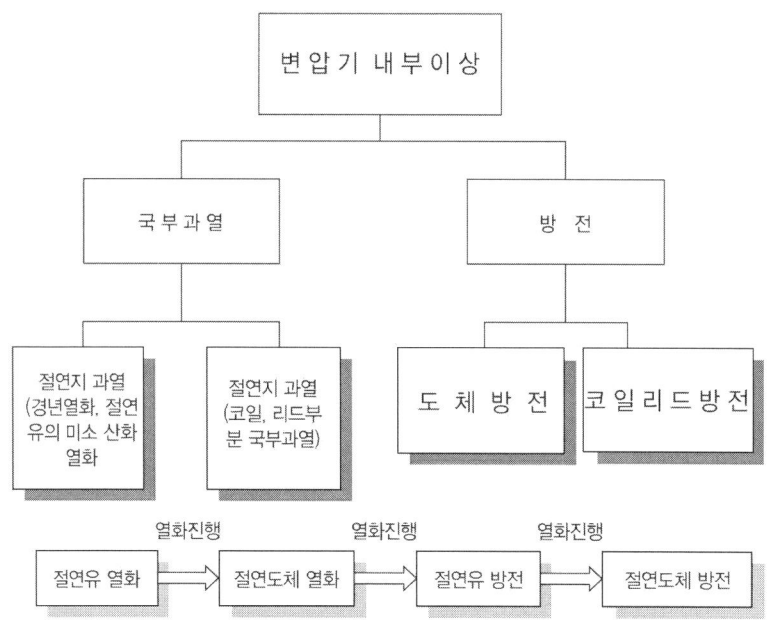

[그림 4-19] 절연유 열화 진행 과정

일반적으로 절연유가 열화하면 동(산화동) 등에 의해 전산가를 증가시키고 절연유 속에서의 방전은 기기 본체 내에서 폭발성 가스를 만들며 도전성 입자(Partical)를 생성하게 된다. 이 입자는 절연 파괴 전압과 밀접한 관계(ASTM, D 18160)가 있다. IREQ(Canada 연구기관) 시험자료에 의하면 경년열화에 따른 도전성 입자의 크기는 300(μm) 이상을 초과하지 않는다. 절연유 열화에 따른 도전성 Particle의 크기는 보통 50~100(μm)에서 가장 많은 분포를 나타낸다. 도전성 불순물(Particle)은 절연유의 점도 및 비중을 증가시켜 열확산을 저해하여 부분 과열을 일으키는 원인이 되므로 도전성 물질을 검출함으로써 열화 정도를 미리 알아낼 수 있다. 절연유의 열화 생성에 따른 사고 진행 과정을 보면 [그림 4-19]와 같다.

2. 절연유의 유중 가스분석

(1) 유중 가스분석의 목적

변압기에 사용되고 있는 절연유, 절연지 등의 유기 절연 재료는 운전에 의한 온도 상승이나 국부 과열, 방전에 의한 열분해 산화가 발생하여 가스를 함유하는 각종 열화 생성물을 만든다. 이 중 가스와 액체는 절연유에 용해되어 절연유가 공기 또는 질소 등 기체에 접하고 있으면 가스의 일부는 다시 그 속으로 확산되어 간다. 따라서 운전 중의 변압기 절연유를 채취, 분석하여 용해되어 있는 가스와 그 양의 시간적 변화를 측정, 변압기 내부 이상을 추정하는 것이 유중 가스 분석의 주된 목적이라 할 수 있다. 분석을 위한 절연유는 무정전상태에서 소량의 채취로써도 분석 가능하기 때문에 비용이 저렴한 반면 높은 신뢰성을 갖고 있다. 이러한 진단을 수행하기 위해서는 주기적인 간격으로 수 회의 가스추적 분석이 필요하며, 또 이 가스분석이 외의 다른 시험방법들을 병행하는 것이 보다 정확한 판단과 진단을 할 수 있다.

- 변압기의 내부 이상 유무 판정
- 변압기의 내부 이상 상태 진단(이상 발생 원인 및 이상 진전 속도)
- 변압기의 계속 운전 가능성 판단
- 변압기 해체 점검, 절연유 여과·교체 등의 판단

(2) 유중가스의 발생

변압기나 OLTC 등 유입기기의 내부에 사용되는 절연체나 절연유는 변압기가 정상 부하에 의한 정상 운전 시 열분해를 일으키지 않지만 이상 현상(즉 절연 파괴 현상, 국부 과열 허용값 이상의 온도 상승, 도체의 과열, 또는 아크 등의 발생 등)이 생기면 반드시 열 발생을 수반함으로써 이 발생원에 접촉한 절연유, 절연지, 프레스보드, 베이클라이트 등의 절연 재료가 열의 영향을 받아 분해되어 CO_2, CO, H_2, CH_4, C_2H_2 등의 탄화수소가스가 발생한다. 이 때 발생하는 가스의 양은 이상 상태의 계속 시간과 이상 부분의 발열 온도의 대소에 따라 다르다. 이 대부분의 가스들은 절연유에 용해되며, 일부의 가스는 기포의 형태로 외부로 유출된다.

① 가연성 가스

수소(H_2), 아세틸렌(C_2H_2), 일산화탄소(CO), 에틸렌(C_2H_4), 메탄(CH_4), 에탄(C_2H_6)

② 기타 가스

산소(O_2), 질소(N_2), 이산화탄소(CO_2) 등

③ 이상상태에 따른 주요 발생가스

변압기 내부 이상(국부 과열, 방전/아크, 코로나)에 따른 주요 발생가스의 종류 및 이상 현상의 내용은 [표 4-14]와 같다.

[표 4-14] 이상상태에 따른 주요 발생가스

이상 상태	주요 발생가스
도체 과열	일산화탄소(CO), 이산화탄소(CO_2)
절연유 과열	에틸렌(C_2H_4)
부분 방전	수소(H_2)
아크	아세틸렌(C_2H_2)

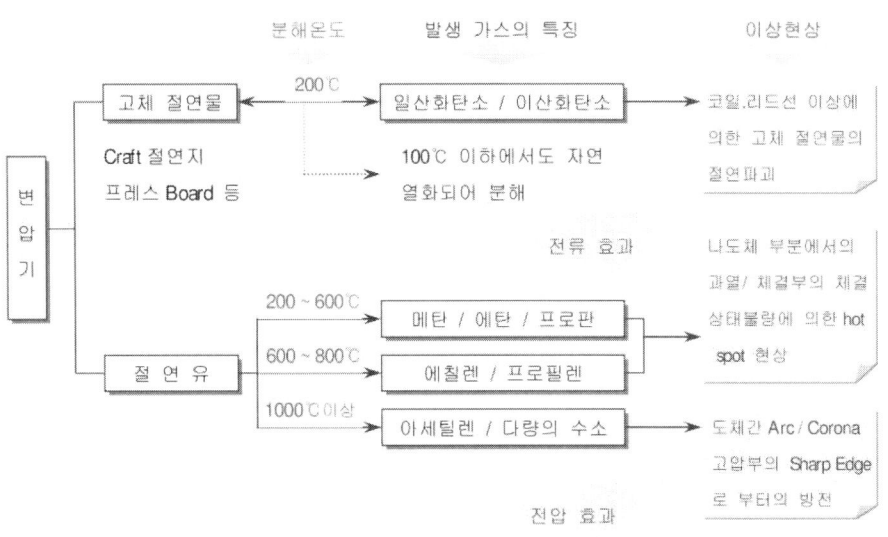

[그림 4-20] 유중 가스의 발생

(3) 유중 가스 패턴

유중 가스의 패턴에 따른 분류방법(ECSG : Electricity Cooperative Study Group, Japan)은 횡축에 가스 성분을 종축에 성분가스의 농도(최대 농도를 1.0

으로 함)를 Plot하여 모형도를 그리고 그 형상에 따라서 이상의 내용을 진단하는 것이다. 이 진단법은 아날로그 표시이기 때문에 현상을 감각적으로 이해하기 쉽고, 이상 현상의 내용 변화가 곧 모형의 변화로 되어 나타나며, 또한 과거의 사고사례와 대비에 의한 진단이 용이하다는 특징을 지니고 있다.

① 수소(H_2) 주도형

부분 방전 및 아크 방전에 의한 경우가 많고, 아크 방전인 경우 Pattern D에 나타난 바와 같이 C_2H_2의 비율이 커진다. H_2 주도형에 속하는 이상의 구체적 사례는 다음과 같으나, 반드시 일치하는 것은 아니다.

- Coil의 층간 단락
- 코일의 용단
- Tap Changer 접점 간의 아크 발생
- 순환 전류에 의한 아크 발생

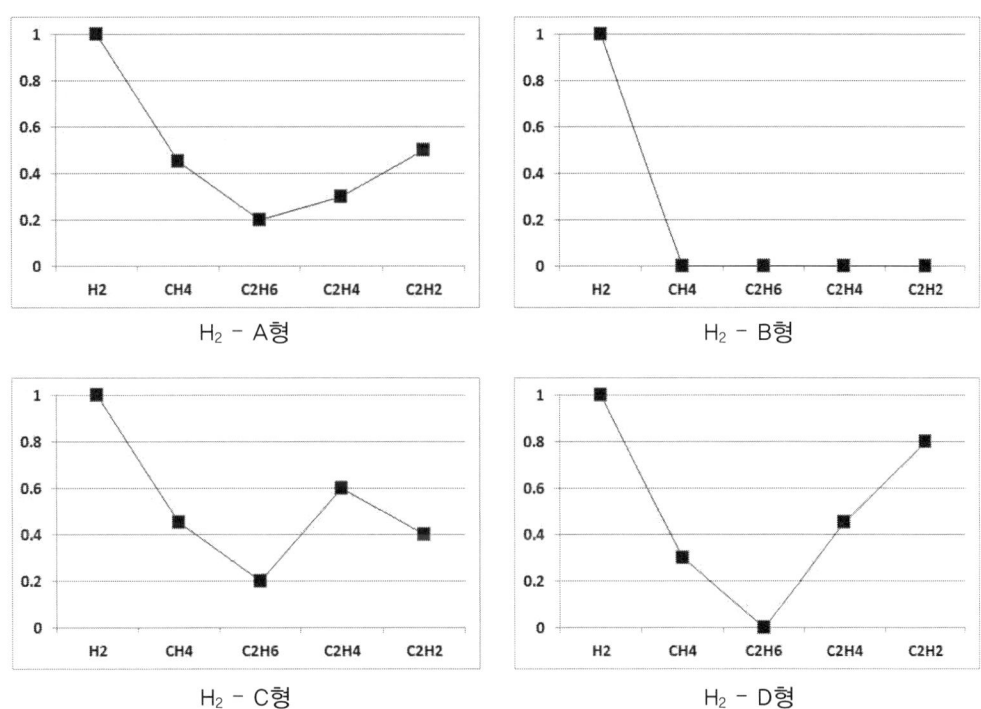

[그림 4-21] 수소(H_2) 주도형 패턴

② 에틸렌(C_2H_4) 주도형

접촉 불량, 누설 전류 등에 의한 과열인 경우가 많다. 과열이 부분 방전 및 아크 방전으로까지 진전된 경우에는 Pattern C에 나타난 바와 같이 H_2 및 C_2H_2의 비율이 커진다. C_2H_4 주도형에 속하는 이상의 구체적 사례는 다음과 같으나, 반드시 일치하는 것은 아니다.

- OLTC 등 절환기의 접촉 불량
- 접속부의 이완

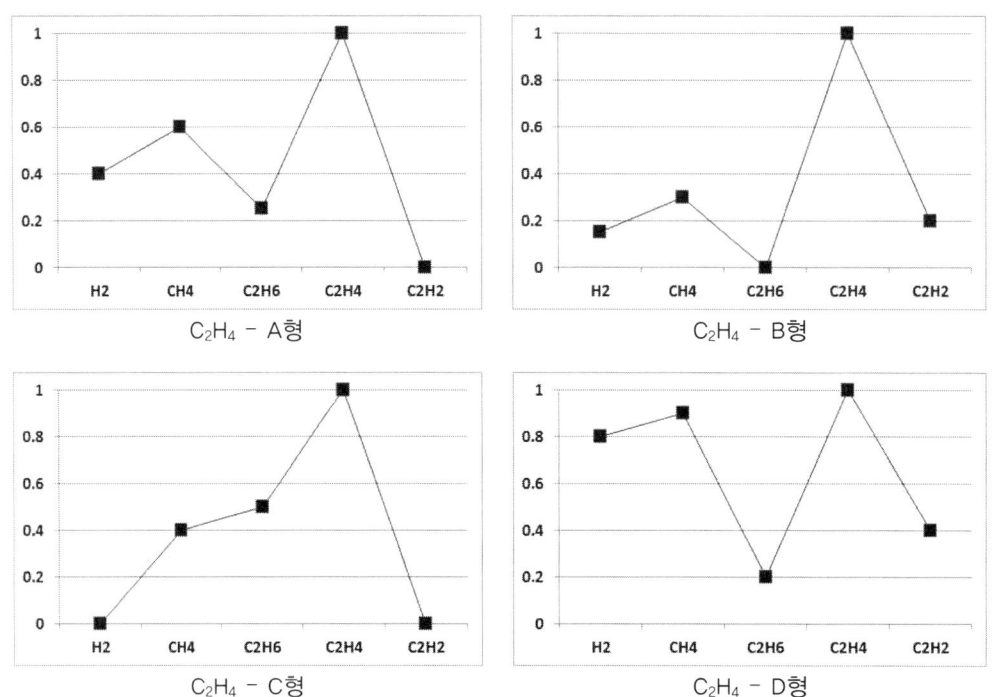

[그림 4-22] 에틸렌(C_2H_4) 주도형 패턴

③ 아세틸렌(C_2H_2) 주도형

코일단락, OLTC(On Load Tap Changer)의 섬락과 같은 아크 방전이 많으며, 아세틸렌의 발생 비율이 낮은 경우에는 부분 방전으로 추정한다.

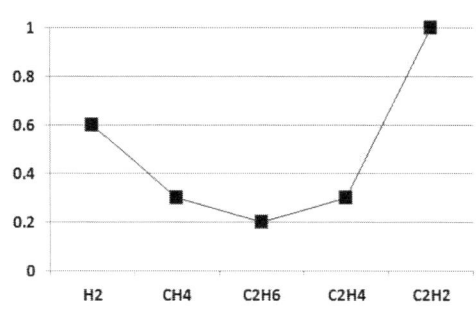

[그림 4-23] 아세틸렌(C_2H_2) 주도형 패턴

④ 메탄(CH_4) 주도형

과열에 의한 이상이 대부분이며, 에틸렌(C_2H_4) 주도형과 유사하다.

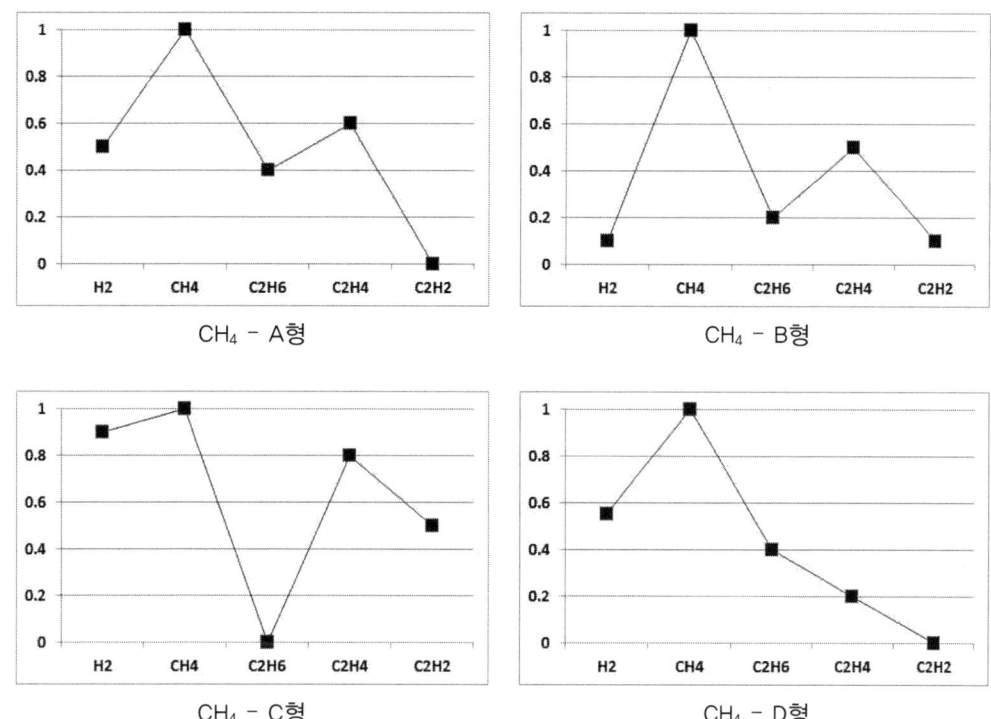

[그림 4-24] 메탄(CH_4) 주도형 패턴

(4) 평가방법

절연유 가스분석 결과에 따라 변압기 내부 이상 상태 유무 등 이상을 판정하기 위한 기준은 다음과 같다.

① 가연성 가스 양에 의한 방법

[표 4-15] 또는 [표 4-16]의 기준에 따른 유중 가스분석 결과 요주의 가스량을 초과하게 되면 아래 [표 4-17]의 재분석 주기 내에 재분석을 하여 가연성 가스의 증가 경향을 관찰하여야 하고, 가연성 가스가 이상을 초과하게 되면 제작자와 협의하여 내부 점검을 실시하여야 한다.

② 가연성 가스 총량(TCG)의 증가 경향에 의한 방법

가연성 가스는 주로 코로나(고전압 방전), 온도 과열, 아크 등에 의해 발생되므로 이 가연성 가스의 총량(TCG)의 증가 경향에 따라 열화의 진행을 [표 4-18]의 기준에 따라 판정한다.

[표 4-15] 가연성 가스 총량 및 각 가스량의 판정기준

판정	변압기 정격		각 가스량(ppm)					
			TCG	H_2	CH_4	C_2H_6	C_2H_4	CO
요주의	275KV이하	10MVA이하	1000	400	200	150	300	300
		10MVA이상	700	400	150	150	200	300
	500KV이하	─	400	300	100	50	100	200
이상	275KV이하	10MVA이하	2000	800	400	300	600	600
		10MVA이상	1400	800	300	300	400	600
	500KV이하	─	800	600	200	100	200	400

[표 4-16] 각 가스량의 판정기준(KEPCO)

발생 가스량	요주의	이상
수소(H_2)	400ppm이상	800ppm이상
일산화탄소(CO)	300ppm이상	600ppm이상
아세틸렌(C_2H_2)	10ppm이상	20ppm이상
메탄(CH_4)	150ppm이상	300ppm이상
에탄(CH_6)	150ppm이상	300ppm이상
에틸렌(C_2H_4)	200ppm이상	400ppm이상

[표 4-17] 가연성 GAS 재분석 주기

가연성 가스 총량(TCG)	재분석 주기
500 이하	정상, 6 개월
501~1200	3 개월 이내
1201~2500	1 개월 이내
2500 이상	1 주일 이내

[표 4-18] 가연성 가스 총량 증가 경향에 따른 판정기준

변압기 정격		TCG 증가량	
		요주의	이상
275[kV] 이하	10[MVA] 이하	350 [ppm/년]	100 [ppm/일]
	10[MVA] 초과	250 [ppm/년]	70 [ppm/일]
345[kV] 이하		150 [ppm/년]	40 [ppm/일]

③ Flow-Chart에 의한 방법

가스의 비율 및 CO 가스량에 의한 진단 방법으로써 CH_4/H_2 및 C_2H_2/C_2H_4 의 값에 따라 과열과 방전을 판단하여 CO 가스량에 의하여 Overheating 부위가 절연유인지 또는 절연유에 함침된 절연물인지를 판단하는 방법이다.

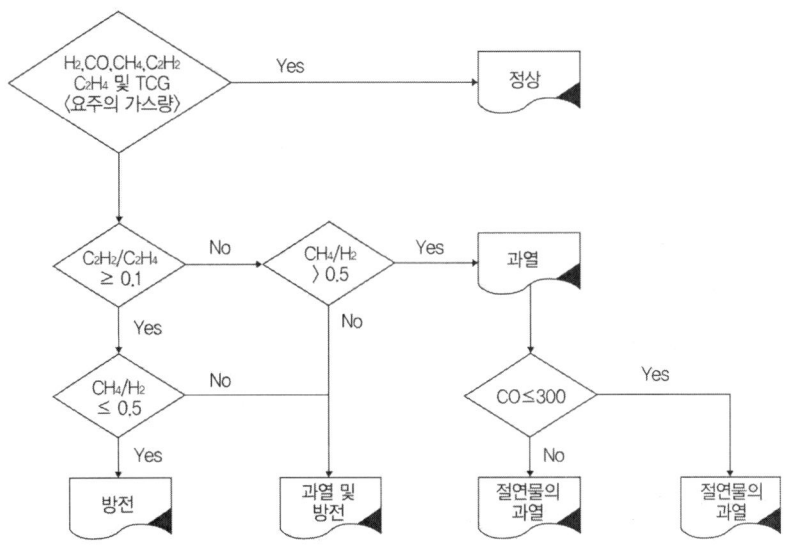

[그림 4-25] Flow-Chart에 의한 방법

3. 절연유 시험

(1) 절연유 내압시험

절연 파괴 전압은 절연유를 채취하여 전극 간 간격을 2.5mm로 조정한 구(球)전극을 사용하여 매초 약 3kV의 비율로 전압을 상승시켜 절연유의 절연 파괴 전압을 측정한다. 절연유가 전압시스템 하에서 사용 가능 유무를 판정하는 하나의 척도이며 또 절연유 속의 수분, 먼지 또는 유전성 입자에 의해서 절연 파괴 전압은 저하되므로 이러한 불순물의 유무를 판정하는 척도이기도 하다.

[표 4-19] 절연 파괴 전압 시험 판정기준

구 분	절연 파괴 전압	판 정	
		50KV 미만 기기	50KV 이상 기기
신 유	30KV 이상(KSC 2301)	적 합	적 합
사용 중인 기름	20KV 이상 15KV 이상 20KV 미만 15KV 미만	적 합 적합(요주의) 부 적 합	적 합 부 적 합 부 적 합

(2) 절연유 전산가 시험

전산가 시험은 절연유를 채취하여 혼합용제에 녹여서 지시약 적정 방법으로 측정한다. 절연유 1g 속에 함유되는 전체 산성 성분을 중화시키는데 필요한 수산화칼륨 mg 수로 나타내고 전산가가 높으면 절연유가 열화된 것이다.

$$전산가 = \frac{N \times (A-B) \times 56.1}{W} [mgKOH/g]$$

여기서,

N : 1/10N 수산화칼륨 표준용액의 규정농도
A : 적정에 필요한 1/10N 수산화칼륨 표준용액의 양(ml)
B : 바탕시험에 필요한 1/10N 수산화칼륨 표준용액의 양(ml)
W : 시료의 무게(g)

[표 4-20] 절연유 전산가 시험 판정기준

전산가 (mgKOH/g)	반복 허용차 (mgKOH/g)	재현 허용차 (mgKOH/g)
0.00 초과 0.05 이하	0.01	0.02
0.05 초과 0.20 이하	0.02	0.03
0.20 초과	0.02	0.05

4-5. 변압기 성능진단

1. 권선저항의 측정

변압기의 권선저항 측정은 내부결선의 단선 유무를 확인하고, 변압기 특성을 산출하기 위한 데이터로 활용하기 위하여 실시한다. 변압기의 기준 탭, 최고 탭, 최저 탭에서의 저항을 각각 측정하며, 저항의 측정결과는 [표 4-21]의 기준 권선 온도의 저항값으로 환산한다. 변압기 권선온도는 몰드 변압기의 경우 권선 온도계에 의하여 즉시 알 수 있지만, 권선의 온도를 측정할 수 없는 유입 변압기의 경우에는 유입 상태에서 전원의 인가를 중단하고 3시간 이상 기다린 후에 절연유의 온도를 측정한다. 이 때 절연유의 유온은 권선의 온도와 같은 것으로 본다.

- 구리 권선의 경우 : $R_{75} = R_t \times \dfrac{310}{235+\theta}[\Omega]$

- 알루미늄 권선의 경우 : $R_{75} = R_t \times \dfrac{310}{225+\theta}[\Omega]$

여기서

R_{75} : 75℃로 환산한 저항[Ω]

R_t : 임의의 온도에서 측정한 저항[Ω]

θ : R_t를 측정하였을 때의 온도[℃]

[표 4-21] 절연 종별에 따른 기준 권선온도

절연 종별	기준 권선온도[℃]
A, E, B	75
F, H	115

(1) 전압강하법(Voltmeter-Ammeter Method)

[그림 4-26]과 같이 결선하고 전압과 전류를 판독하고 계산에 의하여 저항값을 구한다. 측정 오차를 줄이기 위하여 측정 시에 흐르는 전류는 정격 전류의 15% 이하로 하고, 전압계용 도선은 전류 도선과는 별도의 것을 사용하여 측정대상 변압기의 권선에 직접 접속한다.

$$R_{DC} = \dfrac{V_{DC}}{I_{DC}}[\Omega]$$

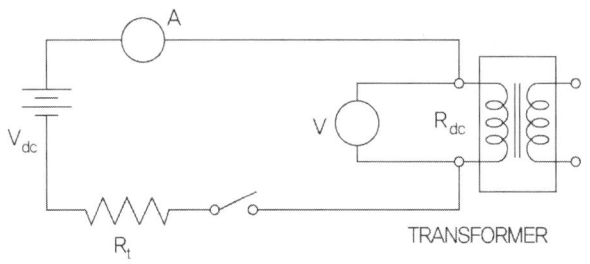

[그림 4-26] 전압 강하법(Voltmeter-Ammeter Method)

(2) 휘스턴 브리지법(Wheatstone Bridge Method)

[그림 4-27]과 같은 브리지 회로를 이용하여 측정한다.

$$R_{DC} = \frac{R_a \times R_s}{R_b} [\Omega]$$

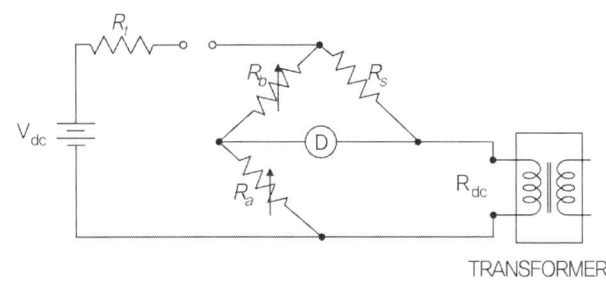

[그림 4-27] 휘스턴 브리지법(Wheatstone Bridge Method)

2. 변압비의 측정

변압비는 각 탭 전부에 대해서 측정하며 변압기의 각 권선의 권수비가 올바른지를 확인하고, Tap Changer 및 권선의 내부 결선이 올바른지를 체크하여 정격 전압 인가 시 요구된 출력전압으로 변화되는지를 확인하기 위하여 실시한다. 현장에서 변압기 상간 단락의 유무를 판단하는 경우에 측정하는 항목이다.

(1) 전압계법

[그림 4-28]과 같이 결선하여 고압 측 권선에 적당한 전압을 인가하고 저압 측 권선의 유기 전압을 PT 배율에 따른 전압계 지시를 읽어 변압비를 측정한다. 3상 변압기에서 각 상이 독립되어 있을 때는 3상 전원을 사용하기보다 각 상 단독으로 단상 전원으로 측정하는 것이 좋다.

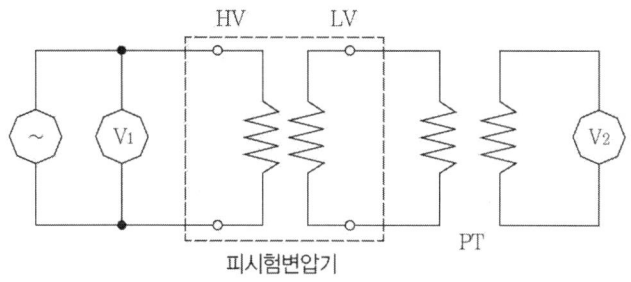

[그림 4-28] 전압계법

(2) 비교법

피 시험 변압기와 동일 변압비를 갖는 표준 변압기를 [그림 4-29]와 같이 병렬로 접속하여 적당한 전압을 인가하면 전압계는 양 변압기의 전압의 차이를 지시한다. 즉 피 시험 변압기와 동일한 변압비의 표준 변압기에 견주어 변압비를 측정하는 방법으로 극성 시험도 동시에 할 수 있어 편리하다. 표준 변압기와 같이 대량으로 생산하는 것에 주로 사용된다.

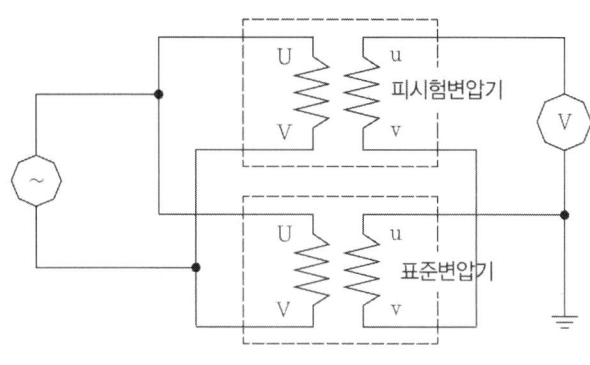

[그림 4-29] 비교법

(3) 권수비 시험기에 의한 방법

브리지 회로를 이용하여 변압비를 측정하는 권수비 시험기를 이용하는 방법으로 변압비뿐만 아니라 극성, 각 변위 상 회전 시험이 동시에 가능하여 변압기 제조회사에서 주로 사용하는 방법이다.

(4) 판정기준

상기의 방법으로 측정된 변압비(권수비)의 허용 오차는 승인된 제조사 사양서를 기준으로 ±0.5% 이내이다.

3. 극성 시험

변압기 극성 시험은 단상 변압기에 한해서 실시되는 시험 항목으로 2대 이상의 변압기를 조합하여 사용할 때 검토, 적용되어야 할 조건의 하나로써 변압기 단자에 나타나는 유기 전압의 방향을 측정하여 변압기의 가극성, 감극성을 조사하는 시험이다.

(1) 직류 전압계법

[그림 4-30]과 같이 결선하고 스위치 S를 닫는 순간 직류 전압계 V의 바늘이 정 방향으로 움직이면 감극성, 부 방향으로 움직이면 가극성 변압기가 된다.

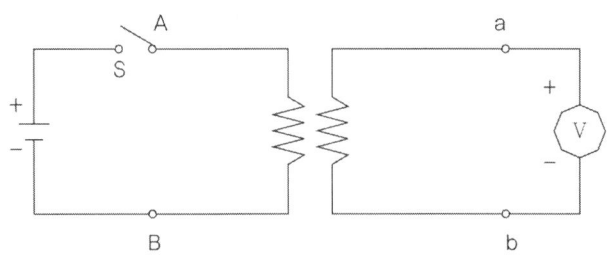

[그림 4-30] 직류 전압계법

(2) 교류 전압계법

[그림 4-31]과 같이 결선하고 고압 권선에 적당한 전압 V_1을 인가하면 역기전력 E_1이 발생하며, 고압 측(1차 측)에서의 유기전압 E_1은 전류 I_1과 반대방향으로 작용하고 저압 측(2차 측)에서의 유기전압 E_2는 전류 I_2와 같은 방향으로 작용한다.

[그림 4-31]은 고·저압 동일 방향으로 권선한 감극성의 형태를 보여주고 있다. 교류 전압계법은 변압비가 큰 변압기에서는 V_2가 V_1에 비해 대단히 작고, V_1과 V_3가 거의 같아질 수 있기 때문에 계기상의 구별이 잘 되지 않는 경우가 있다. 이러한 경우에는 직류 전압계법을 사용하는 것이 좋다.

이에 따른 감극성, 가극성의 판정은 고·저압 단자 A, a를 Common하고 B, b 단자에 교류 전압계 V_3를 설치하면
- 감극성인 경우 : $V_3 = E_{AB} - E_{ba} = V_1 - V_2 < V_1$
- 가극성인 경우 : $V_3 = V_1 + V_2 > V_1$

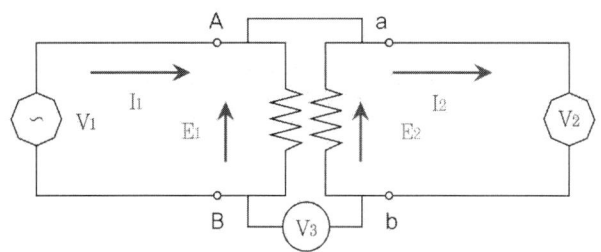

[그림 4-31] 교류 전압계법

4. 각변위 시험

각변위 시험은 3상 변압기에서 시행되며 변압기 1, 2차 간의 위상 차를 확인하여 규정의 벡터도에 합치하는가를 확인하는 시험이다.

(1) 측정방법

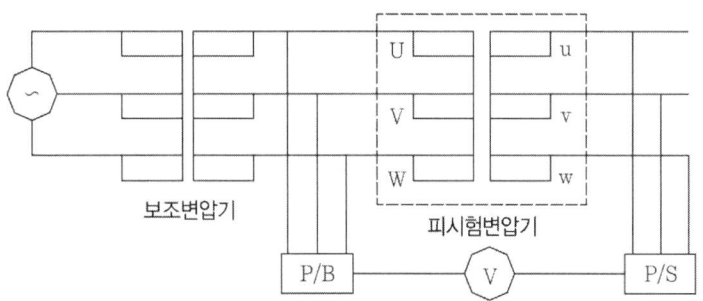

※ P/S는 Phase Select Switch

[그림 4-32] 각변위 시험회로

[그림 4-32]와 같이 피 시험변압기의 고압 U상과 저압 u상을 서로 연결한 후 피 시험변압기의 고압 측에 보조 변압기를 통해 3상 저압을 인가하고, 피 시험변압기의 고압 측 단자와 저압 측 단자 사이의 전압을 스칼라 양으로 비교하여 판정한다.

(2) 판정기준

[표 4-22] 각변위 시험 판정기준

벡터군 기호	Dd0	Yy0
각변위	0°	0°
유기전압 벡터도		
판정기준	V-v = W-w < V-w = W-v	V-v = W-w < V-w = W-v
벡터군 기호	Dy11	Yd1
각변위	-30°(330°)	+30°
유기전압 벡터도		
판정기준	V-v = V-w = W-w < W-v	V-v = W-v = W-w < V-w

5. 임피던스 전압 측정

부하 손 및 임피던스 전압은 기준 탭, 최고 탭, 최저 탭에서 각각 측정하며, 부하손 및 임피던스 전압이 보증값에 부합되는지를 확인하고, 변압기의 효율, 전압 변동율 등 변압기 특성산출을 위한 기초 데이터로 활용하기 위하여 실시한다.

[그림 4-33]과 같이 2차 회로를 단락하고 1차 권선에 정격 주파수의 전압을 인가하여 2차 권선에 정격 전류(3상 변압기인 경우 각 상의 전류가 같지 않을 때에는 그 평균값)가 흐를 때의 전압과 손실을 측정한다. 단, 정격 전류를 흘리기 곤란한 경우에는 정격 전류의 25% 이상의 저감 전류에서 측정해도 무방하지만 최소 50% 이상의 전류 값으로 측정하는 것이 일반적이다. 이 경우에 부하 손은 전류의 제곱에, 임피던스 전압은 전류에 비례한다고 보고 각각 정격 전류에 대한

값으로 환산한다.

이 때, 1차 권선에 인가된 전압을 임피던스 전압이라 하며, 이 임피던스 전압의 정격전압에 대한 비(%)를 퍼센트 임피던스(%Z)라고 한다.

각 측정은 신속하게 실시하며 측정 간격은 충분히 길게 하여 온도상승에 의한 오차가 발생하지 않도록 주의하여야 하며, 송유식 유입 변압기의 경우에는 송유펌프를 운전하여 절연유의 온도를 거의 일정하게 하여 측정한다. 측정을 통하여 얻은 결과값은 임의의 주위 온도에서 측정한 값이므로 기준 권선 온도로 보정하여야 한다.

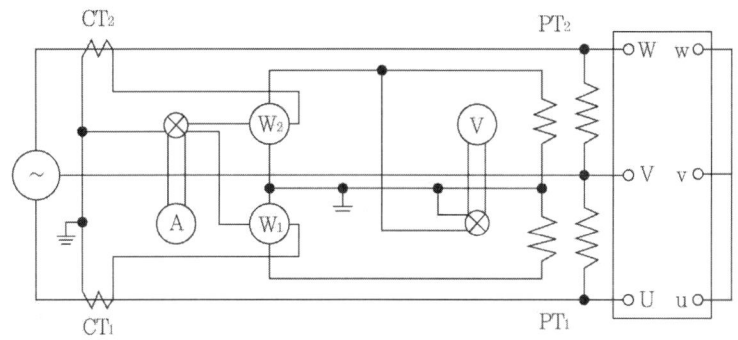

W : 전력계, ⊗ : 상전환 스위치, V : 전압계, A : 전류계

[그림 4-33] 부하 손 및 임피던스 전압 측정회로

(1) 부하 손의 온도환산(75℃ 환산의 경우)

$$P_{75} = I^2 R_t \left(\frac{310}{235+t}\right) + (P_t - I^2 R_t)\left(\frac{235+t}{310}\right)[W]$$

여기서

P_{75} : 75℃로 환산한 부하 손 [W]

P_t : t℃에서의 부하 손 [W]

I : P_t를 측정했을 때의 1차 전류 [A]

R_t : 1차 측으로 환산한 t℃에서의 권선의 저항 [Ω]

(2) 임피던스 전압의 온도환산(75℃ 환산의 경우)

$$E_{z75} = \sqrt{\left(\frac{P_{75}}{I}\right)^2 + (E_{zt})^2 - \left(\frac{P_t}{I}\right)^2}\,[V]$$

여기서

E_{Z75} : 75℃로 환산한 임피던스 전압 [V]

E_{Zt} : P_t를 측정했을 때의 임피던스 전압 [V]

6. 여자전류 시험

무부하손 및 여자전류(무부하 전류)의 측정은 [그림 4-34]와 같이 결선하고 하나의 권선(일반적으로 저압 측 권선)에 정격주파수의 정격 전압을 인가하고 다른 권선(고압 측 권선)을 모두 개방한 상태에서 측정되며 이를 무부하 시험이라 한다.

변압기의 무부하손 및 여자전류는 전압의 크기, 파형 및 주파수에 따라 변화하며 특히 전원 용량에 비해 변압기의 용량이 클 때는 전압 파형이 정현파에서 변형되는 경우가 많기 때문에 측정 결과를 보정할 필요가 있다.

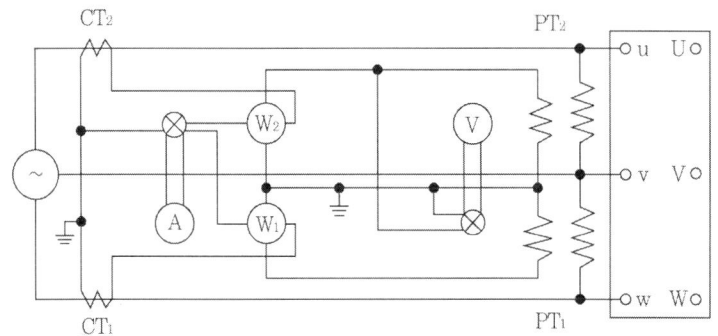

W : 전력계, ⊗ : 상전환 스위치, V : 전압계, A : 전류계

[그림 4-34] 무부하 시험 회로

(1) 무부하손의 보정

전압 파형이 정현파가 아닌 경우에는 보정이 필요하다. 평균값 전압계의 지시 값을 정격전압에 맞추어 무부하손을 측정하는 동시에 그 때의 실효값 전압계의 지시 값에서 정현파 정격전압에 대한 무부하손을 산출한다.

$$P = \frac{P_m}{P_1 + kP_2}[W], k = \left(\frac{E_e}{E}\right)^2$$

여기서,

P : 정현파 정격전압에 대한 무부하손 [W]

P_1 : 철손 중의 히스테리시스손 성분과 철손의 비

P_2 : 철손 중의 와전류손 성분과 철손의 비

P_m : 무부하손 측정값 [W]

E_e : 실효값 전압계의 지시 [V]

E : 정격전압 [V]

[표 4-23] 일반적인 P_1과 P_2

철심재료	P_1	P_2
방향성 규소 강대	0.5	0.5
무방향성 규소 강판	0.7	0.3

(2) 여자전류의 보정

변압기의 여자전류(무부하 전류)는 일반적으로 정격전류에 대한 비로 표시되며 관계식은 다음과 같다.

$$\%여자전류 = \frac{여자전류}{정격전류} \times 100[\%]$$

실효값 전압계의 지시값을 전격전압에 맞추어 실효값 전류계에서 여자전류를 측정한 후 평균값 전압계의 지시값을 취한다. 양 전압계의 지시값이 정격전압의 10[%] 이하인 경우에는 양 전류계의 지시평균값을 정현파의 정격전압에 대한 여자전류로 취한다.

[표 4-24] 무부하 전류 및 효율(KSC 4317 3MVA 유입 변압기 기준)

단상 변압기				3상 변압기			
2차전압 [V]	용량 [kVA]	무부하 전류[A]	효율 [%]	2차전압 [V]	용량 [kVA]	무부하 전류[A]	효율 [%]
220/110 440/220 220 440	150	5.5	98.1	220 380 440 480	100	6.0(6.5)	97.6
	200	5.5	98.1		150	6.0	97.7
	250	5.0	98.2		200	5.5	97.8
	300	5.0	98.2(98.3)		250	5.5	97.9
	400	4.5	98.3(98.4)		300	5.0	98.0
	500	4.5(4.0)	98.3(98.5)		400	4.5	98.1
	750	4.0	98.4(98.6)		500	4.5	98.2
	1000	4.0(3.5)	98.5(98.7)		750	4.0	98.3
	1250	3.5(3.0)	98.5(98.7)		1000	4.0	98.4
	1500	3.0(2.5)	98.6(98.8)		1250	3.5	98.5
	2000	3.0(2.5)	98.7(98.8)		1500	3.5	98.5(98.6)
					2000	3.5	98.6(98.7)
					2500	3.0(3.5)	98.6(98.7)
					3000	3.0	98.7(98.8)

※ ( ) 안의 표시는 2차 전압이 3300, 6600[V]인 경우 적용

| 전력시설물진단기술 |

Chapter_5
차단기 진단

IEC, JEC 등에서는 "정상상태의 전류를 투입, 통전, 차단하며 또한 단락과 같은 소정의 이상 상태에 있어서 투입, 일정시간의 통전, 차단이 가능하도록 설계된 개폐장치를 말한다"라고 규정하고 있는 차단기는 전력 개폐장치의 일종으로 전력의 송·수전, 절체, 정지 등을 계획적으로 수행하거나 전력계통에 어떤 이상이 발생하였을 때 그 계통을 신속히 차단하는 역할을 한다. 차단기는 전선로에 전류가 흐르고 있는 부하운전 상태에서 그 선로를 개폐하며, 차단기 부하 측에서 과부하, 단락 및 지락사고 등의 고장이 발생했을 때 각종 보호 계전기와의 조합으로 신속히 선로를 차단하는 역할을 하는 전기설비의 대표적인 보호기기라 할 수 있다.

이와 같이 차단기는 전력의 안정된 공급에 있어 매우 중요한 전력 시설물이므로 고 신뢰성을 추구하고 있다. 그러므로, 다양한 주위환경과 사용조건 하에서 20~30년이라는 긴 세월 동안 사용하면서 이 요구를 만족시키기 위해서는 전체 사용기간에 걸쳐 차단기의 열화상태 및 성능의 변화 정도를 파악하면서 적절한 보수점검을 실시하고, 성능유지를 도모해 나가는 것이 필요하다.

차단기는 변압기나 콘덴서 같은 다른 전력시설물에는 없는 "차단"이라는 중요한 동작을 수행하기 때문에 장기간 운전으로 인한 기기 노화 양상도 복잡하다. 그 때문에 보수점검의 중요성이 상당히 높은 기기라 할 수 있다.

5-1. 차단기 개요

1. 차단기의 성능

(1) 절연 성능

차단기는 폐로 상태이든 개로 상태이든 각 상 간 및 상과 대지 간의 절연 확보는 반드시 필요하며, 특히 개로 상태에 있을 때에는 차단기의 정격에 따른 동상 1, 2차 간의 절연을 충분히 확보하여 운전전압이나 서지전압으로부터 견뎌야 한다

(2) 통전성능

차단기는 폐로 상태에서는 양호한 도체로 작용한다. 그러므로 차단기를 구성하는 Bus Bar, 접속부, 접촉부 등은 정상적인 운전 상태에서 차단기 정격에 따른 부하전류와 단시간 허용전류 및 사고전류 등에 대하여 열적, 구조적으로 견딜 수 있어야 한다.

(3) 차단성능

차단기는 정상운전 상태에서의 부하전류의 개폐는 물론 전력 계통에 단락과 지락사고 등 고장이 발생할 때에는 계기용 변성기와 보호 계전기와 조합함으로써 사고 회로를 신속히 안전하게 차단하고 다른 전력시설물을 보호하여 건전한 회로의 운전을 확보할 수 있어야 한다. 따라서 차단기의 투입 시에는 이상전압의 발생 없이 정격차단전류 또는 그 이하의 발생전류를 차단할 수 있어야 하며, 개방 시에는 접촉자의 손상 없이 신속하고 안전하게 회로를 분리할 수 있어야 한다.

(4) 기계적 내구성

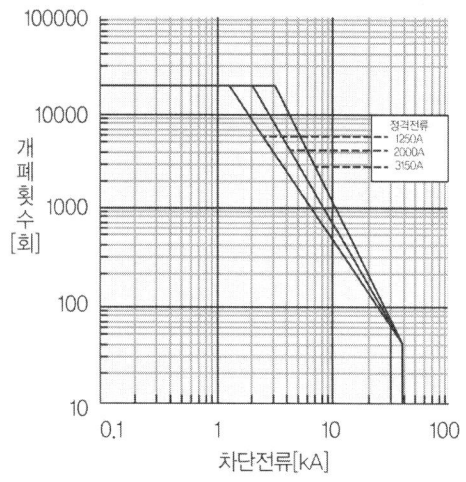

[그림 5-1] 차단전류에 따른 전기적 개폐수명

차단기는 설치와 동시에 수없이 많은 개폐동작을 수행하여야 하므로 차단기 정격에 따른 개폐 동작 횟수를 충분히 견딜 수 있는 내구성을 지녀야 한다.

2. 차단기의 구성

(1) 접촉부

접촉부는 전로의 개폐가 이루어지는 부분을 말하며 가동 접점과 고정 접점으로 되어 있다. 접촉부도 전선의 일부분에 해당하므로 전류의 통전 능력이 중요하므로 접촉부를 연속하여 흐를 수 있는 전류의 크기를 허용용량으로 표현하기도 하는데 이는 접촉자의 최고 허용온도, 접촉면적, 접촉저항 등에 의하며 접촉저항은 접촉압력, 접촉부의 형상, 접촉부의 재질, 접촉방식 등에 의하여 결정된다. 가동접점은 차단기를 개폐할 수 있는 기계적인 가동부와 연결되어 있으며 폐로 시에는 고정접점과 기계적, 전기적으로 확실하게 접촉되도록 하고 개로 시에는 고정접점과의 사이에서 발생하는 전압에 충분히 견딜 수 있는 거리만큼 이격거리를 확보하는 역할을 한다.

차단기를 개폐한다는 것은 접촉부를 전기적으로 개폐하는 것을 의미하며 개폐 시에는 전류에 의하여 아크가 발생하기 때문에 이에 의한 접점의 소모가 없고, 아크를 소멸시키기 용이한 구조로 이루어져야 한다. 접촉부의 구조는 아크의 소멸방식과 밀접한 관계가 있으며, 아크에 의한 접점의 손상을 방지하기 위하여 폐로 중 전류가 통하는 부분과 아크를 발생하는 부분을 구분하여 제작하기도 한다.

(2) 소호부

차단기의 접촉부를 개방시키면 통전 중인 전류가 어느 한도 이하가 아니면 아크가 발생한다. 이 한계값은 전극의 형상, 전극의 재료, 전로의 조건, 개방 속도, 전원의 종류 등에 따라 다르다. 직류 전로에서는 사용전압이 10~20[V] 정도이면 대체로 아크가 발생되지 않으나 교류 전로에서는 개방 시 전압 변동률에 의한 유기 기전력 때문에 발생하게 된다.

전로의 사용전압이 높아지거나 전류가 커지면 아크는 더욱 크게 발생한다. 특히 단락전류와 같은 대전류의 차단 시에는 아크는 몹시 커지게 되므로 아크 소멸에 대한 대책은 더욱 심각하게 된다. 차단 시 발생하는 아크를 소멸시키지 못하면 차단에 실패하고, 재 점호되어 큰 사고로 발전하게 된다. 사고의 발생으로 차단기를 차단할 때 가동접점이 기계적으로 충분히 이격되어 있어도 아크의 소멸이 이루어지지 않으면 전기적으로는 연결된 상태이므로 차단이 완료되었다고 할 수 없다. 따라서 아크를 소멸시키는 소호부는 차단기에서 매우 중요한 부분이 되며 소호부의 구성에 따라 차단기의 종류가 결정된다.

(3) 조작부

차단기의 가동접점을 직접 동작시킬 수 있는 에너지 처리 및 전달 부분을 말하며, 차단기의 종류와 이용되는 운동에너지의 종류에 따라 그 형태가 다양하여지며 대체로 다음과 같은 기능과 특성을 갖고 있다.

① 기능
- 투입 : 신호에 의해 접촉자를 투입한다.
- 투입유지 : 접촉자를 투입 위치에서 유지한다.

- 개방 : 신호에 의해 접촉자를 개방하고, 또한 전자변의 동작 등 차단에 필요한 요소의 동작을 수행한다.
- 개방유지 : 접촉자를 개방의 위치에서 유지한다.

② 차단기 조작기구의 특성

차단기의 조작 방식은 투입 또는 개방의 조작에 직접 필요한 기계력의 종류에 따라 수동, 솔레노이드, 공기, 전동 스프링 조작방식 등으로 구분하고 있다.
- 조작기구는 차단기가 투입될 때 흐르는 고장전류에 대하여 투입을 유지하도록 걸림쇠(Latch)를 걸 필요가 있다.
- 특고압 및 초고압 차단기는 고속도 재투입의 동작책무를 요하는 조작기구와 그 조작을 가능케 하는 재폐로 기구를 갖지 않으면 안 된다.

(4) 제어부

차단기의 외부로부터 신호를 받아 이것을 선택하여, 차단기 조작 에너지를 제어하는 장치를 말하고 트립 코일, 전자 접촉기, 압력 계전기, 전자 밸브, 제어 계전기 및 주 회로 접촉자와 같이 움직이는 보조접점 등으로 구성된다. 차단기의 제어방식으로는 전기적, 공기적, 유압적 방식 등이 있다.

3. 차단기의 소호 특성

(1) 소호 특성

교류 차단기의 차단현상(소호)은 보통 어느 형식으로도 회로의 전류가 0의 값을 통과하여 극성을 반전하려고 하는 순간에 차단력을 발휘시켜 자르는 방법을 취하고 있다. 차단 시의 소호 현상은 통상 절연 내력이나 에너지 평형으로 설명하고 있다. 다시 말하면 차단 시 재기전압의 상승특성과 극간의 절연 내력 회복 특성과의 경쟁력인 관계로 설명한 것이다. 즉, 절연의 회복 특성이 재기전압의 변화보다도 우세하면 차단이 가능하고, 그 반대이면 차단이 불가능하게 된다는 것이 절연 내력에 의한 설명이다. 차단 시 극간의 전류가 0의 값 통과 후에도 약간이지만 아크 중에 도전성이 남아 있어 재기전압에 의하여 아크의 방향과 역방향의 전류가 유입하여 아크의 온도가 변화한다는 점에서 소호 현상을 설명한 것이 에너지 평형에 의한 설명이다. 에너지 평형에 의한 설명은 자기 차단기의 소호 현상을 설명할 때 잘 적용할 수 있다.

이러한 소호 방법들은 어느 것이나 결과적으로는 차단기 극간의 급속한 절연 내력의 회복을 합리적으로 상승시키도록 한 것에 지나지 않으며, 실제 차단기에서는 하나의 방법뿐만 아니라 몇 가지 방법을 짜 맞추어 차단 성능을 높이고 있다.

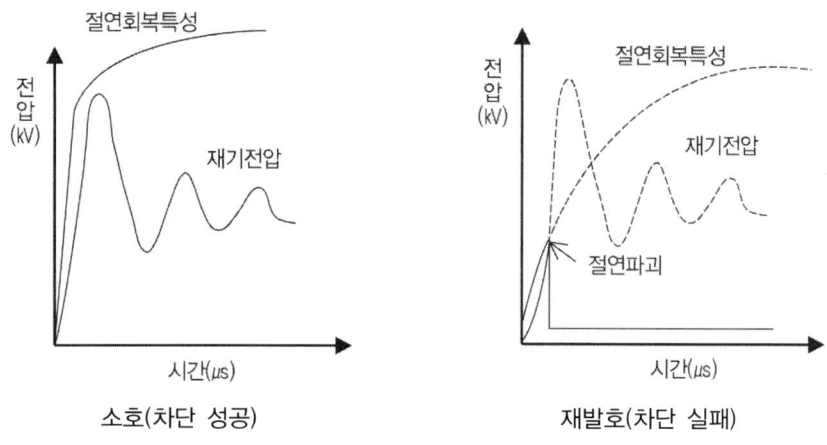

[그림 5-2] 차단기 소호 특성

(2) 재기 전압

교류회로를 차단할 때 발생하는 아크는 전압과 전류가 동상일 때는 동시에 영이 되는 점이 반주기 마다 생겨나므로 쉽게 소멸된다. 그러나 실제의 전력계통에서는 동상인 경우는 없다고 할 수 있다.

전력계통의 단락전류를 차단하는 경우의 등가회로는 [그림 5-3]과 같이 표시할 수 있다. [그림 5-3]에서 단락전류 i와 전원전압의 위상 차는 $\omega L \gg R$이므로 대략 90° 정도의 늦은 역률로 볼 수 있다. 또 차단기의 가동접점이 개극을 시작하여도 관성이 있으므로 완전히 개극 상태가 되기 전에 전류 0인 점을 만나게 된다. 역률이 낮으면 전류 0일 때 두 접점 사이의 전압은 최고값에 가까워지므로 더욱 차단하기 어려워져 계속 전류가 흐르게 된다.

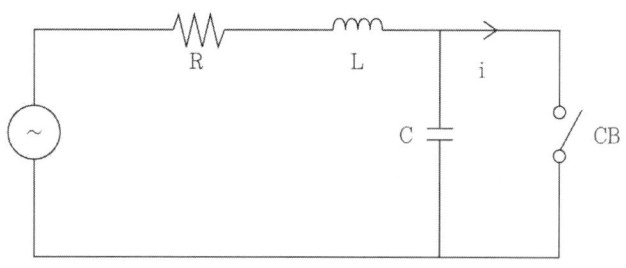

[그림 5-3] 차단 전류의 등가회로

[그림 5-4]와 같은 지상전류인 단락고장의 차단을 예로 들어 재기전압 발생 현상을 설명하면 $t=t_0$인 순간에 가동 접촉자를 개방하면 전류는 i_0의 값을 가지고 있어 아크를 통하여 전류가 흐른다. 이때 전극 간에는 전류와 동상인 아크 전압 e_a가 나타난다. e_a는 통상 고주파 진동을 포함한 복잡한 파형으로 되어 있다. $t=t_1$일 때 일단 아크가 소멸되나 전원 전압은 e_1 값이 되므로 재차 아크가 발생하여 전류가 흐른다. 이와 같이 반주기 마다 아크의 점멸을 반복하다가 $t=t_4$인 점에서 접촉자는 충분히 열리게 되어 고정접점과 가동접점 간에 절연 내력이 확보되어 아크가 소멸된다.

이와 같이 차단기의 한 접점이 차단된 직후에 차단기 전극의 양단에 나타나는 과도전압을 재기전압 또는 과도 회복전압(Transient Recovery Voltage)이라 한다. 재기전압은 단일주파수 성분뿐인 것과 다중주파의 과도성분을 가진 것이 있으며, 이로 인하여 접점 간에 나타나는 전압은 전원전압보다 높고 전압 상승률도 크므로 절연 회복이 충분하지 못하면 재 점호한다.

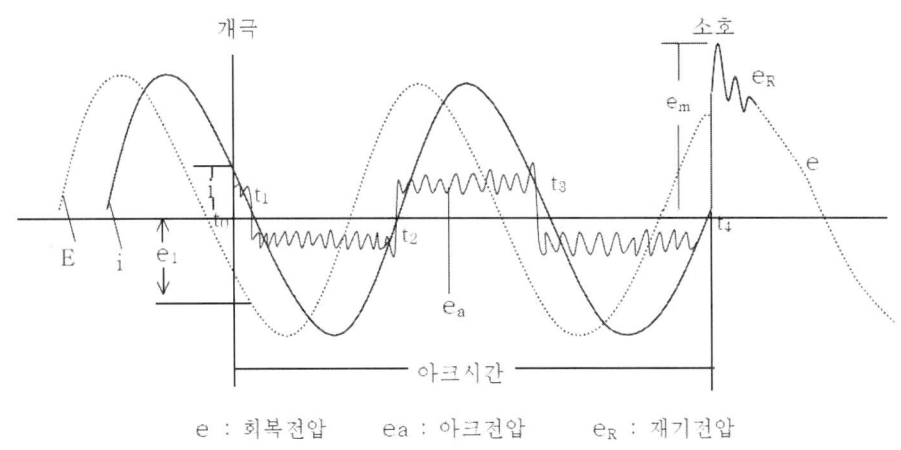

[그림 5-4] 지상전류 차단과 재기전압

4. 차단기의 정격

차단기의 정격이란 차단기의 성능을 보장하는 한도를 말하며, 본체에 대한 사항과 본체를 조작하는 부분으로 나누어 그 표준값을 정하고 있다. 또한, 중성점 접지방식, 역률 등 전로의 표준 조건과 동작책무에 대한 사항도 있다.

(1) 정격 전압

차단기의 정격 전압이란 전로의 사용 전압에 따라 정해지며, 차단기에 인가될 수 있는 사용전압의 상한값이 된다. 통상 정격 전압은 선간 전압으로 표시하며 계통의 공칭 전압에 따른 정격 전압은 [표 5-1]과 같다.

[표 5-1] 정격전압의 표준값

공칭전압[kV]	정격전압[kV]	비 고
3.3	3.6	KSC
6.6	7.2	KSC, ESB
22, 22.9(Y)	25.8, 24	ESB
66	72.5	ESB
154	170	ESB
345	362	ESB

(2) 정격 투입 및 트립전압

투입 조작방식에는 수동, 전동, 전동스프링, 압축공기 등이 있고, 트립 조작방식에는 수동, 과전류, 콘덴서, 직류분로 등이 있으며, 대부분 전기조작에 의하고 있다. 전기적인 투입조작 장치는 직류 또는 교류 110[V], 220[V]를 표준으로 하며, 이 값의 85~110[%] 범위 내에서 차단기를 지장 없이 투입할 수 있어야 한다. 때문에 일시적으로 큰 전류를 요하는 솔레노이드 방식에는 충분한 굵기의 배선을 필요로 한다.

트립 제어장치에도 직류 또는 교류 110[V], 220[V]를 표준으로 하며 60~120[%] 범위 내에서 지장 없이 차단기를 트립시킬 수 있도록 하고 있다.

(3) 정격 전류

차단기의 정격 전류란 정격 전압, 정격 주파수에서 규정된 온도의 상승한도를 초과하지 않는 상태에서 연속적으로 통할 수 있는 전류 한도를 말한다. KS와 ESB에서 규정한 정격 전류는 [표 5-2]와 같다.

[표 5-2] 규격별 정격 전류

규격별	정격전류[A]
KSC	200, 400, 600, 1200, 2000
ESB	600, 1200, 2000, 3000, 4000

(4) 정격 투입 및 차단 전류

① 정격 투입 전류

전로가 고장으로 차단된 후에 고장 회복 여부가 확인되지 않은 상태에서 재투입하여 강제 송전을 시도하는 경우가 있다. 이때 고장이 회복되어 있지 않으면 접촉자가 접촉되는 즉시 고장전류가 다시 흐르게 되어 전자적인 반발력을 받게 되는데, 이 반발력을 이겨야 투입이 완료된다. 이와 같은 반발력을 이겨내고 투입할 수 있는 전류의 최댓값을 정격 투입 전류라고 한다. 정격 투입 전류는 통상 정격 차단 전류의 2.5배를 표준으로 하고 있다. 정격 투입 전류는 규정된 표준동작책무와 동작 상태에 따라 투입할 수 있는 투입 전류의 한도값을 말하며 [그림 5-5]와 같이 투입 시 최초 주파에서 발생하며 순시값으로 표시한다.

② 정격 차단 전류

차단 전류란 차단기가 차단된 순간에 각 극에 흐르는 전류를 말하며 아크 발생 순간의 순시값으로 정한다. 차단 전류에는 교류분과 직류분이 포함되며 교류분은 3상의 평균값, 직류분은 3상 중 최댓값을 말한다. 차단전류 중 교류분만을 표현할 때는 대칭 차단 전류라 하고, 직류분을 포함하면 비대칭 차단 전류라 한다. [그림 5-5]는 단락전류의 파형을 나타내며 직류분이 포함된 비대칭 차단 전류는 다음 식에 의하여 구하여진다.

$$비대칭 차단전류 = \sqrt{(\frac{X}{\sqrt{2}})^2 + Y^2}$$

정격 차단 전류는 정격 전압, 정격 주파수, 전로의 조건에서 규정한 표준 동작책무와 동작 상태에 따라 차단할 수 있는 차단 전류의 한도를 말하며 교류분의 실효값으로 표시한다. 차단기의 차단용량은 그 차단기가 적용할 수 있는 계통의 3상 단락용량의 한도를 나타내며, 다음 식으로 구한다.

$$정격차단용량[MVA] = \sqrt{3} \times 정격전압[kV] \times 정격차단전류[kA]$$

또한, 정격 전압 이하의 전압에서 차단기를 사용하는 경우에는 차단 용량 값의 변화를 [그림 5-7]과 같이 규정해 놓고 정격 전압의 95%가 정격 차단 용량을 유지하는 최저 한계 전압으로 정하고 있다.

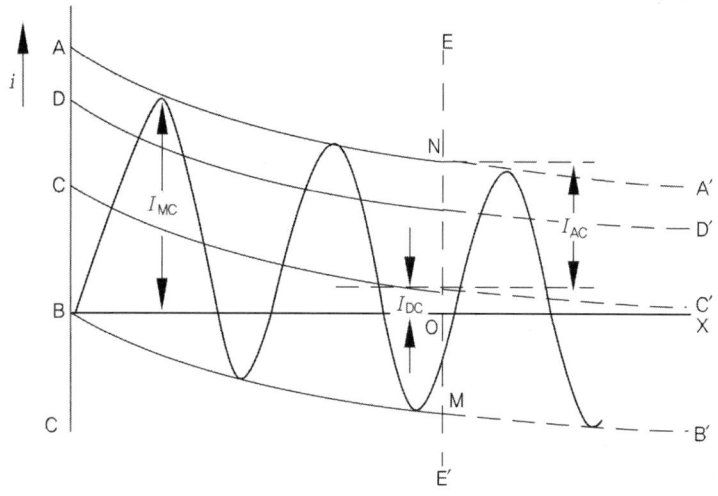

AA′ BB′	envelope of current-wave
BX	normal zero line
CC′	displacement of current-wave zero-line at any instant
DD′	r.m.s. value of the a.c. component of current at any instant, measured from CC′
EE′	instant of contact separation (initiation of the arc)
I_{MC}	making current
I_{AC}	peak value of a.c. component of current at instant EE′
$\dfrac{I_{AC}}{\sqrt{2}}$	r.m.s. value of the a.c. component of current at instant EE′
I_{DC}	d.c. component of current at instant EE′

[그림 5-5] 단락 전류와 투입 전류의 결정

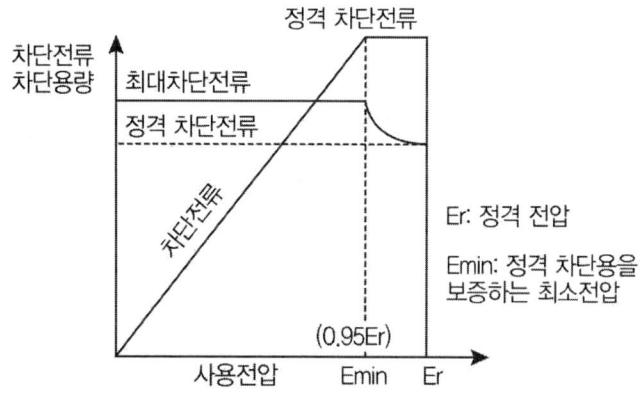

[그림 5-6] 차단기의 전압 특성

(5) 정격 차단 및 투입 시간

① 정격 차단 시간

개극 시간과 아크 시간을 합한 것을 차단 시간이라 한다. 정격 차단 시간이란 정격 전압, 정격 주파수의 전로에 조건에서 규정한 표준동작책무의 동작 상태에서 차단할 경우 차단 시간의 한도를 말한다.

정격 차단 시간은 정격 주파수를 기준으로 하여 사이클(Cycle)로 나타내며, ESB-150에서는 3, 5, 8 사이클 등을 표준으로 하고 있다. 또한 차단기는 정격 전압 하에서 정격 차단 전류의 30% 이상의 전류를 차단할 때의 시간은 정격 차단 시간을 초과할 수 없다.

- 개극 시간 : 폐로 상태에 있는 차단기의 트립 제어 장치가 여자되는 순간부터 아크 접촉자(아크 접촉자가 없는 경우는 주 접촉자)가 개방될 때까지의 시간을 말한다. 정격 개극 시간은 표준값이 정해져 있지 않으며 제작자의 설계기준에 의하고 있다.
- 아크 시간 : 아크 접촉자(아크 접촉자가 없는 경우는 주 접촉자)의 개방 순간부터 모든 극의 주 전류가 차단되는 순간까지의 시간을 말한다. 어떤 극에 대해 표현할 때는 그 극의 아크 접촉자 또는 주 접촉자의 개방 순간부터 그 극의 주 전류가 차단되는 순간까지의 시간을 말한다.

② 정격 투입 시간

투입 시간이란 개로 상태에 있는 차단기의 투입 제어 장치가 여자되는 순간부터 아크 접촉자(아크 접촉자가 없는 경우 주 접촉자)가 접촉될 때까지의 시간을 말한다. 무부하 시 투입 시간이란 통상 정격 전압 72.5[kV] 이하에서는 소정의 표준동작책무를 수행하는데 지장이 없는 값으로 하며 170[kV] 이상에서는 0.27초로 하고 있다.

(6) 표준동작책무(Standard Operation Duty)

차단기는 전력의 송·수전, 절체 및 정지 등을 계획적으로 하는 외에 전력 계통에 어떤 고장이 발생하였을 때 신속히 자동 차단하는 책무를 가지는 중요한 보호 장치이며, 차단기의 동작책무란 1~2회 이상 투입, 차단 또는 투입 차단이 일정한 시간 간격을 두고 행해지는 동작을 말한다. 동작책무를 기준으로 하여 그 차단기의 차단 성능, 투입 성능 등을 정한 것을 표준동작책무라고 한다. KSC, ESB, JEC 등에 의한 표준동작책무는 [표 5-3]과 같다.

[표 5-3] 차단기의 표준동작책무

구 분		동 작 조 건
KSC 4611	동력조작(기호 : A)	O-(1분)-CO-(3분)-CO
	동력조작(기호 : B)	CO-(15초)-CO
	수동조작(기호 : M)	O-(2분)-O 및 CO
JEC 181	일 반 용(기호 : A)	O-(1분)-CO-(3분)-CO
	일 반 용(기호 : B)	CO-(15초)-CO
	고속도 재폐로용(기호 : R)	O-(0.3초)-CO-(1분)-CO
ESB 150	일 반 용	CO-(15초)-CO
	고속도 재폐로용	O-(0.3초)-CO-(3분)-CO

주 : KSC는 JEC에 준하고 있으며 기호 A, B는 고속도용이 아닌 재투입 시 사용되며, A가 가장 널리 사용되고 B는 이보다 재투입 시간이 짧은 것에 보통 사용된다.
ESB는 IEC에 준하여, 2종으로 구분하고 있다. 여기서 C는 투입 동작, O는 차단 동작, CO는 투입 동작에 이어서 즉시 차단 동작을 하는 것을 뜻한다.

5. 차단기의 경년열화

차단기의 경년열화는 "차단기의 사용기간이 경과됨에 따라 발생하는 특성과 성능의 저하"로 정의할 수 있으며, 그 사용 상태, 설치 환경, 개폐 횟수 및 사용 연수 등 각종 요인이 복합적으로 서로 영향을 주어 서서히 진전되어 가는 것이라고 할 수 있다. 그 요인으로는 ①전기적 요인, ②기계적 요인, ③열적 요인, ④화학적 요인, ⑤환경요인 등으로 분류할 수 있다.

전기적, 기계적 각종 스트레스에 의해 경년열화가 진전되고 성능이 저하되면, 그 차단기는 사용상의 신뢰성과 안전성이 떨어진다. 그 결과로 장해에 이르는 경우에는 수용가뿐만 아니라 지역사회에까지 매우 큰 영향을 미친다. 따라서 정기 보수 점검과 열화 부품의 조기 교환으로 기기의 기능 유지를 도모하고, 사고를 미연에 방지하는 노력이 중요하다.

[표 5-4] 차단기의 점검 예

종별	점검 주기	점검 내용
일상 점검	일상	운전 중 외부에서의 이취, 이음 등 이상 유무를 감찰, 감시한다.
보통 점검	3년	운전을 정지하고 기구부에 주유 외 개폐 시험, 절연 저항 측정 등, 성능을 확인, 유지한다.
정밀 점검	6년	분해 점검 손질을 실시, 필요에 맞게 부품을 교환함으로써 기능을 확인, 회복을 도모한다.
임시 점검	규정 개폐 횟수 혹은 수시	규정 차단 횟수에 도달한 시점에서 접촉자를 교환한다. 일상 점검에서 이상을 발견한 개소를 상세하게 점검한다.

[표 5-5] 각종 차단기의 경년열화

구 분	열화 형태	장해 현상
가스 차단기 (GCB)	아크 접촉자, 노즐의 소모	차단 성능 저하
	접촉부에 분해 생성물 부착	통전 성능 저하, 개폐 성능 저하
	O링, 패킹의 영구 변형, 열화	가스 누출 → 절연 및 차단 성능 저하
진공 차단기 (VCB)	진공 밸브의 진공도 저하	절연 및 차단 성능 저하
	전극의 소모	접촉 불량 → 과열
자기 차단기 (MBB)	소호판의 소모, 열 파괴	차단 성능 저하
	아크 접촉자의 소모, 오손	차단 성능 저하
유입 차단기 (OCB)	절연유의 흡습, 산화	차단 성능 저하
	절연유의 열분해, 오손	차단 성능 저하
	소호판의 소모, 오손	차단 성능 저하
공통	기구부 연결부의 마모, 변형, 파손	개폐 상태 나쁨
	절연물의 흡습, 먼지 부착, 산화	절연 성능 저하, 기계적 강도 저하
	기구부 그리스의 변질·고화	개폐 상태 나쁨
	통전 접촉부의 부식, 먼지·이물 부착	접촉 불량 → 과열
	그리스의 변질·고화	접촉 불량 → 과열
	제어회로부의 접점오손, 부식	개폐 상태 나쁨, 접촉 불량

6. 차단기의 종류

차단기는 사용 회로에 따라 직류용, 교류용으로 분류되며 소호 방법에 따라 자력식, 타력식 소호 방식으로 구분되고, 소호 매질에 따라 기중 차단기(ACB), 유입 차단기(OCB), 자기 차단기(MBB), 공기 차단기(ABB), 진공 차단기(VCB), 가스 차단기(GCB)로 분류된다. [표 5-6]에서 최근 주로 사용되는 차단기에 대한 특성을 비교하였다.

(1) 기중 차단기(ACB)

기중 차단기(ACB : Air Circuit Breaker)는 대기 중에 있어서 전선로의 개폐를 하므로 현재에는 차단 전류에 의해 만들어지는 자계에 의해서 아크를 구동하고, 지르콘 분말재 등의 내아크성 절연 재료로 만들어진 아크슈트 내로 밀어 넣어 아크를 냉각, 이온 소멸을 행하여 소호하는 차단기이다.

[표 5-6] 소호 방식에 따른 차단기 종류

구분		VCB	GCB	ACB
정격 전압[kV]		3.6~36	24~550	0.6
정격 전류[A]		630~2000	630~4000	630~4000
차단 전류[kA]		12.5~25	12.5~50	20~80
차단 성능	소호 매질	진공	SF_6 가스	공기
	진전 고장 차단	가능	가능	불가능
	단락전류	소전류 차단에 적합	대전류 차단에 적합	대전류 차단에 적합
	콘덴서 전류	우수	우수	우수
	유도성 소전류	이상 전압 발생 가능	이상 전압 발생없다	이상 전압 발생 우려
	이상 지락 고장	가능	가능	가능
	탈조 상태	가능	가능	보통 불가능
	전 차단 시간[Cycle]	5, 3	5, 3	3
	화재 위험	불연성	불연성	불연성
보수		용이	용이	복잡
서지 전압		높다	낮다	약간 높다

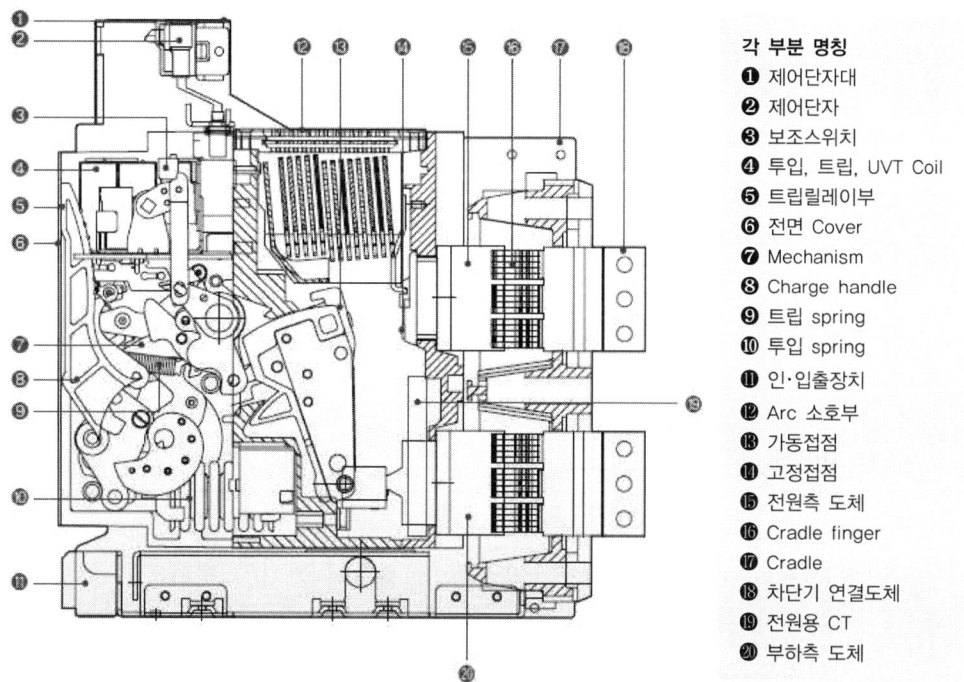

각 부분 명칭
❶ 제어단자대
❷ 제어단자
❸ 보조스위치
❹ 투입, 트립, UVT Coil
❺ 트립릴레이부
❻ 전면 Cover
❼ Mechanism
❽ Charge handle
❾ 트립 spring
❿ 투입 spring
⓫ 인·입출장치
⓬ Arc 소호부
⓭ 가동접점
⓮ 고정접점
⓯ 전원측 도체
⓰ Cradle finger
⓱ Cradle
⓲ 차단기 연결도체
⓳ 전원용 CT
⓴ 부하측 도체

[그림 5-7] 기중 차단기(ACB)의 구조

2. 진공 차단기(VCB)

진공 차단기(VCB : Vacuum Circuit Breaker)는 접점이 개폐될 때 발생하는 아크를 높은 진공으로 유지된 밀폐용기 내에서 확산시킴으로써 소호하는 차단기이다. 진공 용기 중에 전극을 넣고 개폐하는 진공 인터럽터(Vacuum Interrupter)가 개발되어 사용되고 있고, 전기적, 기계적으로 개폐 수명이 길고 유지보수 점검주기가 길어 비교적 전압이 낮은 전력계통(배전선로) 또는 조상 설비, 소내 전원용으로 많이 사용되고 있다.

이와 같이 진공차단기의 그 특성상 진공 인터럽터(VI : Vacuum Interrupter)의 진공도 확보 및 이에 따르는 절연 성능의 확보는 중요하다.

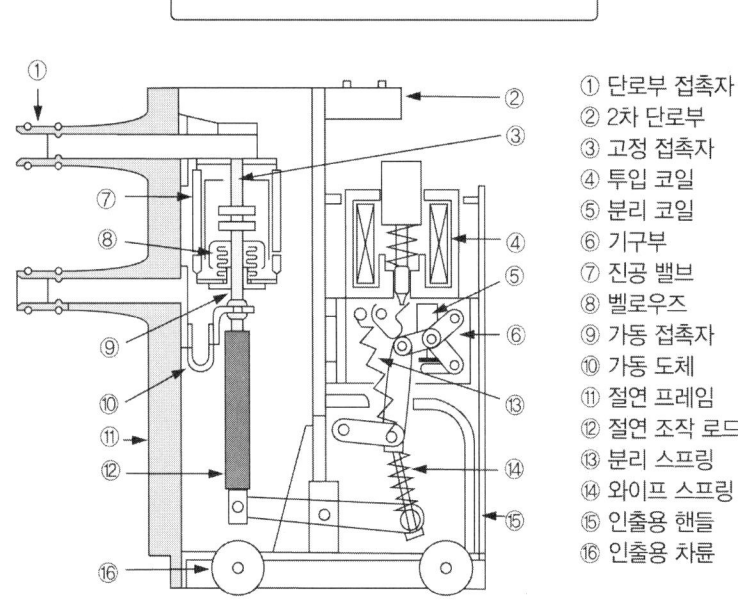

[그림 5-8] 진공 차단기(VCB)의 구조

3. 가스 차단기(GCB)

가스 차단기(GCB : Gas Circuit Breaker)는 접점이 개폐될 때 발생하는 아크를 높은 압력(5~6[kg/cm^2])의 가스(SF$_6$ 가스)를 이용하여 기기를 절연하고 아크를 소호하는 차단기이다.

가스 차단기의 차단부에서 아크를 어떻게 소호하는가에 따라 [표 5-10]과 같이 분류할 수 있다.

[표 5-7] 가스 차단기의 소호 방식 분류

주 소호 방식	세부 소호 방식
자력식(Rotary Arc) 소호 방식	구동 코일 자력식 소호 영구 자석 자력식 소호 구동 코일□영구자석 자력식 소호
열 팽창(Thermal Expansion) 소호 방식	동일 아크□유동로 열팽창식 소호 별도 아크□유동로 열팽창식 소호
압축 분사(Puffer) 소호 방식	단일 유동 파퍼식 소호 이중 유동 파퍼식 소호 역유동(Back-Flow) 파퍼식 소호
이중 압력(Double Pressure) 소호 방식	단일 유동 이중압력 분사식 소호 이중 유동 이중압력 분사식 소호
흡입식(Suction) 소호 방식	일방 흡입식 소호 양방 흡입식 소호

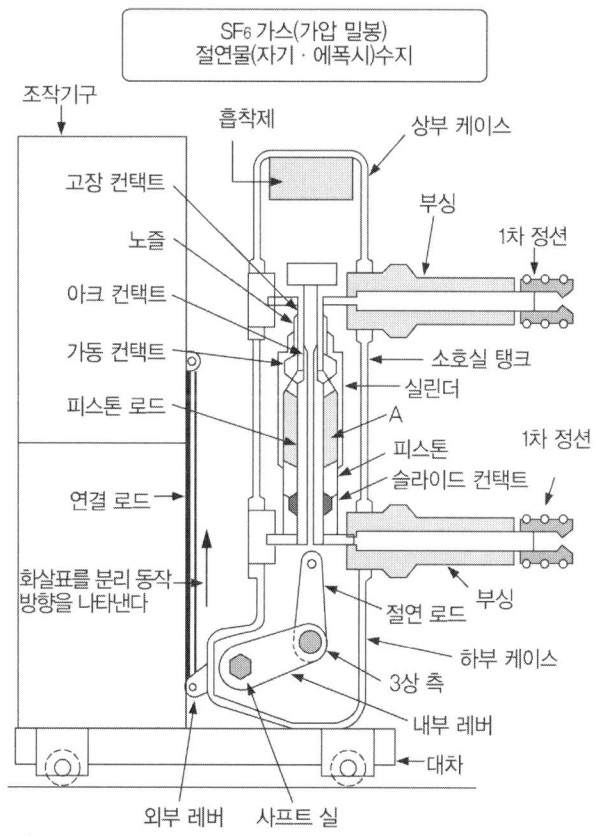

[그림 5-9] 가스 차단기(GCB)의 구조

자력 소호 방식은 아크를 자력의 힘으로 회전시켜 소호하는 방식이고, 열팽창 소호 방식은 아크의 에너지로 팽창실에 있는 가스를 팽창시켜 아크 자체를 소호하는 방식이며, 압축분사 즉, 파퍼(Puffer) 방식은 파퍼 실린더라는 압축실을 구비하여 차단기가 동작하는 과정에서 가스가 자연히 압축되고 아크로 분사하게 되어 아크를 소호하는 방식이다. 공압식 또는 유압식의 조작부를 사용하는 파퍼 방식의 환경적 문제(동작 시의 소음, 누유에 의한 환경오염 등)로 인하여 기존의 파퍼 식에 팽창실을 별도로 구비하고 전동 스프링 조작방식을 이용하는 복합 소호 차단 방식이 등장하였으나, 전동 스프링 조작 방식의 낮은 조작력으로 인하여 차단기의 차단 성능이 저하되는 문제가 발생하여 최근에는 양방향 구동 방식(Dual Motion)을 채택하는 방법으로 이를 극복하고 있다.

가스 차단기의 소호 매체로 이용되는 SF_6 가스가 1997년 교토의정서에 의하여 지구 온난화 가스로 지정되어 이를 대체할 가스에 대한 연구가 진행되고 있으며, 최근에는 N_2 가스, CO_2 가스 등으로 대체하는 방법과 차단부를 VCB로 대체하고 나머지를 Dry Air로 절연하는 DAIS(Dry Air Insulated Switchgear) 등의 개발이 진행되고 있다.

5-2. 차단기 절연 진단

차단기의 절연 성능의 양부 또는 열화의 정도를 파악하기 위하여 각 상-대지 간 및 각 상 간의 절연 성능에 대한 측정을 실시하여야 한다.

1. 절연 저항 측정

(1) 시험방법

차단기의 절연 저항을 측정할 경우 반드시 차단기는 인출하여 측정하도록 하며 차단기를 개방한 상태에서 측정하도록 한다. 1,000[V] 2,000[MΩ] 및 500[V] 100[MΩ] 절연 저항계를 이용하여 다음 각 부의 절연 저항을 측정한다.
- 1차 측과 대지 간
- 2차 측과 대지 간
- 1차 상간
- 2차 상간
- 동상 1차 - 2차 간
- 제어회로(500[V] 절연 저항계 사용)

① 상과 대지 간의 절연 저항 측정

[그림 5-10]과 같이 절연 저항계의 L 단자는 상에 E단자는 접지단자에 접속하고 1차 측과 2차 측의 A-E, B-E, C-E간의 절연 저항을 각각 측정하고 그 측정 결과를 기록한다.

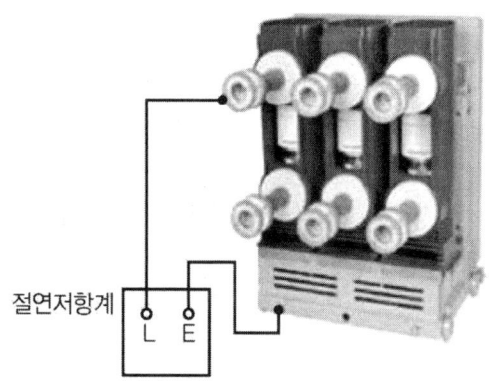

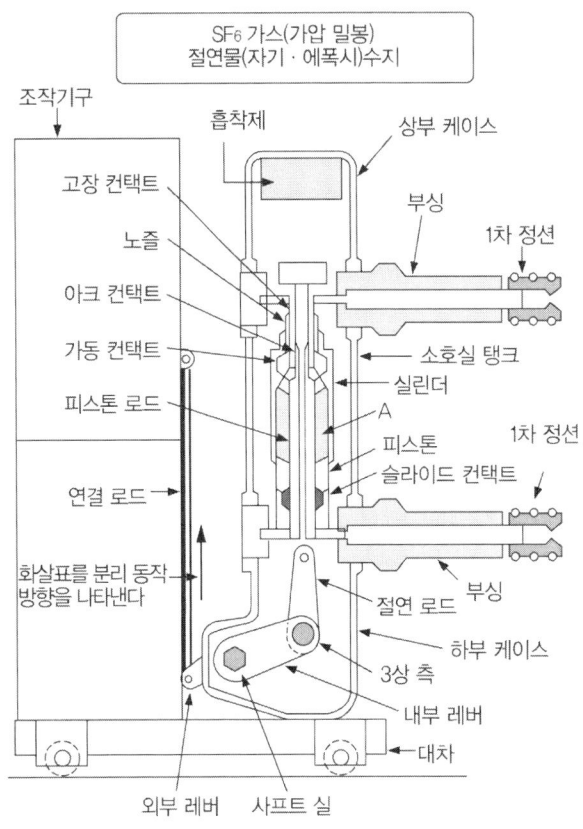

[그림 5-10] 상과 대지 간의 절연 저항 측정방법

② 각 상간의 절연 저항 측정

[그림 5-11]과 같이 절연 저항계의 양 단자를 각 상에 접속하고 1차 측과 2차 측의 A-B, B-C, C-A의 상간 절연 저항을 각각 측정하고 그 측정 결과를 기록한다.

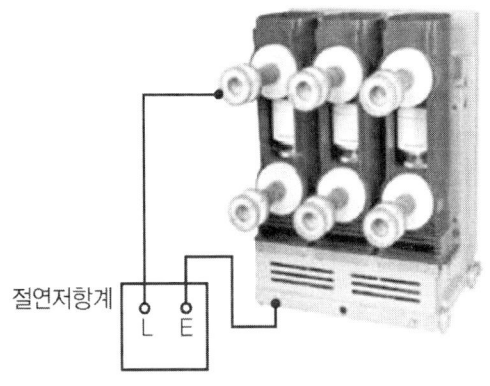

[그림 5-11] 각 상간의 절연 저항 측정방법

③ 동상 1차 - 2차간의 절연 저항 측정

[그림 5-12]와 같이 절연 저항계의 양 단자를 1차 측과 2차 측에 각각 접속하고 각 상 별로 측정하고 그 측정 결과를 기록한다.

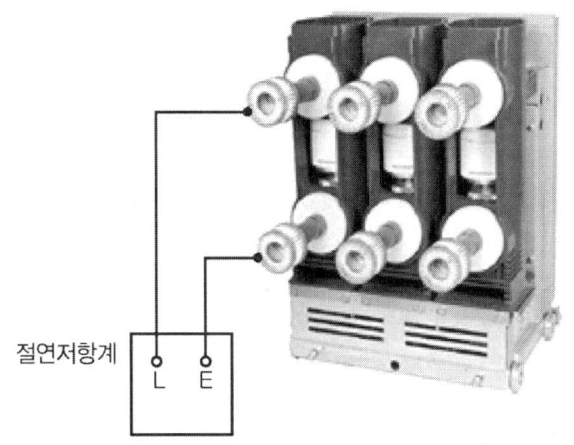

[그림 5-12] 동상 1차 - 2차간의 절연 저항 측정방법

(2) 절연 저항 측정의 기준

절연 저항은 매 측정 시 마다 그 측정값을 기록하여 지속적인 절연 저항의 추이를 관리하여야 하며, 측정 결과가 [표 5-8]의 기준값 이상이면 양호하다.

[표 5-8] 차단기의 절연 저항 기준

구 분	각 상과 대지 간	각 상 상호 간	동상 1-2차 간
25.8kV 이하	500[MΩ]	500[MΩ]	500[MΩ]
72.5kV 이상	1,000[MΩ]	1,000[MΩ]	1,000[MΩ]

2. 절연 내력 시험

차단기의 절연 내력 시험은 절연 저항 측정과 동일한 각 부(제어회로 제외)에 대하여 전기설비기술기준의 판단기준 제17조(기구 등의 전로의 절연 내력)에 따른 절연 내력 시험을 실시한다.

[표 5-9] 기기 등의 전로의 절연 내력시험

종 류	시험전압
1. 최대 사용전압이 7kV 이하인 기구 등의 전로	최대 사용전압이 1.5배의 전압(직류의 충전 부분에 대하여는 최대 사용전압의 1.5배의 직류전압 또는 1배의 교류전압) (500 V 미만으로 되는 경우에는 500 V)
2. 최대 사용전압이 7kV를 초과하고 25kV 이하인 기구 등의 전로로써 중성점 접지식 전로(중성선을 가지는 것으로써 그 중성선에 다중 접지하는 것에 한한다)에 접속하는 것.	최대 사용전압의 0.92배의 전압
3. 최대 사용전압이 7kV를 초과하고 60kV 이하인 기구 등의 전로(2란의 것을 제외한다)	최대 사용전압의 1.25배의 전압 (10,500 V 미만으로 되는 경우에는 10,500 V)
4. 최대 사용전압이 60kV를 초과하는 기구 등의 전로로써 중성점 비접지식 전로(전위 변성기를 사용하여 접지하는 것을 포함한다. 8란의 것을 제외한다)에 접속하는 것.	최대 사용전압의 1.25배의 전압
5. 최대 사용전압이 60kV를 초과하는 기구 등의 전로로써 중성점 접지식 전로(전위 변성기를 사용하여 접지하는 것을 제외한다)에 접속하는 것.(7란과 8란의 것을 제외한다)	최대 사용전압의 1.1배의 전압 (75kV 미만으로 되는 경우에는 75kV)
6. 최대 사용전압이 170kV를 초과하는 기구 등의 전로로써 중성점 직접 접지식 전로에 접속하는 것(7란과 8란의 것을 제외한다)	최대 사용전압의 0.72배의 전압
7. 최대 사용전압이 170kV를 초과하는 기구 등의 전로로써 중성점 직접 접지식 전로 중 중성점이 직접 접지되어 있는 발전소 또는 변전소 혹은 이에 준하는 장소의 전로에 접속하는 것(8란의 것을 제외한다).	최대 사용전압의 0.64배의 전압
8. 최대 사용전압이 60kV를 초과하는 정류기의 교류 측 및 직류 측 전로에 접속하는 기구 등의 전로	교류 측 및 직류 고전압 측에 접속하는 기구 등의 전로는 교류 측의 최대 사용전압의 1.1배의 교류전압 또는 직류 측의 최대 사용전압의 1.1배의 직류전압 직류 저압 측 전로에 접속하는 기구 등의 전로는 제13조제2항에 규정하는 계산식으로 구한 값.

5-3. 차단기 특성 진단

1. 접촉저항 측정

　차단기 1차 측 접촉부로부터 2차 측 접촉부까지의 전로는 여러 부품들이 조합되어 연결되어 있으며 이들 부품의 연결부분은 접촉저항을 가지게 된다. 차단기의 개폐동작 시에는 상당히 큰 기계적 충격이 이러한 연결부에 전달되며, 이 중 어느 한 부분이라도 접촉저항이 이상 증가할 경우 접촉저항에 의한 발열이 발생하게 된다.

　접촉저항의 측정은 도전체 사이의 저항을 측정하는 것이므로 그 저항 값이 아주 낮게 측정되므로 [$\mu\Omega$] 단위로 측정이 가능한 저 저항계를 사용하여 측정하며, 반드시 차단기를 인출한 후 1차 측 접촉부와 2차 측 접촉부 간의 전로가 통전될 수 있도록 폐로하여 측정한다.

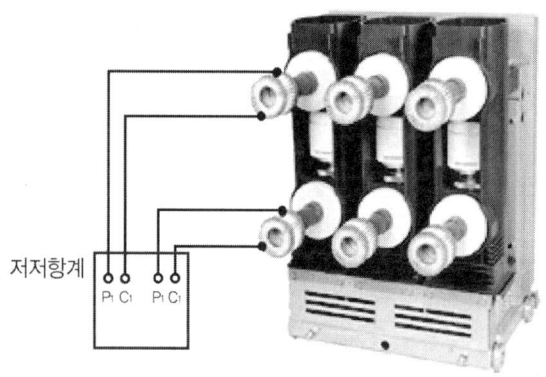

[그림 5-13] 접촉저항의 측정방법

 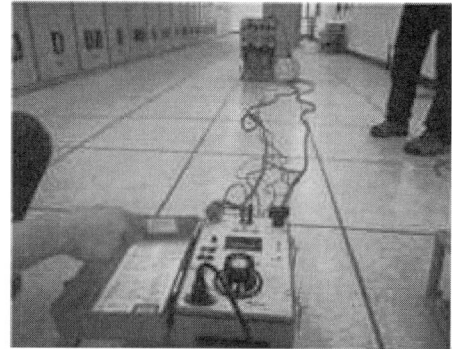

[그림 5-14] 접촉저항의 측정

[그림 5-13], [그림 5-14]와 같이 DC 4단자 저항 측정법을 이용하여 접촉자의 양 극부에서 10~100[A] 정도의 직류전류를 통전하고 그 회로의 전압강하로부터 옴의 법칙을 이용하여 접촉저항을 구한다. 접촉저항을 측정하고 이를 관리하여야 한다. 양부판정은 차단기 제작사의 기준값에 의하며, 규격에서 정하는 인가 전류 값은 JEC-2300, JIS C 4603에서는 10[A] 이상, IEC 60056에서는 50[A] 이상을 규정하고 있다.

2. 동작특성 시험

차단기는 정격 투입시간 및 정격 차단시간이 규정되어 있으며 차단기 접점의 개폐시간과 3상의 접점이 동시 투입 및 차단되는지를 확인하기 위하여 동작특성 시험을 실시한다.

(1) 시험방법

[그림 5-15], [그림 5-16]과 같이 차단기 동작특성 시험기를 연결하고 차단기 콘트롤 박스를 이용하여 차단기를 개폐 조작하여 측정한다. [그림 5-17]은 차단기 동작특성 시험의 결과값 예시이다.

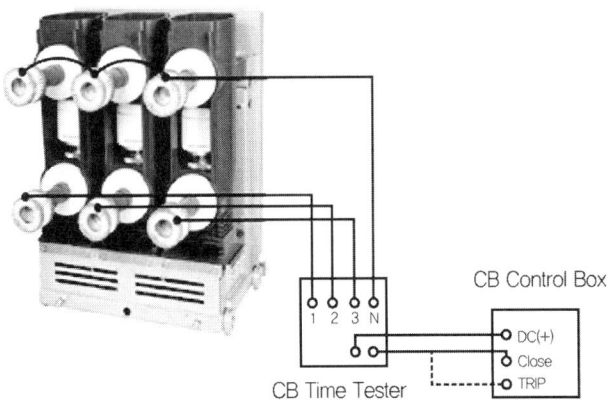

[그림 5-15] 동작특성의 측정방법

[그림 5-16] 동작특성의 측정

Parameter/Phase	L1	L2	L3	Difference between phases	Current
Closing time	34.8ms	34.8ms	34.4ms	0.4ms	3,848A
Opening time	24.8ms	25.0ms	25.2ms	0.4ms	3,763A

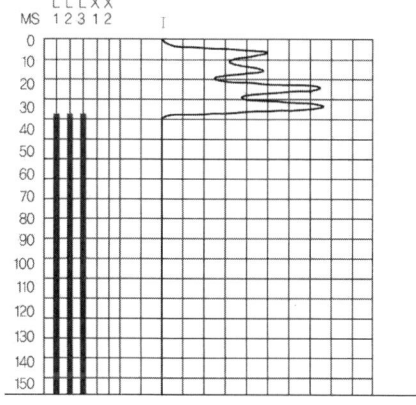
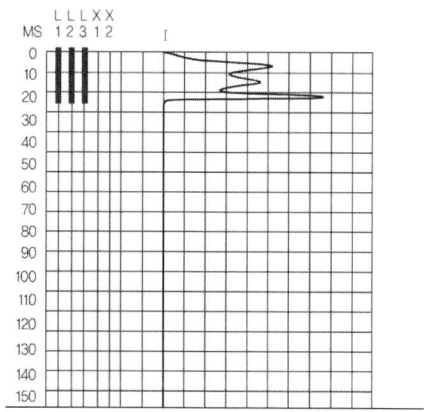

[그림 5-17] 차단기 동작시험 결과 예

2. 판정기준

[표 5-10] 차단기 정격 차단시간 판정기준

차단기 정격전압[kV]	정격 차단시간[Hz]
7.2	8
25.8	5
72.0	5
170.0	3
362.0	3

[표 5-11] 차단기 정격 투입시간 판정기준

차단기 정격전압[kV]	무부하 정격 투입시간
72.5 이하	표준동작책무에 지장이 없는 범위
170 이상	16.2 [Hz]

[표 5-12] 3극 비 동시 개폐시간 오차

차단기 정격전압[kV]	3극 동시 개폐시간
72.5 이하	0.36 [Hz](6 [ms])
170 이상	0.24 [Hz](4 [ms])

3. 진공 차단기 시험

(1) 진공 인터럽터

진공 차단기의 차단 동작은 진공 인터럽터에 의해 이루어지며, 인터럽터의 핵심부분은 접점으로써 동-크롬(Cu-Cr) 재질의 스파이럴형 접점을 채용하여 접점 소모가 적고, 내전압이 우수하다. 스파이럴형 접점은 접점 표면 간에 발생된 아크를 나선형상의 접점 구조로 인하여 생성되는 유도자계에 의하여 접점 주위의 표면을 회전하게 함으로써 접점이 국부적으로 가열, 손상되는 것을 방지하고, 단시간에 차단한다. [그림 5-18]는 진공 인터럽터의 구조이며, [그림 5-19]은 L사 진공 차단기 차단 시의 시간에 따른 전압, 전류 그래프이다.

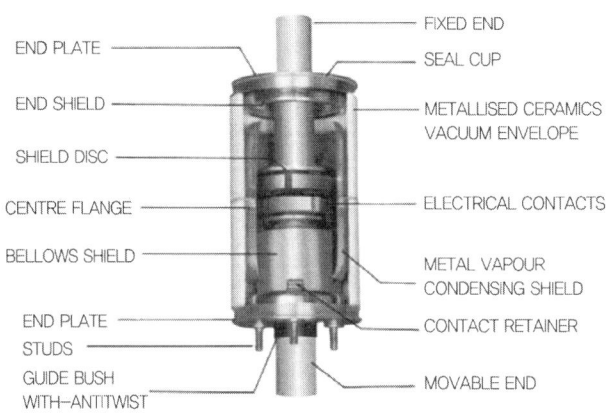

[그림 5-18] 진공 인터럽터의 구조

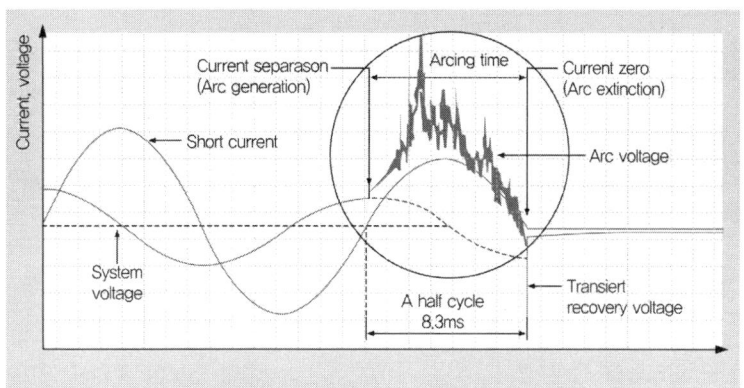

[그림 5-19] 진공차단기 차단 시 현상

(2) 진공 인터럽터 소모 측정

진공 인터럽터의 소모 측정은 차단기의 주요 부분인 차단부의 진공 인터럽터에 대한 계속 사용 가능여부 검사로써, 차단기의 사고전류 차단이나 빈번한 부하전류 차단으로 진공 인터럽터 주 접점의 접촉이 불안전해짐으로 인한 사고를 사전에 방지하기 위한 것이다.

① 측정 시기
- 사고차단(정격 차단전류의 100% 수준) 4회 이상 시 마다(수명 20회)
- 부하 전류차단 2,000회 이상 시 마다(수명 10,000회)
- 가혹한 사고 전류 차단을 하였을 때
- 내부에 이상한 소음이 발생 시
- 3년 혹은 1,000회 동작 시 마다

② 진공 인터럽터 접점 소모량 확인 방법

차단기 투입 시 [그림 5-20]과 같이 ①더블너트 위의 평와샤와 ②차단 레바의 간격이 5mm(Wipe Spring량)로 조정되어 있으며, 접점 소모량 관리 기준은 3mm 이하이다. 따라서 신품 5mm의 간격이 2mm로 변화되면 그 소모량은 3mm로 진공 인터럽터의 소모로 인한 불안전한 접촉 및 스프링의 압축력이 감소하여 통전에 문제가 생긴 것으로 이로 인한 사고 위험이 높아진다. 진공 인터럽터 접점 소모량 측정방법은 다음과 같다.
- 차단기를 투입한다.
- 진공 인터럽터 [그림 5-20]의 접점 소모량 확인용 게이지를 ①더블너트 위의 평와샤와 ②차단 레바 사이에 삽입한다.
- 이 때 게이지가 들어가지 않으면 진공 인터럽터의 수명이 다한 것으로 간주하고 교체하여야 한다.

 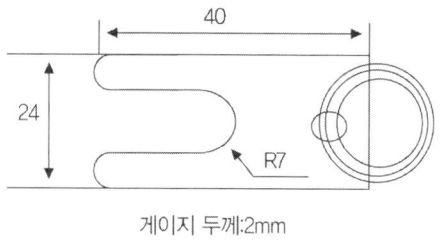

진공 인터럽터 접점 갭   접점 소모량 확인용 게이지

[그림 5-20] VCB 진공 인터럽터 접점 소모량 확인

3. 진공 인터럽터 진공도 검사

차단기 점검 시나 내부 소음 발생, 차단부의 심한 발열 현상 등의 발생 시에는 진공 인터럽터 접점 소모량 측정 후 진공도 검사를 행하는 것이 좋다. 차단기를 인출하여 모선에서 분리하고 차단 상태에서 [그림 5-21]과 같이 주회로 단자 간에 상용주파전압(60[kV])을 인가하여 절연 내력을 확인한다.

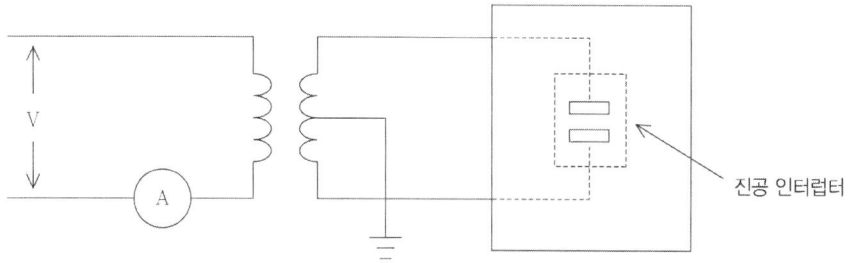

[그림 5-21] VCB의 진공도 검사

① 시험시기
- 사고 차단 등 점검의 필요성이 발생하였을 때
- 6년 또는 5000회에 1회
- 설치여건이 좋지 않은 곳은 2~3년에 1회

② 시험방법
    인가 전압의 상승은 1분에 약 20kV 정도로 서서히 50kV까지 인가시키며, 이때 전류계가 서서히 상승되다가 방전에 의해 급상승하게 되면 즉시 전압

을 0으로 내린 후 다시 같은 방법으로 시험을 실시한다.

이때에 50kV로 기준해서 2~3회 반복 인가하여도 이상 없이 견딜 경우 진공밸브는 정상이다. 진공밸브에 결점이 있을 경우는 인가전압의 상승에 따라 전류가 계속 증가되다가 최대 눈금을 넘게 되는 결과가 나타나게 된다.

③ 주의사항
- 차단기는 반드시 인출하여 전원에서 분리시켜야 하며 또한 본체에 접지를 해야 한다.
- 진공도 검사 시는 고압시험으로 인한 사고 발생 우려가 있으므로 안전대책을 수립한 후 실시한다.

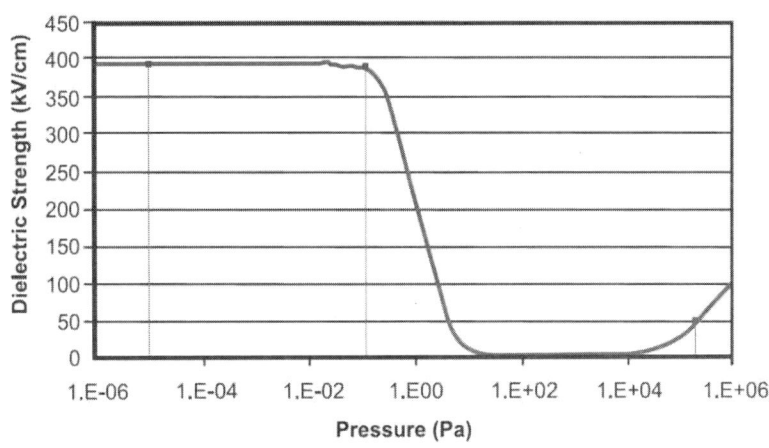

[그림 5-22] 파센의 법칙에 의한 기체의 차단 영역

Table 1 VI Condition Based on MAC Test (Vacuum Pressure)				
Condition	Operations*	Contact Wear**	Pressure (Pascals)	Recommendation
A	< 1000	< 50%	P < 10-5	Retest in 10 years or less
B	< 1000	< 50%	10-5 < P < 10-4	Retest in 5 years or less
C	< 1000	< 50%	10-4 < P < 10-3	Possibility of failure place in non-critical service; retest annually
D	< 1000	< 50%	10-3 < P 10-2	High probability of failure; repair or replace
*If operations are > 1000 and breaker is used for motor sharing – degrade by one Condition (e.g. B to C) **(Actual Wear / Maximum Allowed Wear) * 100 where Maximum Wear = 0.125 in. (.32 mm)				

The criteria were applied as follows:
- The pressure criteria were used first to establish A, B, C, or D condition.
- If the contact wear was greater than 50% or if there were more than 1000 operations, the condition was elevated by one (A to B or C to D, for example).

[그림 5-23] 진공 인터럽터 판정 예

4. 가스 차단기 시험

가스 차단기의 절연 및 소호 매질로 사용되는 SF_6 가스는 IEC 60376 및 IEC 60480 등 관련 표준에 따르며, 상시 운전 상태에서의 가스 순도는 99% 이상의 순수한 상태이어야 하고, 연간 가스 누설율은 1% 이하이어야 한다. 또한 SF_6 가스 압력이 대기압으로 되어도 가스 차단기의 절연 내력은 상시 운전 최고 전압에 견디어야 한다.

(1) SF_6 가스 시험 방법

SF_6 가스 수분, 순도, SO_2는 가스 차단기 시험 밸브에 가스분석 장비를 연결하여 분석하고, 밸브 접속부에서 가스의 누기 유무를 누기 측정기로 확인하여야 하며, 가스를 분석 후 설비를 복구한 다음에도 가스의 누기 유무를 확인한다.

(2) SF_6 가스 시험 방법

SF_6 가스 관리기준은 [표 5-13]과 같으며, 접속부, 밸브, 외함 등에서 누기 측정기로 측정하여 누기가 없어야 한다.

[표 5-13] SF_6 가스 관리기준

구 분	기 준	판 정
SF_6 가스 수분측정	200ppm volume 이하	적합
	200ppm volume 초과	요주의
SF_6 가스 순도측정	99.7(%) 초과	적합
	99.7(%) 이하	요주의
SF_6 가스 SO_2측정	1ppm volume 이하	적합
	1ppm volume 초과	요주의

| 전력시설물진단기술 |

Chapter_6
전력 케이블 진단

오늘날 전력사용이 급증하면서 부하가 대용량화되는 추세에 따라 전기설비의 규모는 점차 대규모화 되고, 사회는 점점 고도정보화 사회로 발전되고 있다. 따라서, 설비의 사고 및 정전 등은 높은 전기적 의존도를 가진 고도 산업사회에 막대한 경제적 손실 및 장애를 가져다 준다. 한편, 도시환경의 미화차원에서 지중 배전선로는 점차 증가하고 특히, 전력 케이블은 주로 공장 또는 대도시의 도로지반 하에 분포하고 있어 사고 시 복구에 많은 시간이 필요하며 교통 및 산업 활동에 막대한 피해를 끼치게 된다.

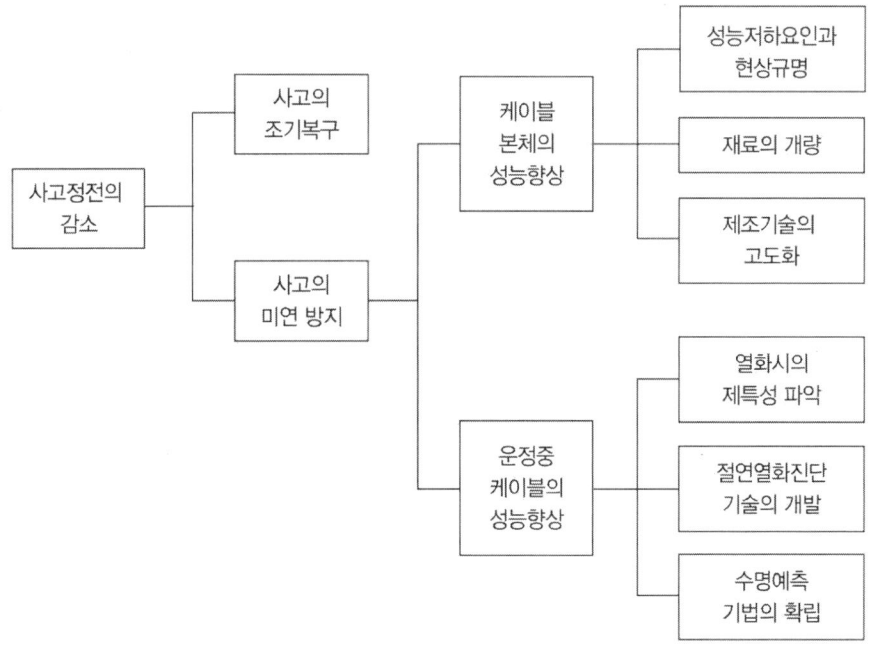

[그림 6-1] 전력 케이블의 신뢰성 향상을 위한 검토

　또한, 우리나라에서 배전용 케이블로 CV 케이블을 포설하기 시작한지 30여 년이 경과되어 최근에 사고가 점차 증가하고 있는 추세이며, 근래에 포설한 케이블이라 할지라도 시공불량 및 기타 열악한 환경에 놓여 있게 되면 단시간에도 사고에 이를 수 있어 설비 및 수용가에 원활한 전력공급 및 사고를 미연에 방지하기 위해 케이블 제조기술의 향상, 재료의 개량, 품질관리의 고도화 등으로 신뢰성을 향상시키고 케이블의 열화상태를 정기적으로 진단할 필요가 있다.

6-1. 전력 케이블 개요

가공이나 지중 또는 해저를 통하여 송전하거나 배전할 때 사용하는 전기 케이블을 통틀어 전력 케이블이라 한다. 고분자 재료를 절연물로 사용하는 절연 전력 케이블은 생산 공정이 간단하여 경제적이고 고장 발생 시 보수가 용이하다는 장점이 있지만, 사용기간이 경과됨에 따라 절연 성능이 약화되어 결국에는 절연 파괴로 인한 전력 공급 신뢰성을 저하시킬 수 있다.

전력 케이블은 1900년대 초 유침지류를 사용한 벨트지 케이블로 시작하여 1920년경 저점도유를 이용한 OF Cable이 개발되었다. 이러한 절연유를 사용한 유침지 케이블의 사용은 40년간 전력 Cable의 주류를 이루었으나, 그 후 고분자 화학의 급속한 발전과 함께 전력 케이블도 부틸 고무(ER), 폴리에틸렌(PE), 에틸렌 프로필렌(EPR)과 같은 고무 플라스틱이 사용되게 되었으며, 1950년경에 내열성을 높이기 위해 폴리에틸렌을 주 절연체로 사용한 CV Cable이 개발되어 현재 널리 사용되고 있다.

1. 전력 케이블의 구조

① 전력 케이블의 구조

전력 케이블은 도체, 내부 반도전층, 절연층, 외부 반도전층, 차폐층, 외피(방식층)으로 구성되며, 그 구조는 [그림 6-2]와 같으며, [표 6-1]에서는 케이블 구성요소의 기능 및 특성을 설명하였다.

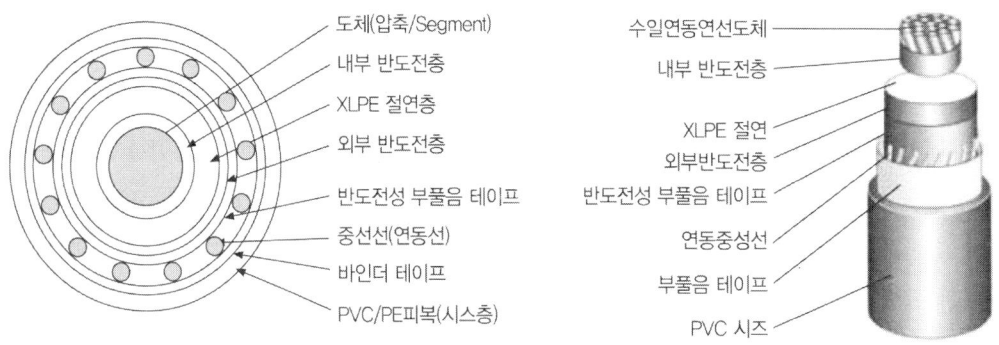

[그림 6-2] CNCV Cable의 구조

[표 6-1] 케이블 구성요소의 기능 및 특성

구분	기능 및 특징
도체	● IEC228 규정한 나연동선 또는 AL연선의 소선을 꼬아 만든 압축원형 연선 또는 분할 압축원형 연선으로 구성된다.
내부 반도전층	● 도체면의 전하분포를 고르게 하여 절연체의 절연 내력을 향상시킨다. ● 도체와 절연체 간의 간격형성을 방지하여 코로나방전 및 이온화를 방지한다. ● Cable 제조 시 절연물의 도체 내 침투를 방지한다.
절연체	● 주로 XLPE를 절연체로 사용한다. ● 파괴전압이 높고, 절연 성능 장기간 안정되고, 유전손실이 적고, 내열성 등이 있어야 한다.
외부 반도전층	● 전기력선의 분포를 등전위로 만들어 절연 내력을 향상시킨다.
차폐층 (Shield)	● 정전차폐의 역할을 한다. ● 절연체의 내전압 값 향상 지락사고 시 고장전류의 귀로가 된다.
외피 (Sheath)	● 내후성, 내약품성, 기계적 강도 등이 우수해야 한다. ● CV Cable의 경우 PVC를 외피로 사용한다.

② 절연체

고압 및 특고압 용으로 널리 사용되는 전력 케이블은 XLPE(Cross Linked Polyethylene, 가교 폴리에틸렌), EPR(Ethylene Propylene Rubber, 에틸렌 프로필렌 고무) 등의 고분자 화합물 절연체로 절연을 담당하고 있으며, 최근 우리나라에서는 XLPE를 주로 사용하고 있다.

③ XLPE

폴리에틸렌(PE ; Polyethylene)의 분자구조를 가교하여 망상구조로 변화시킴으로써 분자간의 결합을 단단히 하여 녹는 점(Melting Point)을 상승시켜 절연체 내부도체의 허용전류를 높인 것이다.

이러한 폴리에틸렌의 가교기술은 이미 1950년대에 미국에서 개발되었고, 더 높은 전압에 적용하기 위하여 꾸준히 기술 개발되고 있으며, 현재 400[kV] XLPE Cable이 상용화되고 있어 초고압 계통의 OF Cable도 송전 능력, 중량, 열 특성, 유지관리 비용, 포설 비용 등의 이유로 XLPE Cable로 대체되고 있다.

④ EPR

에틸렌과 프로필렌을 혼성 중합시켜 얻은 비결정성 고분자 물질로써 부틸

고무(BR ; Butyl Rubber) 절연 케이블의 개선형이며, XLPE에 비해 내방사성 및 가요성이 뛰어나 원자력 발전소 등에 주로 사용하고 있다.

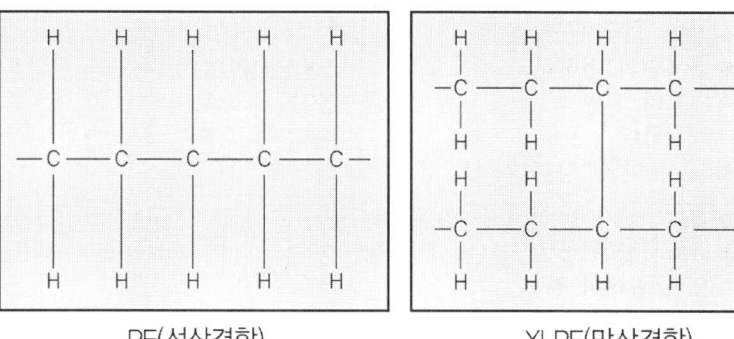

[그림 6-3] PE와 XLPE의 비교

[표 6-2] 절연 재료의 특성비교

구분	XLPE	PE	PVC	BR
비중	0.92	0.92	1.2~1.5	1.4~1.5
내전압[kV/mm]	30~50	30~50	20~35	20~30
체적고유저항[Ω-cm]	1018	1018	1012~15	1015
유전율	2.3	2.3	5~9	4~5
유전정접[%]	0.03	0.03	4~12	1~3
인장강도[kg/mm²]	1.4~1.8	1.2~1.5	1.0~2.5	0.4~0.7
신장율[%]	500~600	500~700	100~300	300~600
최대허용온도[℃]	90	75	60~75	80
난연성	×	×	◎	×
내열변형성	○	△	△	△
내오존성	○	○	△	○
내후성	△	△	○	○
내유성	◎	◎	○	×

◎ : 우수   ○ : 양호   △ : 보통   × : 저조

2. 전력 케이블의 종류

(1) OF Cable

OF 케이블(Oil Filled Cable)은 전력 수요의 증대에 따라 1900년대 초에 개발된 케이블로 신뢰성이 높고, 경제적으로 우수한 점을 인정받아 널리 사용되고 있는 케이블이다.

주로 단심 또는 3심 형태로 66~765kV에 이르는 초초고압까지 대용량 송전에 사용되고 있으며, 특히 초고압 케이블 분야에서 주로 사용하고 있다.

케이블 내부에 유통로를 넣고 저점도의 절연유를 충전하여 케이블 외부에 설치된 유압 조정 탱크(Pressure Tank)에 의해 항상 대기압 이상의 유압이 케이블에 가해져 운전 중에 발생하는 케이블 내부의 온도 변화 및 외부 포설 환경의 온도 변화에 의한 공극 발생을 억제함으로써 케이블의 전기적 열화를 방지할 수 있는 구조를 가지고 있다. 유전율과 전기적 특성이 좋은 종이를 1차 절연으로 사용하고, 절연유를 이용한 유압으로 2차적 절연을 유지한다.

[그림 6-4] OF Cable의 구조

① 유통로(Oil Duct)

유통로는 온도변화에 따른 절연유의 수축 및 팽창 시 절연유가 압력유조로 인·출입할 수 있게 하며, 재질은 아연도금 강대를 사용하고, 원통형 중공 나선형으로 만들어 사용한다.

② 도체(Conductor)

도체는 전류가 흐르는 통로로 동과 알루미늄의 연선이 주로 사용되고 있으며, 도체의 구조는 도체 사이즈, 케이블 종류, 도체 재질, 허용전류 그리고 설치조건에 따라 결정된다. 도체의 종류로는 중공 원형연선, 압축 원형연선 또는 중공 분할압축 연형연선이 있으며, 중공 분할압축 원형연선은 1000mm² 이상의 도체 단면적에 적용되고 있다.

③ 도체 차폐층+(Conductor Screen)

도체 차폐층은 도체의 표면을 균일하게 하여 도체 외부에서의 전계를 균일하게 해 주며, 재질은 반도전성 카본지와 금속화지를 사용한다.

④ 절연체(Insulation)

절연체는 도체를 외부와 전기적으로 절연시켜 주며, 도체 위의 절연지를 균일하게 감고 차폐층을 감아 코아를 형성한 후 가열진공 건조로 습기 및 공기를 제거한 후 절연유를 충진한다. 절연지는 탈 이온 수세 처리한 것을 사용하고 절연유는 합성유(Synthetic Oil)를 사용한다.

⑤ 절연체 차폐층(Insulation Screen)

절연체 차폐층은 절연체의 표면을 균일하게 하여 코아 외부에서의 전계를 균일하게 해 주며, 재질은 비자성 금속 테이프, 금속화지 그리고 반도전성 카본지 등을 조합하여 사용한다.

⑥ 금속 시스(Metallic Sheath)

금속 시스는 유압의 유지, 방사(Radial) 방향의 수분침투 방지, 전기적 차폐, 절연체의 기계적 보호 그리고 단락전류의 귀로를 위하여 프레스기로 절연체 위에 압출되며, 재질은 연합금(Lead Alloy)과 알루미늄이 주로 사용되고, 알루미늄 시스는 케이블의 굴곡 특성을 향상시키기 위하여 파형(Corrugated)으로 압출된다.

⑦ 방식층(Anti-Corrosion Layer or Over-Sheath)

방식층은 금속 시스의 부식방지 및 절연, 그리고 설치 시 케이블의 기계적 보호를 위하여 금속 시스 위에 압출되며, 재질은 폴리에틸렌(Polyethylene)과 폴리염화비닐(Polyvinyl Chloride)이 사용된다.

(2) CV Cable

CV Cable(가교폴리에틸렌 비닐 시스 케이블)로 금속 차폐층으로 동 테이프를 사용하였으며, 동 테이프의 전체 면적이 크지 않아 동 테이프를 접지선으로 사용할 경우 케이블 지락사고 시 큰 지락전류에 의해 차폐층이 소손될 수 있으므로 지락전류가 작은 비접지 계통에 주로 사용한다. 또한, 케이블을 일단 접지할 경우 접지하지 않은 쪽의 금속 차폐층에 전압이 유기되며, 케이블을 양단 접지할 경우 순환전류가 발생할 수 있으므로 케이블의 긍장에 따른 순환전류의 발생과 금속 차폐층에 유기되는 전압을 고려하여 접지방법을 선정하여야 한다.

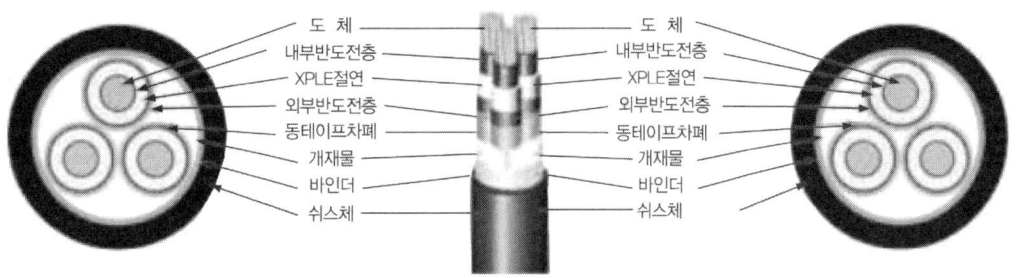

[그림 6-5] CV Cable의 구조

(3) CNCV Cable

CNCV Cable(동심중성선 CV케이블)은 CV케이블의 차폐층(동 테이프)을 동선으로 대체하여 다중접지 계통의 중성선으로 사용하고, 부하전류나 다중접지 계통의 과대한 지락전류를 흘릴 수 있도록 제작한 것이다. 22.9kV-Y 다중접지 계통에서 지중배전이나 수용가의 수전설비 인입 케이블 등으로 널리 사용되고 있다.

① CVCN(동심중성선 가교폴리에틸렌 절연 비닐 시스 케이블)

한국전력 표준규격에서 정한 중성선 층의 수밀처리가 되지 않은 동심중성선 CV 케이블을 말한다. 예전에는 일반 수용가에 사용되었지만 시설기준의 강화에 따라 근래에는 사용되지 않는다.

② CNCV(동심중성선 가교폴리에틸렌 절연 차수형 비닐 시스 케이블)

한국전력 표준규격에서 정한 중성선 층의 수밀처리가 된 동심중성선 CV케이블을 말한다. 중성선 층 안쪽과 바깥쪽에 발포성 차수 테이프(부풀음 테이프)를 사용한 것이다. CNCV는 현재에도 사용되고 있으나 CNCV-W로 대체되고 있다.

③ CNCV-W(동심중성선 가교폴리에틸렌 절연 수밀형 비닐 시스 케이블)

중성선 층의 수밀처리 외에 도체부분까지 수밀처리한 케이블을 말한다. 도체를 구성하는 원형 소선을 압축연선하고, 수밀컴파운드를 소선 사이에 충전하여 도체에 수분침투를 방지하는 구조이다.

④ FR-CNCO(동심중성선 가교폴리에틸렌 절연 폴리올레핀 시스 난연 케이블)

CNCV에서 비닐 시스(재질 : PVC)를 무독성 난연 시스로 대체한 것이다. 무독성 난연 수지로써 할로겐프리 폴리올레핀이 사용되고 있다. 근래에 케이블 트레이 배선 시 난연 기준 강화에 따라 많이 사용되고 있다.

⑤ TR-CNCV(동심중성선 수 트리 억제형 가교폴리에틸렌 절연 비닐 시스 케이블)

CNCV에서 절연체로 사용되는 가교폴리에틸렌을 수 트리 억제형 가교폴리에틸렌으로 대체한 것이다. 가교폴리에틸렌에 특수한 첨가제를 첨가하여 수 트리 현상을 억제할 수 있도록 특성을 개선한 것이다.

⑥ FR-CNCO-W(동심중성선 가교폴리에틸렌 절연 수밀형 폴리올레핀 시스 난연 케이블)

CNCV-W의 시스를 PVC 대신 할로겐프리 폴리올레핀을 사용한 것으로 근래에 많이 사용되고 있다.

⑦ TR-CNCV-W(동심중성선 수 트리 억제형 가교폴리에틸렌 절연 수밀형 비닐 시스 케이블)

CNCV-W에서 절연체로 사용되는 가교폴리에틸렌을 수 트리 억제형 가교폴리에틸렌으로 대체한 것이다.

3. 전력 케이블의 손실

(1) 저항손

도체의 저항 내에서 소비되는 전력손실을 말한다. 저항 R을 통하여 흐르는 전류를 I라 하면 I2R에 해당하는 열이 발생하며, 케이블에서 발생하는 손실 중 가장 크다.

$$P_i = I^2 R = I^2 \rho \frac{l}{A} = I^2 \times \frac{1}{58} \times \frac{100}{C} \times \frac{l}{A} \, [W]$$

여기서

A : 전선의 단면적[mm²], : 전선의 길이[m]

C : %도전율(연동선 : 100%, 경동선 : 97%, 알루미늄 : 61%)

ρ : 국제표준 연동의 고유저항

$$\rho = 1.7241 \times 10^{-8} = \frac{10^{-6}}{\frac{100}{1.7241}} [\Omega \cdot m]$$

$$= \frac{10^{-6}}{58} [\Omega \cdot m] \times \frac{(10^3 mm)^2}{1 m^2} = \frac{1}{58} [\Omega \cdot mm^2/m]$$

(2) 유전체손

케이블의 절연체는 유전체이며, 이 유전체에 교류 전계가 인가되었을 때 발생하는 손실을 말한다. 절연물에 교류전압을 인가하면 [그림 6-6]과 같이 전전류 I는 인가전압 V 보다도 90° 앞선 충전전류 I_c와 인가전압 V, 동상인 손실전류 I_r와 합성된 값이 되며, 전전류 I는 충전전류 I_c 보다도 약간 늦은 전력손실이 발생한다. 이 때 전력손실의 비율을 유전정접(誘電正接, tanδ)이라 하며, 비율(%)로 나타낸다

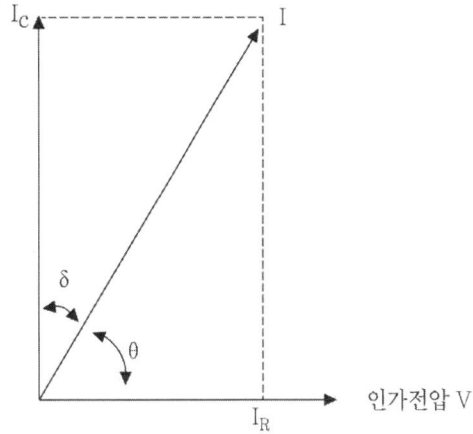

[그림 6-6] 절연물의 충전전류(I_c)와 손실전류(I_r)의 벡터도

유전체 내부에서 열로 소모되는 유전손실(전력손실)은 W = VIcosθ 로 되며, 이 때 cosθ 가 90°에 상당히 근접하게 되면, cosθ = sinδ ≒ tanδ 가 성립되어 W = VIcosθ ≒ VItanδ 로써 유전손실이 표현된다. 여기서 δ 를 유전 손실각, tanδ 를 유전정접(誘電正接)이라 하며, 유전손실과 tanδ 는 비례관계이다.

유전체 손실은 누설저항에 의해서 소비되는 전력으로 유전체의 절연성이 우수할수록 그 값은 작아진다. 이러한 점을 이용하여 tanδ 를 측정함으로써 전력 시설물의 절연 열화를 진단하는 것이 유전정접 진단으로 특히, 전력 케이블의 절연 열화 진단에 많이 사용한다.

- 단심 케이블의 유전체 손실

$$W_d = E \times I_R = E \times I_C \times \tan\delta = \omega CE^2 \tan\delta$$

- 3심 케이블의 유전체 손실

$$W_d = 3E \times I_R = 3E \times I_C \times \tan\delta = 3\omega CE^2 \tan\delta$$

(3) 연피손(시스손)

연피 및 알루미늄피 등 도전성의 외피를 갖는 케이블에서 발생한다. 시스 와전류손과 시스 회로손 등이 있다.

① 시스 와전류손

연피 중에서 케이블 축에 직각인 방향으로 생기는 와전류에 의한 전력손실.

② 시스 회로손

케이블 도체전류의 전자 유도작용에 의해 시스에 유기되는 전압을 낮추기 위해 시스를 접지함에 따라 시스에 흐르는 순환전류에 의해 발생하는 손실이다.

4. 전력 케이블의 특성

전력 케이블은 전기를 보내는 기능적인 역할뿐만 아니라 양 끝에 연결된 전력기기와 함께 전력계통을 구성하는 요소이므로, 전력 케이블의 선로정수는 다른 전력 기기의 운전, 보호 계전기의 정정, 이상전압의 발생설계 등에 중요한 회로정수 인자가 된다.

(1) 저항

도체의 저항은 금속재료의 도전율, 도체의 단면적 및 소선을 꼬는 방법 등에 따라 변화한다. 또한 교류저항은 통전전류의 주파수와 표피효과 등으로 인하여 직류저항과는 다른 큰 값을 나타낸다.

① 직류도체 저항(R_0)

일반적으로 표시되는 직류 도체저항은 20[℃]에서의 것이며, 다음의 식으로 계산한다.

$$R_0 = \frac{10^3}{58 \times S \times \eta_c} \times K_1 \times K_2 \times K_3 \times K_4 [\Omega/km]$$

여기서,

S : 도체 단면적[㎟]
ηc : 도체의 도전율(연동선 : 1.00, 경동선 : 0.97, 알루미늄 : 0.61)
K_1 : 소선 연입률
K_2 : 분할도체 및 다심 케이블 집합 연입률
K_3 : 압축성형에 따른 가공경화계수
K_4 : 최대 도체저항 계수

[표 6-3] 동도체의 도전율

종류	소선지름[mm]	도전율	종류	소선지름[mm]	도전율
경동선	0.40 이상~2.0 미만 2.0 이상~12.0 이하	0.96 0.97	주석도금 경동선	0.80 이상~1.0 미만 1.0 이상~2.0 미만 2.0 이상~8.0 이하	0.94 0.95 0.96
연동선	0.10 이상~0.30 미만 0.30 이상~0.50 미만 0.50 이상~12.0 이하	0.98 0.993 1.00	주석도금 연동선	0.10 이상~0.26 미만 0.26 이상~0.50 미만 0.50 이상~2.0 미만 2.0 이상~8.0 미만 8.0 이상~12.0 이하	0.93 0.94 0.96 0.97 0.98

② 온도계수(α)

도체의 저항은 온도가 상승하면 커지게 되며, 이를 저항온도계수라 한다. 일반적으로 저항값은 20[℃]에서의 저항값을 기준으로 사용하므로 온도변화에 따른 도체저항비는 다음과 같다.

$$k_1 = 1 + \alpha(t-20)$$

여기서, t는 사용온도[℃]

따라서, 사용온도 t[℃]에서의 저항값은 다음의 식으로 계산한다.

$$R_t = R_{20} \times [1 + \alpha_{20}(t-20)][\Omega/km]$$

여기서,
　　　R_t : 사용온도 t[℃]에서의 저항값
　　　R_{20} : 사용온도 20[℃]에서의 저항값
　　　α_{20} : 사용온도 20[℃]에서의 저항온도계수
　　　　　(경동, 연동 : 0.00393, 알루미늄 : 0.00403)

③ 교류도체 실효저항

도체에 교류가 흐르게 되면 자극에 따른 기전력으로 도체 내부의 전류밀도 균형이 깨진다. 따라서 도체 내부로 들어갈수록 전류밀도는 낮아지고, 위상 각이 늦어지게 되어 전류가 도체 외부로 몰리게 된다. 결과적으로 전선의 단면적이 감소되어 발열현상으로 나타나게 되며, 도체의 교류실효저항은 다음의 식으로 계산한다.

$$R = R_0 \times k_1 \times k_2$$

여기서,
　　　R : 교류도체 실효저항[Ω/km]
　　　R_0 : 20[℃]에서의 직류 최대도체저항[Ω/km]

K_1 : 사용온도에서의 도체저항과 20[℃]에서의 도체저항의 비
K_2 : 교류저항과 직류저항의 비($K_2 = 1 + \lambda_s + \lambda_p$)
λ_s : 표피효과계수
λ_p : 근접효과계수

[표 6-4] 60[Hz] 도체의 직류저항과 교류저항의 비(K_2 ; 표피효과에 한함)

도체 단면적 [mm²]	도체온도 [℃]				
	60[℃]	70[℃]	75[℃]	80[℃]	90[℃]
2000	1.175	1.166	1.161	1.157	1.148
1600	1.119	1.111	1.107	1.106	1.100
1500	1.106	1.099	1.095	1.094	1.087
1400	1.092	1.087	1.085	1.081	1.077
1200	1.071	1.067	1.064	1.062	1.059
1000	1.050	1.047	1.046	1.044	1.041
800	1.033	1.031	1.029	1.029	1.027
600	1.019	1.018	1.017	1.016	1.011

(2) 인덕턴스

전력 케이블의 인덕턴스에는 자기 인덕턴스와 상호 인덕턴스가 있으나 보통 전력계통에서는 이를 일체로 하여 항상 1상에 대하여 나타내며, 길이가 길수록 상호 인덕턴스가 커진다.

$$L = 0.05 + 0.4605 \log_{10} \frac{D}{r} [mH/km]$$

여기서,
  D : 도체중심간격[mm]   R : 도체의 반경[mm]

(3) 정전용량

전력 케이블의 정전용량은 전압이 낮을 때는 큰 영향이 없으나 전압이 높을 때는 그 충전용량도 커지고, 영향도 커지게 된다.

$$C = \frac{\epsilon}{2\log_e \frac{D}{d}} \times \frac{1}{9} = \frac{0.02413\epsilon}{\log_{10} \frac{D}{d}} [mF/km]$$

여기서,
  ϵ : 절연체 유전율
  D : 절연 바깥지름(도전층을 포함하지 않음)
  d : 도체 바깥지름(도전층을 포함함)

[표 6-5] 절연 재료의 유전율

절연 재료명	유전율	절연 재료명	유전율
유침지(보통지)	3.7	가교폴리에틸렌	2.3
유침지(저손실지)	3.4	에틸렌프로필렌고무	4.0
부틸고무	4.0	규소고무	4.0
폴리에틸렌	2.4	PVC	7.0

5. XLPE 케이블의 허용 전류

IEC 60364-5-523에 전선류의 허용 전류에 대한 규정이 있었으나 폐기되었으며, IEC 60284에 전선의 허용 전류 용량 계산 방법이 자세히 설명되어 있으나 매우 복잡하여 계산이 쉽지 않아 여기서는 계산을 생략하고, IEC 60502-2(2005)에 케이블 포설 조건과 허용전류가 새로이 정리되어 있음으로 이들 데이터를 그대로 인용하기로 한다.

이들 계산의 기준 값은 XLPE케이블 도체의 최고허용 온도를 90[℃], 기중 및 암거 내에 포설할 때 주위 대기의 기준온도를 30[℃]로 하고 땅에 매설된 관로(Duct) 내에 포설하거나 땅에 직접 매설한 케이블에 대한 대지 기준온도를 20[℃]로, 또 대지 열저항은 1.5[K.mW]를 기준으로 하였으나 한전 표준은 대기온도 40[℃], 대지온도 25[℃], 대지 열저항 1.0[K.mW]를 기준으로 하고 있어 현장 적용 시에는 이 테이블의 값을 한전 기준에 맞도록 보정하여 적용해야 한다.

IEC 60502-2에 제시한 전류 용량은 포설 방법이 단심 케이블을 기중에 포설하는 경우는 [그림 6-7]과 같이 포설하며, 단심 케이블을 직매설하는 경우는 [그림 6-8]과 같이 포설하며, 또 단심 케이블을 관로 내에는 [그림 6-9]와 같이 포설하는 경우 XLPE케이블의 허용전류는 [표 6-8] 및 [표 6-9]와 같다. 단 S는 케이블 중심간 간격이고 D_e는 케이블의 외부직경이다.

(1) 포설 기준

① 단심케이블

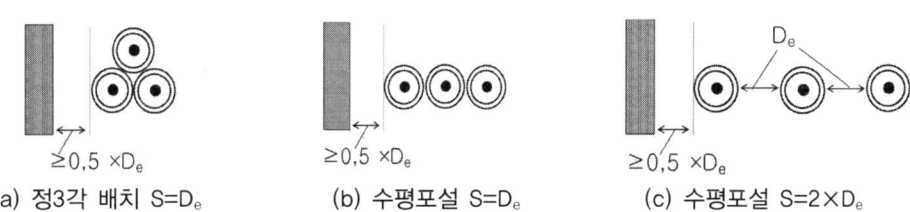

[그림 6-7] 단심 케이블 기중 포설

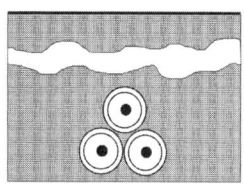   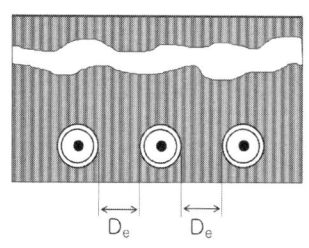

　　　(a) 정3각 배치 S=D_e　　　　　　　(b) 수평포설 $S = 2 \times D_e$

[그림 6-8] 단심 케이블 직매설

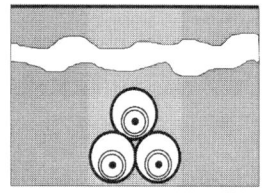   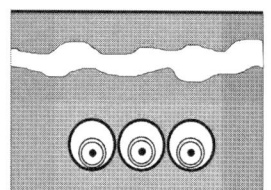

　　　　(a) 정3각 배치　　　　　　　　　　(b) 수평포설

[그림 6-9] 단심 케이블 관로내 포설

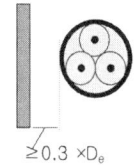   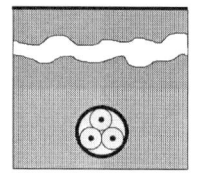   

(a) 기중포설배치　　(b) 매설깊이 0.8m에 직매설 시　(c) 관로포설관로 깊이 0.8m

[그림 6-10] 3심 케이블 포설

(2) XLPE 케이블의 허용 전류

　　XLPE 절연 케이블 가운데 우리가 널리 쓰고 있는 단심 동도체 및 3심 동도체 케이블에 대하여 정격 전압 3.6~30[kV]에 대한 허용전류 용량은 IEC 60502-2에 제시되어 있음으로 이를 정리하여 옮겨 싣는다. 0.6/1[kV] 케이블의 허용전류는 대한전선 자료를 참조하였다.

[표 6-6] XLPE절연 단심 0.6/1.0[kV]의 동도체 허용 전류(단위 ; A)

도체공칭 단면적 [mm^2]	기 중						직매설, 관로					
	1회선		2회선		3회선		1회선		2회선		3회선	
	수평	정3각	수평	정3각	수평	정3각	수평	정3각	수평	정3각	수평	정3각
1.5	23	19	22	18	20	18	32	31	26	25	22	21
2.5	32	26	31	25	28	25	44	42	35	34	31	29
4	43	35	41	33	37	33	57	55	46	44	40	38
6	55	44	52	42	47	42	71	68	57	55	49	47
10	76	61	72	58	65	58	95	91	75	73	66	63
16	101	82	96	78	87	78	122	117	97	94	84	80
25	141	114	133	108	121	108	159	152	126	121	110	104
35	172	138	162	131	147	131	190	181	150	145	131	124
50	211	170	197	160	181	160	225	214	178	171	156	147
70	271	218	255	207	232	207	276	263	219	210	192	181
95	338	273	317	260	290	260	332	315	264	252	231	217
120	396	321	374	305	340	305	378	358	301	287	264	247
150	459	372	434	353	395	353	425	401	339	323	298	278
185	536	434	507	412	462	412	482	454	386	366	340	316
240	647	523	612	497	558	497	562	526	451	426	398	367
300	754	607	713	575	651	575	636	592	512	481	454	415
400	893	716	846	680	773	680	729	672	589	548	524	474
500	1039	826	984	785	900	785	825	750	668	614	596	532
630	1215	956	1152	908	1056	908	939	840	765	691	684	600
800	1410	1093	1337	1038	1228	1038	1060	930	867	768	779	669
1000	1606	1226	1525	1165	1400	1165	1177	1012	967	839	872	733

도체 최고 허용 온도　　　　　　　　90[℃]
주위 대기 온도　　　　　　　　　　40[℃]
대지 온도　　　　　　　　　　　　25[℃]
포설 깊이　　　　　　　　　　　　0.5[m]
토양의 열 저항　　　　　　　　　　120[K.cmW]
관로의 열 저항　　　　　　　　　　120[K.cmW]

[표 6-7] XLPE절연 3심 0.6/1.0[kV]의 동도체 허용 전류(단위 A)

도체공칭 단면적 [mm^2]	비차폐						차폐					
	기중포설			직매, 직매관로			기중포설			직매, 직매관로		
	1회선	2회선	3회선	1회선	2회선	3회선	1회선	2회선	3회선	1회선	2회선	3회선
1.5	18	17	15	29	24	20	17	16	13	26	21	18
2.5	25	24	21	40	32	28	23	22	19	36	30	26
4	33	31	29	51	42	36	34	29	25	47	39	34
6	42	40	36	64	52	45	39	37	32	59	48	42
10	59	56	51	85	69	60	55	52	46	80	65	57
16	79	74	68	110	89	77	73	69	62	104	84	73
25	109	103	94	143	116	101	103	98	86	136	111	95
35	134	127	116	171	139	120	125	119	105	162	132	114
50	164	155	142	203	165	142	153	145	128	192	157	136
70	210	199	182	249	203	175	196	187	166	236	193	167
95	262	248	227	300	244	211	243	231	205	284	232	201
120	307	291	267	341	278	240	284	270	240	323	265	229
150	355	337	309	383	313	271	327	311	277	363	298	258
185	412	392	360	433	355	308	377	359	320	408	336	292
240	492	469	432	501	412	358	451	430	383	473	391	340
300	568	542	500	565	465	405	518	494	441	532	440	383
400	662	632	584	639	529	461	600	574	512	600	498	434

도체 최고 허용 온도　　　　　　　　90[℃]
주위 대기 온도　　　　　　　　　　40[℃]
대지 온도　　　　　　　　　　　　25[℃]
포설 깊이　　　　　　　　　　　　0.5[m]
토양의 열 저항　　　　　　　　　　120[K.cmW]
관로의 열 저항　　　　　　　　　　120[K.cmW]

[표 6-8] XLPE절연 3/6~18/30[kV]단심 동도체의허용 전류[A]

공칭단면적 [mm²]	직매설		관로		기중		
	정3각포설	수평포설 [S=2D$_e$]	정3각 배치	수평 [S=D$_e$]	정3각	수평 [S=D$_e$]	수평 [S=2D$_e$]
	A	A	A	A	A	A	A
16	109	113	103	104	125	128	150
25	140	144	132	133	163	167	196
35	166	172	157	159	198	203	238
50	196	203	186	188	238	243	286
70	239	246	227	229	296	303	356
95	285	293	271	274	361	369	434
120	323	332	308	311	417	426	500
150	361	366	343	347	473	481	559
185	406	410	387	391	543	550	637
240	469	470	447	453	641	647	745
300	526	524	504	510	735	739	846
400	590	572	564	571	845	837	938

도체 최고 허용 온도	90[℃]
주위 대기 온도	30[℃]
대지 온도	20[℃]
포설 깊이	0.8[m]
토양의 열 저항	1.5[K.mW]
관로의 열 저항	1.2[K.mW]

비고 : 전류용량은 6/10[kV] 케이블을 기준으로 한 계산임.

주) IEC60502-2 table B2

[표 6-9] XLPE 절연 3/6~18/30[kV] 3심 동도체의 허용 전류[A]

공칭단면적	비차폐			차폐		
	직매설	관로매설	기중	직매	관로	기중
[mm^2]	A	A	A	A	A	A
16	101	87	109	101	88	110
25	129	112	142	129	112	143
35	153	133	170	154	134	172
50	181	158	204	181	158	205
70	221	193	253	220	194	253
95	262	231	304	263	232	307
120	298	264	351	298	264	352
150	334	297	398	332	296	397
185	377	336	455	374	335	453
240	434	390	531	431	387	529
300	489	441	606	482	435	599
400	553	501	696	541	492	683

도체 최고 허용 온도	90[℃]
주위 대기 온도	30[℃]
대지 온도	20[℃]
포설 깊이	0.8[m]
토양의 열 저항	1.5[K.mW]
관로의 열 저항	1.2[K.mW]

비고 : 전류용량은 6/10[kV] 케이블을 기준으로 한 계산임.

주) IEC 60502-2 table B6

(3) 기준에 대한 보정계수

전류 용량 계산에 있어 IEC는 대기 기준 온도를 30[℃]로, 대지 기준 온도를 20[℃]로 하였음으로 실제와 다를 경우 온도에 대한 보정계수를 아래의 [표 6-10] 및 [표 6-11]에 또 직매설 깊이와 관로 매설 깊이를 0.8[m]로 하였으나 이와 다를 때 적용할 IEC 60502-2의 보정계수를 정리하여 다음의 [표 6-12] 및 [표 6-13]에, 또 토양의 열저항 기준에 대한 보정계수를 [표 6-14]~[표 6-17]에 각각 옮겨 싣는다.

[표 6-10] 대기온도 보정계수(30[℃] 기준)

도체 최고 온도[℃]	대기 온도[℃]							
	20	25	35	40	45	50	55	60
90	1.08	1.04	0.96	0.91	0.87	0.82	0.76	0.71

[표 6-11] 주위대지온도 보정계수.(20[℃]기준)

도체최고 온도[℃]	주위 대지 온도[℃]							
	10	15	25	30	35	40	45	50
90	1.07	1.04	0.96	0.93	0.89	0.85	0.80	0.76

[표 6-12] 매설 깊이에 대한 보정계수(0.8m기준)

매설 깊이 [m]	단심 케이블		3심 케이블
	공칭 도체 단면적 [mm^2]		
	<185mm^2	>185mm^2	
0.5	1.04	1.06	1.04
0.6	1.02	1.04	1.03
1	0.98	0.97	0.98
1.25	0.96	0.95	0.96
1.5	0.95	0.93	0.95
1.75	0.94	0.91	0.94
2	0.93	0.90	0.93
2.5	0.91	0.88	0.91
3	0.90	0.86	0.90

[표 6-13] 관로 매설 깊이에 대한 보정계수(0.8m기준)

매설 깊이 [m]	단심 케이블 공칭 도체 단면적 [mm²]		3심 케이블
	<185mm²	>185mm²	
0.5	1.04	1.05	1.03
0.6	1.02	1.03	1.02
1	0.98	0.97	0.99
1.25	0.96	0.95	0.97
1.5	0.95	0.93	0.96
1.75	0.94	0.92	0.95
2	0.93	0.91	0.94
2.5	0.91	0.89	0.93
3	0.90	0.86	0.92

[표 6-14] 토양의 열저항 보정계수(단심케이블 직매 시)

공칭도체 단면적 [mm²]	토양 열저항 값 [K.m/W]						
	0.7	0.8	0.9	1	2	2.5	3
16	1.29	1.24	1.19	1.15	0.89	0.82	0.75
25	1.30	1.25	1.20	1.16	0.89	0.81	0.75
35	1.30	1.25	1.21	1.16	0.89	0.81	0.75
50	1.32	1.26	1.21	1.16	0.89	0.81	0.74
70	1.33	1.27	1.22	1.17	0.89	0.81	0.74
95	1.34	1.28	1.22	1.18	0.89	0.80	0.74
120	1.34	1.28	1.22	1.18	0.88	0.80	0.74
150	1.35	1.28	1.23	1.18	0.88	0.80	0.74
185	1.35	1.29	1.23	1.18	0.88	0.80	0.74
240	1.36	1.29	1.23	1.18	0.88	0.80	0.73
300	1.36	1.30	1.24	1.19	0.88	0.80	0.73
400	1.37	1.30	1.24	1.19	0.88	0.79	0.73

[표 6-15] 토양의 열저항 보정계수(단심케이블 관로매설)

공칭도체 단면적 [mm^2]	토양 열저항 값 [K.m/W]						
	0.7	0.8	0.9	1	2	2.5	3
16	1.20	1.17	1.14	1.11	0.92	0.85	0.79
25	1.21	1.17	1.14	1.12	0.91	0.85	0.79
35	1.21	1.18	1.15	1.12	0.91	0.84	0.79
50	1.21	1.18	1.15	1.12	0.91	0.84	0.79
70	1.22	1.19	1.15	1.12	0.91	0.84	0.78
95	1.23	1.19	1.16	1.13	0.91	0.84	0.78
120	1.23	1.20	1.16	1.13	0.91	0.84	0.78
150	1.24	1.20	1.16	1.13	0.91	0.83	0.78
185	1.24	1.20	1.17	1.13	0.91	0.83	0.78
240	1.25	1.21	1.17	1.14	0.90	0.83	0.77
300	1.25	1.21	1.17	1.14	0.90	0.83	0.77
400	1.25	1.21	1.17	1.14	0.90	0.83	0.77

[표 6-16] 토양의 열저항 보정계수(3심 케이블 직매설)

공칭도체 단면적 [mm^2]	토양 열저항 값 [K.m/W]						
	0.7	0.8	0.9	1	2	2.5	3
16	1.23	1.19	1.16	1.13	0.91	0.84	0.78
25	1.24	1.20	1.16	1.13	0.91	0.84	0.78
35	1.25	1.21	1.17	1.13	0.91	0.83	0.78
50	1.25	1.21	1.17	1.14	0.91	0.83	0.77
70	1.26	1.21	1.18	1.14	0.90	0.83	0.77
95	1.26	1.22	1.18	1.14	0.90	0.83	0.77
120	1.26	1.22	1.18	1.14	0.90	0.83	0.77
150	1.27	1.22	1.18	1.15	0.90	0.83	0.77
185	1.27	1.23	1.18	1.15	0.90	0.83	0.77
240	1.28	1.23	1.19	1.15	0.90	0.83	0.77
300	1.28	1.23	1.19	1.15	0.90	0.82	0.77
400	1.28	1.23	1.19	1.15	0.90	0.82	0.76

[표 6-17] 토양의 열저항 보정계수(3심 케이블 관로 매설)

공칭도체 단면적 [mm^2]	토양 열저항 값 [K.m/W]						
	0.7	0.8	0.9	1	2	2.5	3
16	1.12	1.11	1.09	1.08	0.94	0.89	0.84
25	1.14	1.12	1.10	1.08	0.94	0.89	0.84
35	1.14	1.12	1.10	1.08	0.94	0.88	0.84
50	1.14	1.12	1.10	1.08	0.94	0.88	0.84
70	1.15	1.13	1.11	1.09	0.94	0.88	0.83
95	1.15	1.13	1.11	1.09	0.94	0.88	0.83
120	1.15	1.13	1.11	1.09	0.93	0.88	0.83
150	1.16	1.13	1.11	1.09	0.93	0.88	0.83
185	1.16	1.14	1.11	1.09	0.93	0.87	0.83
240	1.16	1.14	1.12	1.10	0.93	0.87	0.82
300	1.17	1.14	1.12	1.10	0.93	0.87	0.82
400	1.17	1.14	1.12	1.10	0.92	0.86	0.81

4) 설치 방법에 따른 저감계수

IEC 60502-2에 제시되어 있는 전류 저감계수는 다음과 같다.

① 기중에 가설된 다심케이블의 저감 계수

[표 6-18] 기중에 가설된 다심케이블의 저감 계수

설치 방법		트레이 수	케이블 수					
			1	2	3	4	6	9
펀칭형 (perforated) tray	(연접설치)	1	1.00	0.88	082	0.79	0.76	0.73
		2	1.00	0.87	0.80	0.77	0.73	0.68
		3	1.00	0.86	0.79	0.76	0.71	0.66
	(떼어설치)	1	1.00	1.00	0.98	0.95	0.91	-
		2	1.00	0.99	0.96	0.92	0.87	-
		3	1.00	0.98	0.95	0.91	0.85	-
수직 펀칭형 (perforated) tray	(연접설치)	1	1.00	0.88	0.82	0.78	0.73	0.72
		2	1.00	0.88	0.81	0.76	0.71	0.70
	(떼어설치)	1	1.00	0.91	0.89	0.88	0.87	-
		2	1.00	0.91	0.88	0.87	0.85	-
사다리 형 (ladder supports)	(연접설치)	1	1.00	0.87	0.82	0.80	0.79	0.78
		2	1.00	0.86	0.80	0.78	0.76	0.73
		3	1.00	0.85	0.79	0.76	0.73	0.70
	(떼어설치)	1	1.00	1.00	1.00	1.00	1.00	-
		2	1.00	0.99	0.98	0.97	0.96	-
		3	1.00	0.98	0.97	0.96	0.93	-

주1 : 케이블 종류와 도체 굵기는 고려되어 있음.
주2 : 위 계수는 케이블 1개 층에 선 간 간격이 없는 경우의 계수임.
주3 : 케이블 트레이 간 간격 300mm이상, 벽과의 간격은 200mm이상 이격될 것
주4 : 트레이 배면을 마주하고 있을 때 그 간격은 225mm 이상이어야 하며, 간격이 이보다 좁으면 계수를 감소하여 적용할 것

주) IEC60502-2 table b 22

② 기중에 가설된 케이블 저감 계수

[표 6-19] 저감계수(기중가설 시 단심 케이블)

설치 방법		트레이 수	3상회로의 수			정격에 대한 계수
			1	2	3	
펀칭형 (perforated) tray (주3)	(연접설치) Touching ≥20 mm	1 2 3	0.98 0.96 0.95	0.91 0.87 0.85	0.87 0.81 0.78	케이블 3조 수평포설
사다리형 (ladder supports) (주3)	(연접설치) Touching ≥20 mm	1 2 3	1.00 0.98 0.97	0.97 0.93 0.90	0.96 0.89 0.86	케이블 3조 수평포설
펀칭형 (perforated) tray (주3)	≥2D_e D_e ≥20 mm	1 2 3	1.00 0.97 0.96	0.98 0.93 0.92	0.96 0.89 0.86	
수직 펀칭형 (perforated) tray (주4)	≥225 mm (떼어설치) Spaced ≥2D_e D_e	1 2	1.00 1.00	0.91 0.90	0.89 0.86	케이블 3조 정3각 포설
사다리형 (ladder supports) (주3)	≥2D_e D_e ≥20 mm	1 2 3	1.00 0.97 0.96	1.00 0.95 0.94	1.00 0.93 0.90	

주 1 : 케이블 종류와 도체 굵기는 고려되어 있음.
    2 : 위 계수는 케이블 1개 층에 선 간 간격이 없는 경우의 계수임.
    3 : 케이블 트레이 간 간격 300mm이상 이격될 것.
    4 : 트레이 배면을 마주하고 있을 때 그 간격은 225mm이상이어야 하며, 간격이 이보다 좁으면 계수를 감소하여 적용할 것.
    5 : 상당 1상에 케이블 1조 이상인 경우, 각 3선을 1회로 적용함

주) IEC60502-2 table B 23

(5) 관내 배선 시의 저감계수

금속관 또는 합성 수지관 내 단심 전선을 배선하는 경우는 다음의 저감 계수를 곱한다.

[표 6-20] 관내에 포설 시의 저감 계수

관내의 전선 수	저감 계수
3 이하	1.00
4	0.9
5-6	0.8
7-15	0.7
16-40	0.6
41-60	0.55
61 이상	0.5

6. 케이블의 단락전류

3상 평형회로에서 단락 또는 지락사고가 발생했을 때 케이블에 흐르는 고장전류가 5초 이내일 경우 발열량은 모두 케이블 도체에 축적되고, 절연체에는 전달이 없다고 가정하고 단락 시 허용전류에 대하여 KS C IEC 60949, 미국의 ICEA-P32 및 일본의 JCS에는 각각 다음과 같이 계산하도록 규정하고 있다.

(1) IEC에 의한 계산

허용 단락전류를 I라고 할 때

$$I = \varepsilon \cdot I_{AD}$$

여기서 ε : 열손실 계수(=단열 계산 시=1)
I_{AD} : 단열시 단락전류(실효값)

로 되며 단열 상태의 온도 상승은

$$I_{AD}^2 \cdot t = K^2 \cdot S^2 \cdot \ln\left(\frac{\theta_f + \beta}{\theta_i + \beta}\right)$$

$$\therefore I_{AD} = K \cdot S \cdot \sqrt{\frac{1}{t} \cdot \ln\left(\frac{\theta_f + \beta}{\theta_i + \beta}\right)}$$

가 된다.

여기서   t : 단락 시간(초)

K : 도체에 따른 상수(As1/2/mm², 동 : 226, Al : 148)

S : 도체 단면적[mm²]

θ_f : 도체 최종 온도(=250[℃])

θ_i : 도체 초기 온도(=90[℃])

β : 0[℃]에서의 도체온도저항 계수의 역수
   (동=234.5, Aluminium=228)

σc : 20[℃]에서의 도체체적비열(J/K.m³)

$$K = \sqrt{\frac{\sigma_C(\beta+20)\times 10^{-12}}{\rho_{20}}}$$

로써 계수는 다음 표와 같다.

재 료	$K(As^{\frac{1}{2}}/mm^2)$	$\beta(K)$	$\sigma_c(J/K.m^3)$	$\rho_{20}(\Omega.m)$
동	226	234.5	3.45×10^6	1.7241×10^{-8}
알미니움	148	228	2.5×10^6	2.8264×10^{-8}

위의 식에서 가교 포리에칠렌 절연 케이블에 있어는 상수 K는

$$K = \sqrt{\frac{\sigma_C(\beta+20)\times 10^{-12}}{\rho_{20}}} = \sqrt{\frac{3.45\times 10^6 \times (234.5+20)\times 10^{-12}}{1.7241\times 10^{-8}}}$$

$$= 225.6692 \Rightarrow 226$$

따라서

$$I_{AD} = K \cdot S \cdot \sqrt{\frac{1}{t} \cdot \ln\left(\frac{\theta_f+\beta}{\theta_i+\beta}\right)}$$

$$= 225.67 \times \frac{S}{\sqrt{t}} \times \sqrt{\ln\left(\frac{250+234.5}{90+234.5}\right)}$$

$$= 142.874 \cdot \frac{S}{\sqrt{t}} \Rightarrow 143 \cdot \frac{S}{\sqrt{t}} \times 10^{-3} \text{ [kA]}$$

또 ε의 값은

$$\varepsilon = \sqrt{1+X \cdot \sqrt{\frac{t}{S}} + Y \cdot \left(\frac{t}{S}\right)}$$

으로 가교 포리에칠렌 절연인 경우 X=0.41, Y=0.12이다.

여기서 XLPE 케이블의 단면적을 S=325^{SQ}, 통전 시간 t=1sec일 때의 단락전류를 계산하여 보면

$$I_{AD} = K \cdot S \cdot \sqrt{\frac{1}{t} \cdot \ln\left(\frac{\theta_f + \beta}{\theta_i + \beta}\right)} = 225.67 \times 325 \times \sqrt{\ln\left(\frac{250 + 234.5}{90 + 234.5}\right)}$$

$$= 46434.066 \times 10^{-3} \fallingdotseq 46.43 [kA]$$

또,

$$\varepsilon = \sqrt{1 + X \cdot \sqrt{\frac{t}{S}} + Y \cdot \left(\frac{t}{S}\right)} = \sqrt{1 + 0.41 \times \sqrt{\frac{1}{325}} + 0.12 \times \frac{1}{325}}$$

$$= 1.0115$$

따라서 허용 단락전류 I는

$$I = 1.0115 \times 46434 = 46968 \Rightarrow 47.0 [kA]$$

가 된다. 이제 약식으로 계산하면

$$I_{AD} = 143 \times \frac{S}{\sqrt{t}} = 143 \times 325 = 46475 \Rightarrow 46.5 [kA]$$

여기서 $\varepsilon = 1.0115$이므로

$$I = 1.0115 \times 46.5 = 47.03 [kA]$$

으로 그 결과는 일치한다. 우리나라는 IEC 규격에 따라 전선을 제작하고 있음으로 단락전류계산에는 이 수식을 적용하고 있다. 케이블의 굵기는 통전시간의 제곱근에 반비례함으로 통전 시간이 짧은 것이 매우 중요하다. 통전 시간은 보호계전기와 차단기의 동작시간의 합계이므로 이 시간이 짧을수록 포설 케이블의 굵기도 가늘어져 투자비용이 감소한다는 것을 고려하여야 한다.

(2) ICEA 규격 및 JCS 규격에 의한 단락전류 계산

참고로 우리나라에서 적용했던 규격은 다음과 같은 것이 있었다.

① ICEA-P32에 의한 계산

ICEA의 규격은 미국 Insulated Cable Engineers Association에서 정한 규격으로 다음 식을 제시하고 있다.

$$I_S = \sqrt{\frac{0.05 \cdot \text{Log}_e \frac{T_2 + 234.5}{T_1 + 234.5}}{t}} \times S = 0.141 \times \frac{S}{\sqrt{t}} \quad [kA]$$

여기서 T_1 : 단락전의 도체온도 90[℃]

T_2 : 단락시의 도체온도 250[℃]

로 계산한다. 이제 XLPE 케이블 단면적을 S=325SQ, t=1sec일 때 단락전류 I_s는

$$I_S = 0.141 \times \frac{S}{\sqrt{t}} = 0.141 \times 325 = 45.83 [kA]$$ 가 된다.

② JCS에 의한 계산

일본규격인 JCS에서는 단락전류 I는 다음 식에 의하여 계산한다.

$$I = \sqrt{\frac{JQ_C \cdot A}{\alpha r_1 \cdot t} \cdot \ln \frac{\frac{1}{\alpha} - 20 + T_{s2}}{\frac{1}{\alpha} - 20 + T_{s1}}} \quad [A]$$

여기서 Q_C : 도체의 단위체적당 열용량[cal/K.cm³]

동 0.81, Al 0.59

A : 도체의 단면적[mm²]

α : 20[℃]에 있어서의 도체의 온도 저항계수

동 0.00393,   Al 0.00403

J : 4.2[W.sec/cal]

r_1 : 20[℃]에서의 도체저항[Ω/cm]=0.01724[Ω/cm]

T_{S1} : 단락 전의 도체 온도[℃]

T_{S2} : 단락시의 도체 온도[℃]

이제 동도체인 XLPE 케이블의 경우에는 TS1=90[℃], TS1=230[℃]이므로

$$I = \sqrt{\frac{4.2 \times 0.81}{0.00393 \times 0.01724} \times \frac{A^2}{t} \times \ln \frac{254.45 - 20 + 230}{254.45 - 20 + 90}}$$

$$= 134.2 \cdot \frac{A}{\sqrt{t}} \fallingdotseq 134 \cdot \frac{A}{\sqrt{t}} \quad [A]$$

로 계산된다. 따라서 A=325mm², t=1sec인 경우를 계산하여 보면

$$I = 134 \times 325 \times 10^{-3} = 43.6 [kA]$$

가 되어 IEC, ICEA-P32에 의한 계산 결과값과 비교하여 보면 세 가지 계산값 중에서 가장 작다. 이는 단락 시 허용 온도를 230[℃]로 한데 있다. 만일 JCS의 허용온도를 250[℃]로 하면 그 값은 같아진다.

또 JCS의 전류 단위를 [kA]로 하면 JCS의 단락전류 계산식에서 계수는

$$\frac{J \cdot Q_C}{\alpha \cdot r_1} \times 10^{-6} = \frac{4.2 \times 0.81 \times 10^{-6}}{0.00393 \times 0.01724} = 0.0502$$

가 되므로 ICEA-P32의 단락전류계산식은 JCS와 같은 것을 알 수 있다.

 이상의 계산에 의하면 전선의 단면적은 사고 시 전선의 통전시간, 즉 계전기 동작시간과 차단기의 동작시간을 합한 시간의 제곱근에 반비례하는 것을 알 수 있다. 차단기의 차단시간은 대체로 5Hz로 0.0833초이며, Digital 계전기인 경우 순시 동작시간은 0.03초로 계통 고장을 제거하는데 소요되는 최단시간은 0.1133초 정도이므로 XLPE 케이블의 동도체인 경우 1㎟당 대체로 $\frac{143}{\sqrt{0.1133}} = 425$[A]를 감당할 수 있는 것으로 계산되나 케이블의 안전을 고려하여 케이블 제작자는 후비보호까지의 시간을 감안하여야 한다고 조언하고 있다. 사고 계속시간에 따라 케이블의 굵기가 달라짐으로 투자비용에 큰 차이가 생긴다.

6-2. 전력 케이블의 경년열화

케이블의 열화요인은 전압, 기계적, 열적 스트레스, 보이드, 돌기, 이물질 등이 있다. 이러한 원인이 단독 또는 복합된 형태로 열화를 일으키며 열화형태로써는 부분방전, 전기 Tree, 수 Tree 등을 들 수 있다.

1. 열화의 원인

(1) 전기적 원인

- 상시 운전전압이나 과전압, 서지전압 등에 의해서 부분방전, 전기 Tree, 수 Tree, 화학 Tree 등이 발생하여 케이블을 열화시킨다.
- 전기적, 화학적 원인 또는 수분에 의해서 절연체 내에서 또는 절연체와 도체의 계면에서 절연이 파괴되기 시작하여 이것이 진행되어 나뭇가지 모양으로 절연이 파괴되어 가는데 이런 현상을 Tree라고 한다.
- 돌출부분이 있거나 계면이 완전히 접착되지 않은 부분이 있으면 그 부분에서부터 부분방전이 발생하여 쉽게 트리로 진행되어 간다.

(2) 열적 원인

케이블의 절연물을 구성하는 고분자 재료는 장시간 고온에 노출되면 이상온도 상승, 열 신축, 열 사이클 등에 의해서 열적으로 연화되어 버리거나 기계적인 손상 및 변형을 일으켜 전기적 요인과 복합작용으로 열화가 일어나며, 또한 열에 의해 재질 자체가 화학적으로 변화하기도 한다. 이러한 현상을 열적 열화라 한다.

(3) 화학적 원인

기름, 화학약품, 토양 중에 함유된 각종 화학물질 등에 의해서 케이블의 절연 외피를 부식시키거나 화학반응으로 변질시키며 이들 화학물질이 절연층을 투과하여 도체에 닿으면 화학 트리를 일으켜서 케이블의 절연을 열화시킨다.

(4) 기계적 원인

기계적 압력이나 인장, 충격 또는 외상에 의해서 케이블이 기계적으로 손상·변경되어 전기적 원인과의 복합작용으로 열화하며 보호피복의 손상으로 침수되어 절연이 파괴되기도 한다.

(5) 생물적 원인

개미나 쥐, 벌레 등이 케이블의 외피나 절연층을 갉아먹는 원인으로 케이블이 손상되기도 한다.

2. 열화의 진행

(1) 열적 열화

① 열 열화

전력 케이블이 과열되면 절연체가 산화하게 되고, 화학적 분해에 의한 이온반응 생성물이 절연물의 절연 성능을 저하시킨다.

② 금속 차폐층 피로단선

전력 케이블이 과열되어 열 신축에 의한 금속 차폐층의 피로가 쌓이게 되면 금속 차폐층이 단선에 이르게 되고, 금속 차폐층 단선부가 발열하여 탄화되게 되며, 진전하면 전력 케이블의 절연 파괴로 이어진다.

(2) 흡수 열화

전력 케이블의 방식층이 손상을 입으면 수분이 침투하여 절연체에 수 트리를 발생시키고 금속 차폐층을 부식시킨다.

① 수 트리 열화

전력 케이블에 수분이 침투하게 되면 절연물에 수 트리가 발생하고, 수 트리가 진전되어 절연체를 관통하게 되면서 전력 케이블의 절연이 파괴된다.

② 금속 차폐층 부식파괴

전력 케이블에 수분이 침투하게 되면 금속 차폐층이 부식되어 단선에 이르게 되고, 금속 차폐층 단선부가 발열하여 탄화되어 진전되면 전력 케이블의 절연 파괴로 이어진다.

(3) 전기적 열화

전력 케이블의 절연물 내부에 돌기나, 보이드가 존재하게 되면 국부적인 고전계로 인한 부분방전이 발생하여 절연체가 침식되게 되며 진전하면 절연 파괴로 이어진다.

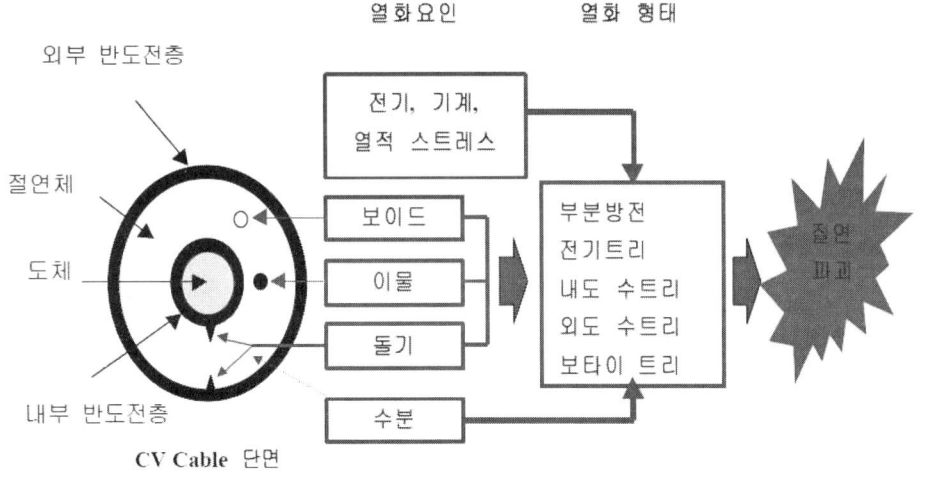

[그림 6-11] 케이블 절연 열화 요인 및 열화 형태

[표 6-21] 열화요소에 의한 케이블의 열화 Process 및 신호

열화의 종류	고장 Mode	열화 Process	열화 신호
열적 열화	금속피로 (차폐층)	과열 → 열 신축에 의한 금속 피로 → 파괴 단선 → 파괴 단선부 발열 → 파괴 단선부 열, 노화, 탄화 → 절연 파괴	차폐층 저항 증가
	열 열화 (절연체)	과열 → 산화, 분해 → 반응 생성물 이온 → 절연 성능 저하	절연 저항 저하
흡수열화 (방식층 외상침투)	수 Tree 열화 (절연체)	수분침투 → 수 Tree 발생 진전 → 절연체 관통 → 절연 파괴	절연 저항 저하
	부식파괴 (금속 차폐층)	수분침투 → 차폐층 부식 손상 → 강도 저하 → 파괴 단선 → 파괴 단선부 발열 → 파괴 단선부 열, 노화, 탄화 → 절연 파괴	차폐층 저항증가
전기적 열화 (Void, 돌기)	전기 Tree 열화 (절연체)	국부 고전계 → 부분방전 → 절연체 침식 → 절연 파괴	절연 저항 저하

3. 열화의 형태

(1) 수 트리(Water Tree)

Tree현상이란 고체 절연물 속에서 발생하는 나뭇가지 모양의 방전 흔적을 남기는 절연 열화 현상이다. 수 트리는 고분자 절연 재료가 장시간에 걸쳐 물이 공존하는 상태에서 전계에 노출되었을 때 발생하는 현상이며, 이는 전기에너지에 의해 발생하는 Micro-Crack이 절연체 내를 전파해 나가는 현상이다.

수 트리는 XLPE 절연 케이블의 수명에 가장 직접적인 영향을 미치는 현상이다. 물론 최종적인 케이블의 절연 파괴는 전기 트리에 의해 발생되나 절연 파괴가 일어나는 근본적인 원인은 대부분이 수 트리이다.

케이블 절연체 내의 잔류수분이 가압 운전상태에서 이온화되고 이 이온에 전계가 가해져 진동하게 된다. 그 결과 절연체에 가해지는 물리적 힘으로 미세한 갭이 만들어지고, 그 갭에 수분이 표면장력으로 계속 스며들게 되어 점차 성장·발전하게 된다.

① 케이블 내 수분 형성 원인
- 케이블 제조과정에서의 유입
- 가교제의 2차 반응 : CV 케이블의 경우 폴리에틸렌 절연체를 가교할 때 고온의 증기를 이용하는 습식 가교방법을 사용하는 경우 절연체의 내부에 잔류 수분이 남게 된다. 최근에는 건식 가교방법을 사용함으로써 이를 해결하고 있다.
- 사용 중 외부로부터의 유입 : 전력 케이블의 단말 처리가 잘못되어 케이블 내부의 온도변화에 따른 호흡 작용 시 외기의 수분이 케이블 심선을 통하여 장기간 침적되는 경우가 많이 발생한다. 또한 전력 케이블의 포설 장소에 수분이 많은 경우 장기간 외부피복을 통하여 수분이 침적될 수 있다.

② 수 트리의 특성
- 물과 전계가 존재하는 곳에서 발생한다.
- 절연 재료 내의 오염물(이온)이나, 보이드, 또는 절연층과 반도전층 계면의 돌기 등과 같은 결함에 의해 발생한다.
- 수분이 없어지면 사라지고 수분이 있으면 다시 보인다.
- 전기 트리가 발생하는 전계보다 낮은 전계(6[kV/mm] 이하)에서도 발생한다.
- 성장속도는 전기 Tree보다 상당히 늦으나 수 트리가 발생한 이후 2차적으로 전기 트리로 진행된다.

- 직류에서는 발생하기 어렵고 교류에서 발생하기 쉽다. 또한 고주파에서 촉진된다.
- 측정 가능한 부분방전 없이도 성장 가능하다.
- 수 트리 발생부는 기계적인 왜형이 생긴다.

③ 수 트리의 종류
- Vented Tree

    트리의 시발점이 절연체의 내부 및 외부 반도전층의 계면이고 계면의 돌기나 불순물의 접촉에 의해 방향성이 있는 트리가 부채꼴로 나타난다.

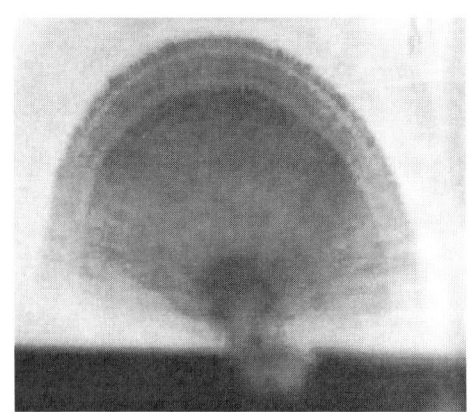

[그림 6-12] Vented Tree

- Bow-Tie Tree

    절연체의 내부에 있는 금속입자와 같은 불순물로부터 양방향으로 진행되어 나비넥타이 형태로 성장한다.

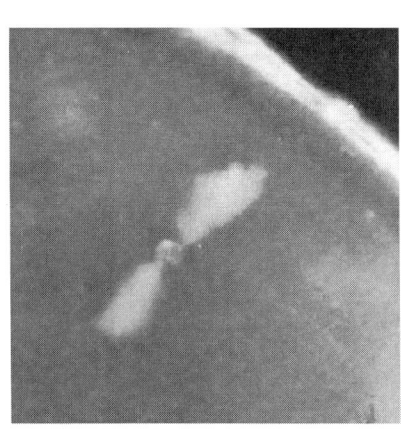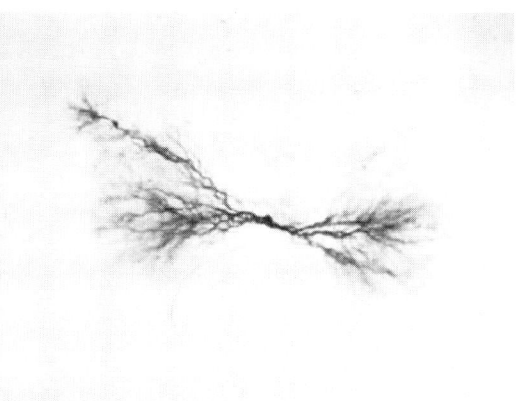

[그림 6-13] Bow-Tie Tree

- Water-Rich Halo

  부하변동 등에 의한 온도변화로 인하여 케이블 내에 물 띠를 형성하는 현상이다.

(2) 전기 트리(Electrical Tree)

전기 트리는 내부 및 외부 반도전층의 돌기 또는 케이블 절연체 내의 금속 이물질 등에서 국부적인 전계 집중($300[MV/m]$ 이상)에 의하여 발생하며 나뭇가지 형태로 진전되며, 전기 트리의 진전에 따라 전계가 점차 증가하여 결국에는 절연 파괴에 이르는 치명적인 열화형태이다.

6-3. 직류 진단법

※전력기술인 "고압 및 특고압 전력케이블의 절연 진단 및 유지보수 관리방법" 인용, 참고함.

1. 절연 저항의 측정

① 절연 저항계 법

1,000[V] 2,000[MΩ] 및 500[V] 100[MΩ] 절연 저항계를 이용하여 다음 각 부의 절연 저항을 측정하고 매 측정 시 마다 그 측정값을 기록하여 지속적인 절연 저항의 추이를 관리하여야 한다.

- 각 상과 대지 간
- 각 상 상호 간
- 각 상과 쉴드 간

[표 6-22] 절연 저항측정 평가기준

시험법	인가전압	열화판정 기준
절연 저항법	DC 100~2,000[V]	양호 : 2000MΩ 이상 요주의 : 1000~2000MΩ 불량 : 1000MΩ 이하

(2) 절연 내력시험

전기설비기술기준의 판단기준 제13조에 따른 절연 내력시험을 실시한다.

[표 6-23] 전로 별 절연 내력시험 전압

전 로 의 종 류	시 험 전 압
1. 최대사용전압 7kV 이하인 전로	최대사용전압의 1.5배의 전압
2. 최대사용전압 7kV 초과 25kV 이하인 중성점 접지식 전로(중성선을 가지는 것으로써 그 중성선을 다중접지 하는 것에 한한다)	최대사용전압의 0.92배의 전압
3. 최대사용전압 7kV 초과 60kV 이하인 전로(2란의 것을 제외한다)	최대사용전압의 1.25배의 전압 (10,500 V 미만으로 되는 경우는 10,500 V)
4. 최대사용전압 60kV 초과 중성점 비접지식 전로(전위 변성기를 사용하여 접지하는 것을 포함한다)	최대사용전압의 1.25배의 전압

5. 최대사용전압 60kV 초과 중성점 접지식 전로(전위 변성기를 사용하여 접지하는 것 및 6란과 7란의 것을 제외한다)	최대사용전압의 1.1배의 전압 (75kV 미만으로 되는 경우에는 75kV)
6. 최대사용전압이 60kV 초과 중성점 직접 접지식 전로(7란의 것을 제외한다)	최대사용전압의 0.72배의 전압
7. 최대사용전압이 170kV 초과 중성점 직접 접지식 전로로써 그 중성점이 직접 접지되어 있는 발전소 또는 변전소 혹은 이에 준하는 장소에 시설하는 것.	최대사용전압의 0.64배의 전압
8. 최대사용전압이 60kV를 초과하는 정류기에 접속되고 있는 전로	교류 측 및 직류 고전압 측에 접속되고 있는 전로는 교류 측의 최대사용전압의 1.1배의 직류전압
	직류 측 중성선 또는 귀선이 되는 전로는 아래에 규정하는 계산식에 의하여 구한 값

※ 직류 측 중성선 또는 귀선이 되는 전로의 절연 내력시험 전압은 다음과 같이 계산한다.

$$E = V \times \frac{1}{\sqrt{2}} \times 0.5 \times 1.2$$

E : 교류 시험 전압(V를 단위로 한다)
V : 역변환기의 전류(轉流) 실패 시 중성선 또는 귀선이 되는 전로에 나타나는 교류성 이상전압의 파고 값(V를 단위로 한다). 다만, 전선에 케이블을 사용하는 경우 시험전압은 E의 2배의 직류전압으로 한다.

2. 직류 누설전류법

절연물에 직류고전압을 인가하여 검출되는 누설전류 크기 및 전류의 시간변화를 측정하여 절연 특성을 조사하는 시험이다. 절연 열화가 현저하게 크지 않으면 누설전류의 절대값이 작게 나타나며, 누설전류의 절대값이 크고, 시간 경과에 따라 전류가 증가하거나 Kick 현상이 발견될 때에는 Cable의 열화 가능성이 높은 것으로 판정할 수 있다.

반복 실시할 경우 잔류전압에 의해 Cable 손상의 우려가 있으므로 충분히 방전한 후 잔류전압을 측정하여 영향이 없는지를 확인하여야 한다.

[표 6-24] 직류 누설전류법 판정기준(한전기준)

시험법	Cable	인가전압	열화판정 기준
직류 누설전류법	22.9[kV] CNCV	DC 30[kV]	양호 : 10[μA/km] 이하 요주의 : 11~50[μA/km] 불량 : 51[μA/km] 이상

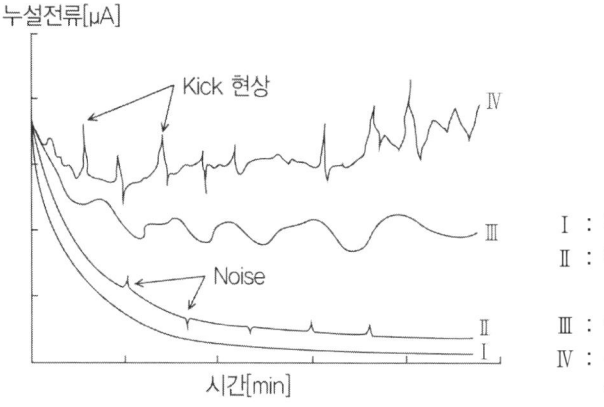

[그림 6-14] 누설전류-시간특성 예

(3) 전위 감쇄법

Cable에 소정의 직류전압을 인가하여 1분간 유지한 후 Switch를 개방하면 케이블에 충전된 전하는 케이블의 절연 저항을 통하여 방전된다. 케이블의 절연 저항이 양호한 경우에는 방전에 장시간을 필요로 하지만 케이블의 절연 열화 등으로 절연 저항이 저하된 경우 단시간에 방전된다. 인가전압으로부터 소정의 판정 전압까지 저하되는 데 필요한 시간을 계측하여 측정된 시간을 설정된 방전시간(판정기준)과 비교하여 열화 정도를 판정한다.

이 방법은 전원 개방 후 케이블에 남아있는 전압을 측정하는 방법으로 측정 시 전원이 분리되어 있는 상태이기 때문에 전원 전압 변동의 영향을 받지 않는다.

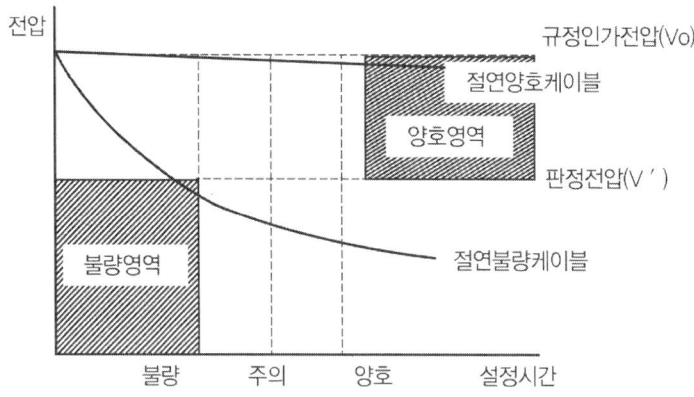

[그림 6-15] 전위 감쇄법의 측정 그래프

[표 6-25] 전위 감쇄법에 의한 판정기준 예(전압 기준)

Cable	Size[㎟]	양호	주의	불량
22.9[kV] CNCV	60	6.2[kV]이상	0.9~6.2[kV]	0.9[kV]이하
	200	7.3[kV]이상	2.1~7.3[kV]	2.1[kV]이하
	325	7.7[kV]이상	2.7~7.7[kV]	2.7[kV]이하

※ 판정 설정시간 동안 감쇄되는 전압을 측정

[표 6-26] 전위 감쇄법에 의한 판정기준 예(시간 기준)

전압[kV]	인가전압[kV]	판정전압[kV]	Cable	양호	주의	불량
3.3	3.0	2.5	CV	186	140	93
6.6	5.0	3.0	CV	520	390	260

※ 판정 전압까지 감쇄되는데 걸리는 시간을 측정

4. 잔류 전압법(회복 전압법)

Cable에 직류전압을 인가한 후, 도체를 일단 접지한 다음 다시 개방하면 시간 경과에 따라 어느 정도의 전압이 도체에 회복된다. 이 전압을 잔류 전압 또는 회복 전압이라 부르며, 이 잔류 전압의 크기로 Cable의 열화 정도를 판정한다.

잔류 전압법은 측정값이 수~수 십[V]의 전압이기 때문에 외부잡음의 영향을 받지 않는다는 이점이 있지만 전압 측정에 고 입력 임피던스($10^{15}[\Omega]$ 이상)의 전위계를 사용하기 때문에 케이블의 단말부에 흡습 또는 오손 등이 발생하여 있는 경우 발생하는 표면누설전류가 측정에 영향을 미치기 쉽다.

5. 잔류 전하법

잔류 전하법은 잔류 전압법에 있어서 회복전압으로써 측정하고 있는 절연체 내의 잔류전하를 교류전압을 이용하여 외부회로의 전류(교류방출전류 IdAC)로 추출하고, 교류방출전류의 시간 적분량[$Q_1 = \int IdAC(t) \cdot dt$, 잔류전하]을 사용하여 열화진단을 시행하는 방법이다.

잔류 전하법은 직류전원과 교류전원이 모두 필요하다는 문제가 있지만 특성 값이 비교적 크기 때문에 외부잡음의 영향을 받기 어렵다는 점과 $\tan\delta$ 등과 다르게 특성값이 열화되지 않은 부분의 특성보다는 열화부분의 특성에 의해 결정되기 때문에 국부적인 열화의 진단에 효과적이라는 장점이 있다.

직류전압을 일정시간 동안 인가(전하주입)한 후 초기 방전전류가 최소가 되어 어느 정도 일정값에 도달할 때까지 도체를 접지(역 흡수전하 방출)한다. 초기방전 전류가 감쇄된 후, 교류전압을 일정 비율로 승압하면서 인가하여 잔류전하 및 교류방출전류를 측정한다.

6. 역 흡수전류 측정법

[그림 6-12]에서와 같이 수 트리 열화 XLPE 케이블은 열화가 되지 않은 케이블에 비해 큰 흡수전류가 관찰된다. 이 원인은 수 트리 열화부분에서의 공간전하 분극현상 가운데 완화시간이 긴 분극현상이 포함되어 발생한다고 추정하고 있다.

역 흡수전류 측정법은 이 특성을 이용한 절연 측정법으로써 측정에 의해 얻어지는 특성값은 $\tan\delta$ 와 같은 형태로써 케이블 전체 길이의 평균적인 열화특성을 나타내는 것이지만 직류 100[V]~1[kV] 정도의 낮은 전압의 소용량 전원으로도 측정이 가능하기 때문에 측정장치의 자동화가 쉽고, 측정 시 인명에 대한 위험성이 낮다는 장점을 가지고 있다. 또한, 역 흡수전류의 측정값은 $10^{-9} \sim 10^{-8}$[A]정도의 미세전류이기 때문에 특별히 외부로부터의 외란 유입을 충분히 고려해야 한다.

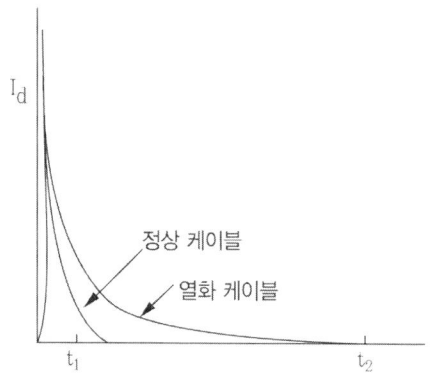

[그림 6-16] 수 트리 열화 케이블의 역 흡수전류 특성

7. 직류 성분법

3.3~6.6kV 고압 케이블의 활선상태 수 트리 검출기법으로 개발된 방법이며, 수 트리가 발생한 절연체는 교류전압인가 시 흐르는 정전용량 전류에 불평형 직

류성분이 포함되어 이 직류성분을 측정함으로써 열화 정도를 알 수 있다.

이 방법은 운전 중인 케이블 선로의 접지선을 분리할 필요가 있으므로 특고압 선로에는 적용 시 주의가 필요하며, 직류 성분전류의 크기는 미약하므로 시스의 절연 저항값이 낮으면 미주전류의 영향을 받기 쉬워 잘못 측정될 우려가 있으므로 미주전류와 직류 성분전류의 판별이 필요하다.

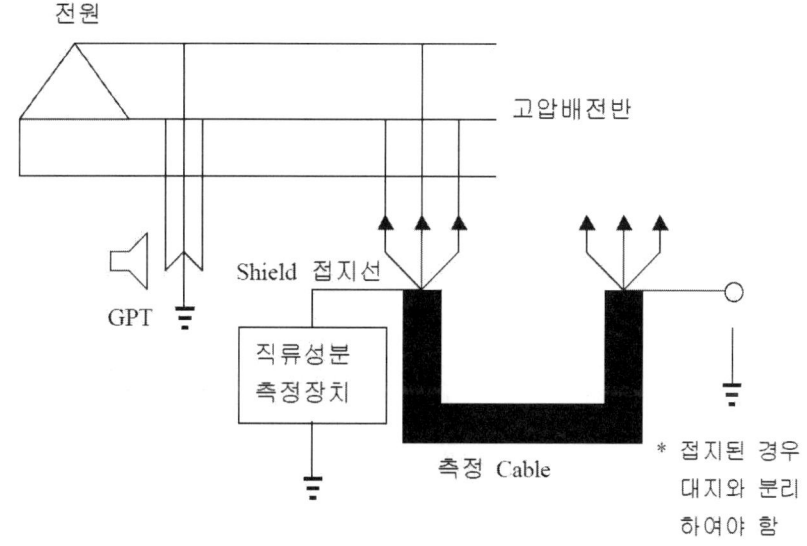

[그림 6-17] 직류 성분법 측정회로

[표 6-27] 직류 성분법의 판정기준 예

판정	직류성분[nA]	재 측정주기
불량	100 이상	조기교체필요
주의	10~100	1년 이내
	1~10	3년 이내
양호	1 미만	5~7년 주기
판정유보	시스 절연 저항이 1[MΩ] 이하로 방식층의 불량 부위를 수리 후 재 측정	

8. 직류 전압 중첩법

GPT 또는 접지 변압기의 1차 측 중성점을 통하여 고압 모선에 직류 50[V]를 중첩시키고 활선상태에서 전력 케이블의 도체와 차폐층 간에 흐르는 직류 누설 전류를 측정하여 절연 저항을 산출하는 방법으로 3상 회로의 중성점을 통하여 직류를 중첩시키는 설비가 필요하다.

직류 누설전류법에 의해 측정된 절연 저항값과 비교적 좋은 상관관계를 가지고 있으나 미주전류가 변동하고 있는 경우 측정 오차가 크게 되는 경우가 있으므로 주의하여야 한다.

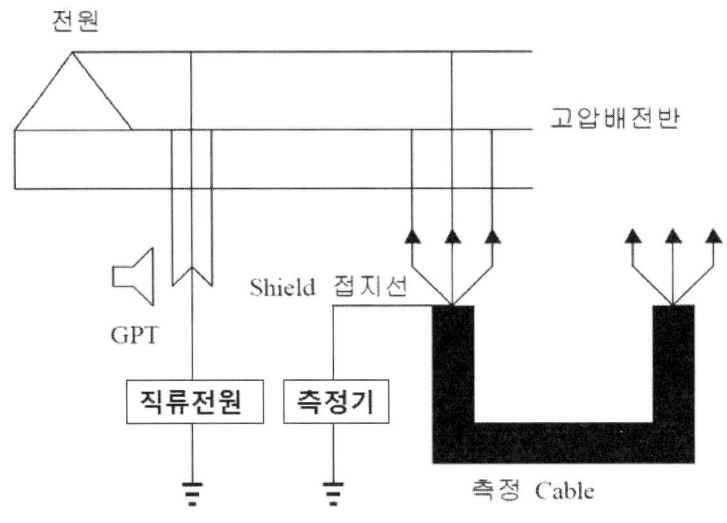

[그림 6-18] 직류 중첩법 측정회로

[표 6-28] 직류 전압 중첩법 판정기준

측정대상	측정값[MΩ]	평가	조치
본체 절연 저항	1000 이상	양호	계속 사용
	100~1000	경주의	계속 사용
	10~100	중주의	교체준비 계속 사용
	10 미만	엄중주의	케이블 교체
방식층 절연 저항	1 이상	양호	계속 사용
	1 미만	불량	수리 후 계속 사용

6-4. 교류 진단법

1. 유전정접(tanδ) 측정법

① tanδ 의 측정

전력 케이블의 유전정접은 tanδ =1/ω CR로 표현되며, 수 트리 열화 등으로 인하여 절연 저항 R이 감소함으로써 누설전류가 증가하는 경향을 보인다. 측정대상 케이블이 접지회로를 분리할 수 있는 경우에는 Schering Bridge 회로, 접지를 분리하지 못하는 경우에는 역 Schering Bridge를 사용하여 측정한다.

$$\tan\delta = \frac{I_R}{I_C} = \frac{true\,power}{reactive\,power} = \frac{\frac{V^2}{R}}{V^2\omega C} = \frac{1}{\omega CR}$$

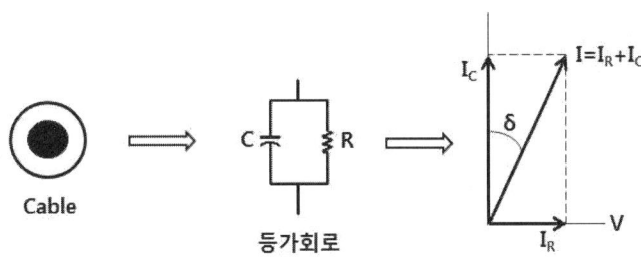

[그림 6-19] tanδ 의 정의

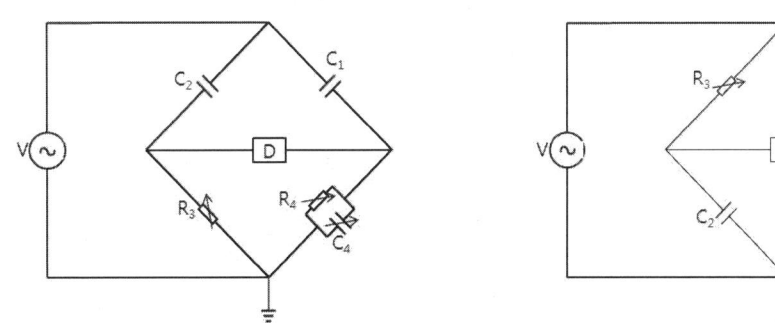

Schering bridge 　　　　　　역 Schering bridge

V : 전원　　D : 평형검출장치
R₃, R₄, C₄ : 브릿지 조정소자
C₁ : 표준콘덴서　　C₂ : 측정대상 Cable

[그림 6-20] tanδ 의 측정의 기본회로

(2) VLF(Very Low Frequency) tanδ 의 측정

60[Hz] 상용주파를 사용하여 tanδ 를 측정할 경우, 실험실 환경에서는 정밀한 고전압 AC 전원이 구비되어 있으므로 휘스톤 브리지를 사용하여 측정하는 데 무리가 없지만, 현장 측정에 있어서는 정전용량이 큰 케이블의 경우 충전 전류가 대단히 커지므로 시험장비가 그만큼 커야 하고, 이러한 대형 장비 운반·취급 시에도 상당한 어려움이 따른다. 이와 같은 단점을 보완하고 측정의 신뢰도를 높이기 위하여 60[Hz] 상용주파 전원 대신 DC의 영향이 거의 없는 0.1[Hz] VLF(Very Low Frequency) 전원을 이용하는 방법이다.

(3) 유전정접(tanδ) 측정법의 유의사항

① tanδ 의 실측값은 흡수, 수 트리 진전에 따른 절연체 자체에서의 tanδ 증가와, 시스 침수에 수반하는 차폐 동 테이프의 부식 및 외부 반도전층의 저항 증가에 의한 Tanδ 증가의 복합값으로 표현되므로 주의가 필요하다.
② tanδ 는 케이블의 열화가 평균화되어 표현되므로 국부적인 열화가 발생하여도 케이블 길이가 길게 되면 Tanδ 는 작은 값으로 된다. 따라서, 전력 케이블의 전체적인 절연 열화의 진단에는 유효하나 국부적인 열화를 진단하기에는 무리가 있으므로, 판정기준의 결정에는 주의가 필요하고 케이블 길이에 대한 보정도 제안되고 있다.
③ 외부전자계에 의한 유도 영향을 받아 오차가 크다는 문제점이 있다. 케이블 길이가 작을 때는 큰 문제가 없지만, 실제 포설 현장의 케이블은 길게 포설되어 있으므로 어느 부분에서 외부자계와 쇄교하게 되면 유도전류가 측정회로에 유입되어 오차를 크게 만들고 이 영향을 제거하는 것이 그리 쉽지 않다.
④ 전력케이블과 같이 정전용량이 큰 시험대상을 측정하기 위해서는 교류 전원용량이 커야 한다.

[표 6-29] tanδ 의 측정의 판정기준 예(IEEE 400_2001)

tanδ at $2.0V_0$	Differential of tanδ tanδ at $2.0V_0$-tanδ at $1.0V_0$	Assessment
Less than 1.2×10^{-3}	Less than 0.6×10^{-3}	Good
Greater than or = 1.2×10^{-3}	Greater than or = 0.6×10^{-3}	Aged
Greater than or = 2.2×10^{-3}	Greater than or = 1.0×10^{-3}	Highly degraded

NOTE ; It has been found that copolymer dielectric materials such as TR-XLPE or silicon fluid-treated insulations exhibit different tanδ characteristics ; therefore, other criteria are valid

[표 6-30] tanδ 의 측정의 판정기준 예(한전)

ptanδ (1.0 U₀)	Δ tanδ (1.5 U₀ - 0.5 U₀)	판 정	조치사항
1.0×10^{-3} 이하	0.5×10^{-3} 이하	정상	진단주기 4년
$1.0 \sim 2.0 \times 10^{-3}$	$0.5 \sim 1.0 \times 10^{-3}$	요주의	비수밀형 : 절연 보강 수밀형 : 진단주기 2년
2.0×10^{-3} 이상	$1.0 \sim 2.0 \times 10^{-3}$	불량	교체 (접속단위 구간 재측정)

NOTE : TR-XLPE 또는 실리콘액이 주입된 코폴리머 절연체는 tanδ 특성이 위와 다른 것으로 판명되어 다른 판정기준이 필요하다.

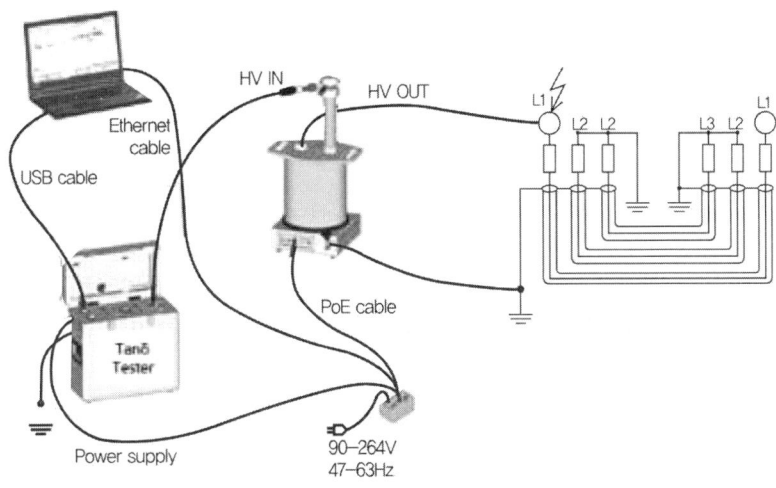

[그림 6-21] Cable tanδ 측정의 예

2. 부분방전 측정법

수 십~수 백[KHz]의 저주파 대역에서의 부분방전 측정은 노이즈에 대한 차폐가 잘된 실험실에서는 문제가 없으나, 외부 노이즈가 심한 현장에서는 노이즈에 부분방전 파형이 가려져 정확한 측정이 불가능하다. 일반적으로 저주파 대역에서의 부분방전 측정 시 가장 문제가 되는 노이즈는 방송파 노이즈로 수 백[KHz]의 대역에 존재한다. 따라서 부분방전 측정에 사용하는 주파수를 수 십[MHz] 이상의 고주파 대역을 사용하는 일반적인 노이즈와 구분하기 위하여 HFPD(High Frequency Partial Discharge) 측정법이 요구되었다.

부분방전 측정에 사용되는 주파수가 고주파 대역으로 가면 갈수록 노이즈의 영향은 감소하지만 부분방전의 신호 역시 감소하므로 적정한 주파수대역의 선정이 중요하다.

전력 케이블에서의 부분방전 측정은 부분방전 신호의 전파 감쇠특성, 반사특성, 노이즈에 따른 문제 등을 종합적으로 검토하면 부분방전 측정센서를 한 곳의 장소에 설치하여 검출하는 것 보다 부분방전이 발생하기 쉬운 단말부, 접속부 등에서 가까운 지점에 부분방전 측정센서를 설치하여 측정하는 것이 바람직하다.

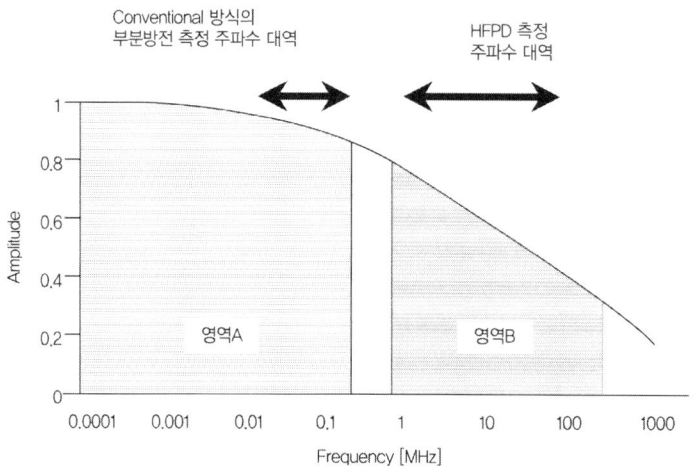

[그림 6-22] 외부 노이즈와 부분방전 주파수 스펙트럼의 예

(1) 측정방법

전력 케이블에서 발생하는 부분방전을 측정하는 방법은 활선 상태의 전력 케이블에 센서를 설치하고 부분방전을 측정하는 활선 부분방전 측정과, 정전 상태의 전력 케이블의 양단을 분리하고 전력 케이블에 전원을 인가한 후 측정 센서를 설치하여 부분방전을 측정하는 Off-Line 부분방전 진단으로 구분할 수 있다.

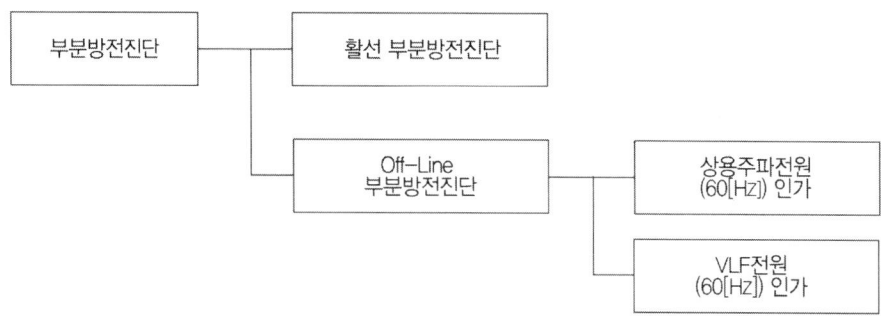

[그림 6-23] 전력 케이블 부분방전진단 종류

VLF PD(Very Low Frequency Partial Discharge) 측정법은 부분방전 측정을 위하여 현장에서 사용할 전원으로 0.1[Hz] VLF 전원을 사용하는 방법이다. 일반적으로 VLF tanδ 측정시스템과 전원을 공동으로 사용하게 되므로 하나의 전원으로 tanδ 측정과 내전압 시험, 부분방전의 측정 등 3가지를 동시에 해결할 수 있는 방법이다. [그림 6-24]의 Off-Line 부분방전 측정회로에서 고전압을 공급하는 부분만 VLF 전원을 사용하는 것이며, 나머지는 상용주파 Off-Line 부분방전 진단과 동일하다고 볼 수 있다.

VLF 전원은 DC에 가까운 전원이므로 부분방전의 발생 특성이 상용주파수 60[Hz]에서의 특성과 다르다고 보고되고 있으며, 특히 VLF 전원에서의 부분방전 개시전압이 상용주파수에서의 개시전압보다 2배 정도 높은 것으로 알려져 있다.

VLF 전원을 사용하여 XLPE 케이블의 PD를 측정할 때의 유의사항은 계통전압의 2배 이하에서 측정해야 하며, 보통 1.75배 이하까지만 사용한다. VLF 전원은 높은 전압을 사용할 경우 케이블에 위험을 초래할 수 있기 때문에 절대로 정격전압의 3배 이상의 전압을 사용해서는 안 된다.

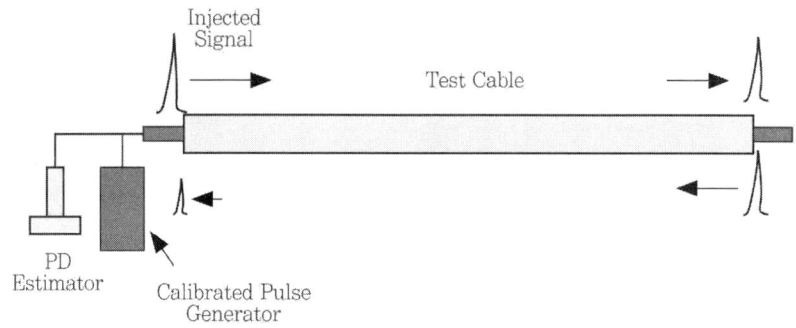

[그림 6-24] Off-Line 부분방전 진단

(2) 측정센서

HFPD 측정을 위한 센서기술은 신호의 검출 원리와 설치되는 센서의 위치에 따라 다음과 같이 분류하며, 이들 HFPD 측정용 센서들의 적용은 기본적으로 케이블 Shield의 구조(Wire Shield Type, AL 또는 연피), 접속재 종류, 설치 위치, 선로 계통, 현장 설치여건 등의 여러 가지 조건에 따라 선택된다.

① 정전 용량성 센서
  (a) 동축 케이블 센서(CCS ; Coaxial Cable Sensor)
    동축 케이블 센서는 케이블의 반도전층에 금속 포일을 설치하고, 반도전층의 표면저항을 측정 임피던스로 이용하여 부분방전을 측정하는 센서이다. 이 센서는 케이블 및 접속함의 결함부에서 발생하는 부분방전에 의해서 생기는 미소전압 강하신호를 반도전층의 표면저항 R과 적절한 정전용량을 가지는 박전극의 Ccable과 표류정전용량 Cstray에 의하여 센서의 특성이 결정된다.

동축 케이블 센서의 부분방전 측정 주파수대역은 전력 케이블의 고주파 감쇄 특성으로 Low Pass Filter 역할을 하는 케이블의 주파수 영역과, 또한 센서부의 정전용량 Ccable과 표류정전용량 Cstray 및 반도전층 표면저항에 의하여 High Pass Filter 역할을 하게 되는 센서 주파수 영역에 의하여 결정된다.

동축 케이블 센서를 설치할 때 주의하여야 할 사항은, 측정 동축 케이블의 신호선과 접지선의 리더선이 긴 경우, 리더선에 의한 인덕턴스로 인하여 측정감도가 감소하므로 리더선을 최대한 줄이는 것이 바람직하며, 또한 동축 케이블의 신호선과 접지선의 Loop는 외부 노이즈를 수신하게 되는 안테나 역할을 하므로 가능한 한 이러한 Loop가 적게 되도록 하는 것이 바람직하다.

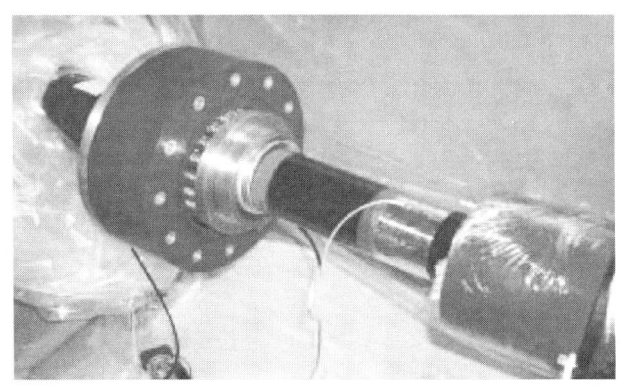

[그림 6-25] 동축 케이블 센서

(b) 박전극 센서(Capacitive Sensor)

박전극 센서의 측정주파수대역은 수백 MHz 대역까지 광대역에서 적용 가능한 대표적인 용량성 센서이다. 절연 접속함(Insulation Joint Box)의 PVC 자켓 위에 부착하는 형태의 정전용량성 센서의 일종이다. 박전극 센서는 우선 설치가 간단하며, 접속함의 전기적·기계적 성능에 영향을 주지 않는다는 장점이 있다. 그러나 이러한 박전극 타입은 동축케이블 센서에 비하여 조금 감도가 떨어질 수 있다.

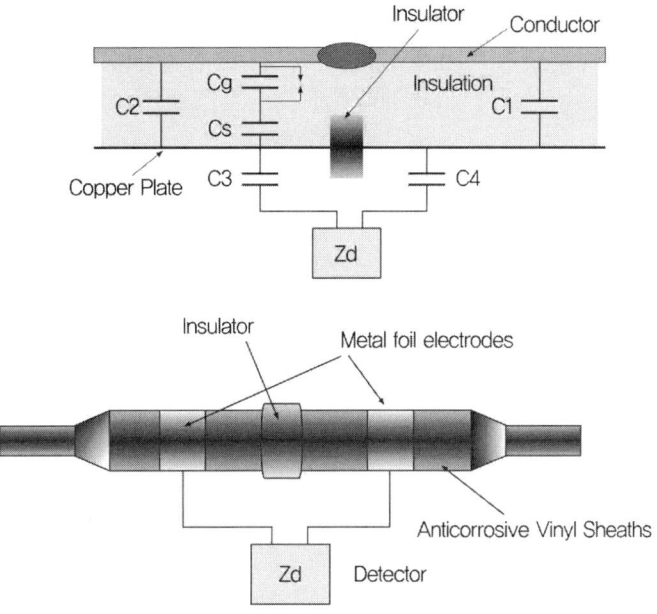

[그림 6-26] 박전극 센서

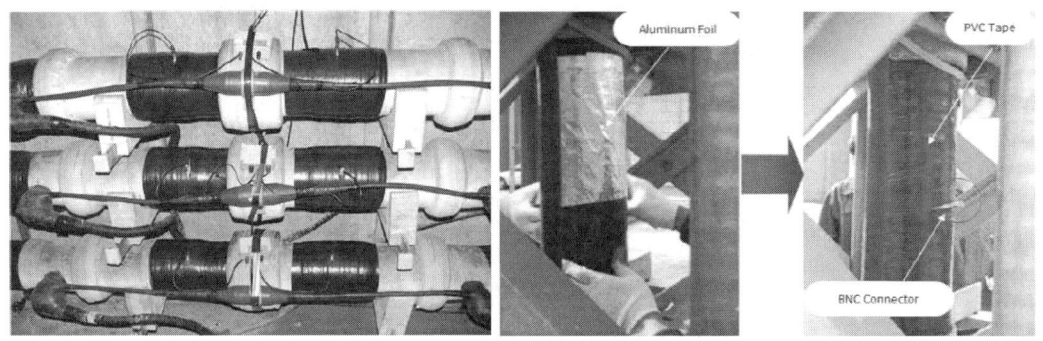

[그림 6-27] 박전극 센서의 설치

② 유도성 센서(Inductive Sensor)

케이블 내에서 부분방전이 발생하면 [그림 6-28]과 같이 PD펄스는 도체와 시스를 따라 진행한다. 시스를 타고 진행하는 부분방전 신호에 의해 발생하는 미세한 자기장의 변화를 측정하기 위해 사용되는 것이 유도성 센서이다. 일반적으로 라디오 주파수대역의 전류 신호를 전압으로 변화시켜주기 위해 페라이트 같은 강자성체를 이용하는 RFCT(Radio Frequency CT)와 로고스키 코일(Rogowski Coil)이 가장 많이 사용된다. RFCT는 출력 크기가 크고, 감도가 높으며, 로고스키 코일은 변환 임피던스 값이 크지 않기 때문에 주파수대역폭이

좁고, 감도가 낮다. 현장에서 운전 중인 케이블의 경우 접지를 통해 흐르는 전류 형태의 부분방전 신호를 측정하기 위해 접속함의 접지선에 장착된다.

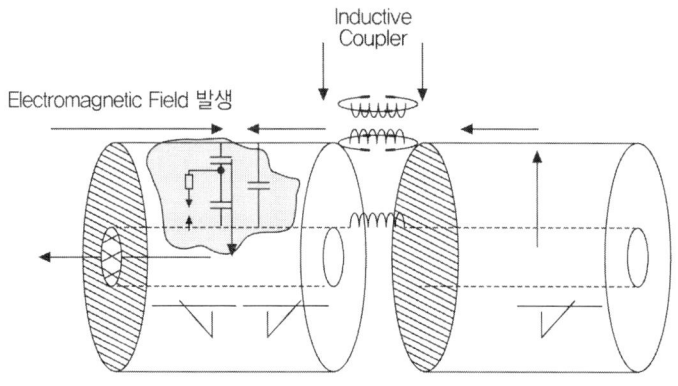

[그림 6-28] 케이블에서 부분방전의 진행과 유도성 센서의 적용

[그림 6-29] RFCT 센서의 설치

③ 방향성 센서

정전용량성 센서와 유도성 센서의 특성을 모두 지니고 있는 방향성 센서는 측정되는 신호가 유도성 신호의 극성이 전류의 진행 방향과 함께 바뀌기 때문에 방향성 센서라고 한다. 두 개의 방향성 센서를 접속함의 양쪽에 설치하면 측정된 신호가 접속함 내부에서 발생된 것인지 아니면 접속함 외부의 좌측 혹은 우측 방향에서 발생된 것인지를 알 수 있으며, 따라서 외부에서 유입되는 노이즈의 판별이 가능하다. 그리고, 넓은 주파수대역폭을 가진 방향성 센서는 접속함 내에서 발생된 결함의 위치를 시간차 계산을 통해 찾을 수 있다.

[그림 6-30]은 방향성 센서에서 측정된 펄스의 시간차와 크기를 판별하여

부분방전 발생 위치를 나타내는 그림이다. 예를 들어 접속함 내부에서 부분방전이 발생하면 각각 좌측과 우측으로 펄스가 진행하여 센서 B, C에서 먼저 검출되고 약간의 시간차를 가지고 A, D에서 검출된다. 그림에서는 B가 C보다 먼저 검출되어 부분방전의 발생은 접속함의 좌측 B에서 가까운 곳에서 발생하였음을 알 수 있다. 그러나 전력 케이블에서 부분방전 펄스의 진행 속도가 대략 0.17m/ns임을 감안하면 A와 B, C와 D에서 검출 되는 신호의 차는 극히 짧기 때문에 초고속 신호 처리 기술이 필요하다.

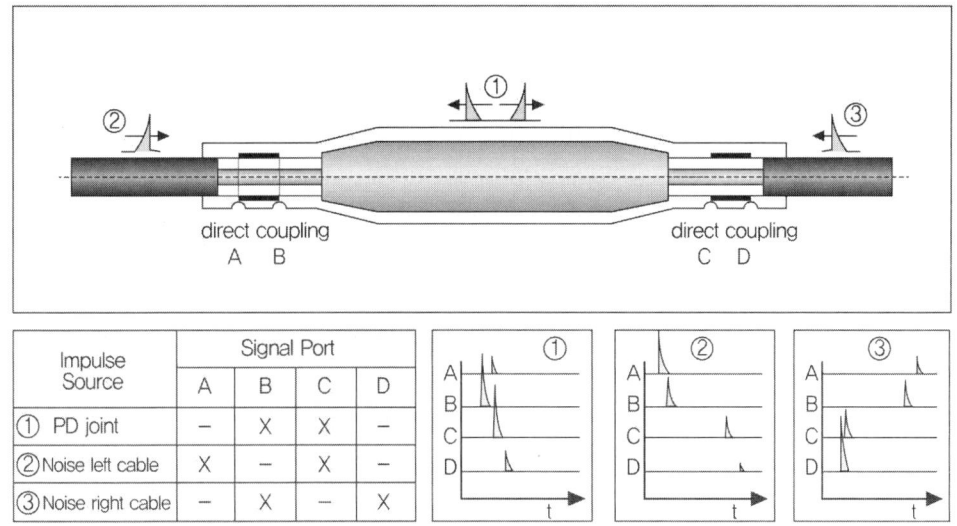

[그림 6-30] 방향성 센서를 이용하여 접속함 내부 PD와 외부 유입신호 판별

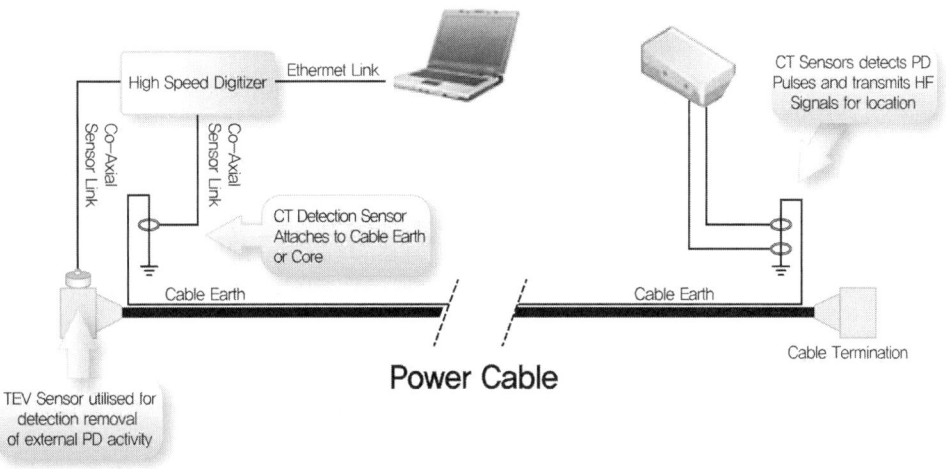

[그림 6-31] Cable 부분방전 측정의 예

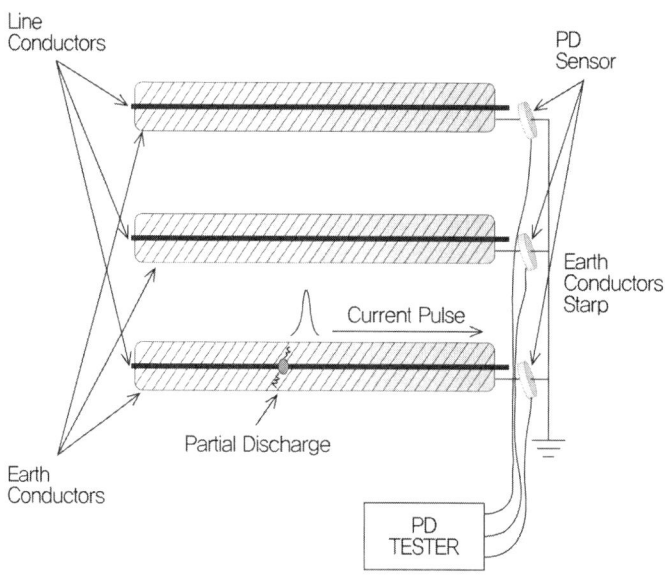

[그림 6-32] Cable 부분방전 측정의 예

[표 6-31] Cable 부분방전 측정의 판정기준 예(해외)

평가	A	B	C
허용한계 이내	0~250pc	0~250pc	0~500pc
모니터링 필요	250~350pc	250~350pc	500~1,000pc
정기적인 모니터링 필요	350~500pc	350~500pc	1,000~2,500pc
케이블 교체 검토	500pc 이상	500pc 이상	2,500pc 이상

[표 6-32] Cable 부분방전 측정의 판정기준 예(한전)

단 계	부분방전량[pC]			
	TMJ	PMJ	EBG	EBA
정상	1 → 10	1 → 10	1 → 10	1 → 20
주의	10 → 30	10 → 100	10 → 300	20 → 300
요주의	30 → 100	100 → 300	300 → 1000	300 → 1000
이상	100 이상	300 이상	1000 이상	1000 이상

| 전력시설물진단기술 |

Chapter_7
전동기 진단

전력설비 용량의 증가와 기술의 진보에 따라 터빈 발전기, 수차 발전기, 대형 전동기 등의 회전기가 대용량화 · 고전압화 · 소형화 · 경량화 됨에 따라 절연 고장 예방을 위한 절연 진단이 중요시되고 있다. 이들 회전기의 전기적 고장의 대부분은 권선의 소손이며, 절연체 중에서 가장 중요한 부분은 고정자인 전기자 권선이다. 이러한 회전기 고정자의 절연 고장은 복구하는데 오랜 시간이 요구되므로, 회전기의 예측진단에 따른 정비와 더불어 고장을 미연에 발견하고 불시 정지에 따른 파급을 막기 위해서는 상시 감시가 요구된다.

7-1. 전동기 개요

1. 전동기 원리

전동기는 전기에너지를 기계적 운동 에너지로 바꾸어 주는 기기를 말하며, 자기장 속에 도체를 자기장과 직각으로 두고 여기에 전류를 흘리면 자기장에도 직각으로 전자기적인 힘이 발생하는 현상을 이용한 것이다.

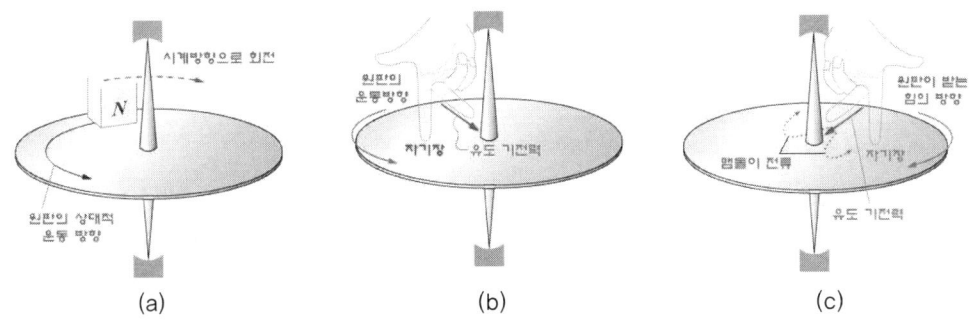

[그림 7-1] 유도 전동기의 회전 원리

유도 전동기의 회전 원리는 아르고(Arago)의 원판의 실험에서 발전하였다. [그림 7-1]과 같이 (a) 회전 가능한 도체 원판 위에서 자석의 N극을 시계 방향으로 회전시키면 상대적으로 원판은 자기장 사이를 반시계 방향으로 움직이는 것과 같고, 따라서 (b) 플레밍의 오른손 법칙에 따라 원판의 중심으로 향하는 기전력이 유도된다. (c) 기전력에 의한 맴돌이 전류가 흐르고, 이 전류에 의해 플레밍의 왼손 법칙에 따라 원판은 전자기력을 받아 시계 방향으로 회전한다. 즉, 원판은 자석이 회전하는 방향과 같은 방향으로 움직이며, 이 때, 원판은 자석보다는 빨리 회전할 수는 없다. 또한, 원판이 자석과 같은 속도로 회전한다면 원판이 자석의 자기장을 쇄교할 수(자를 수) 없으므로 원판은 반드시 자석보다 늦게 회전한다. 자석을 회전시키는 대신에 3상 교류로 회전자기장을 만들어 주면, 같은 원리로 원판은 회전한다.

2. 3상 회전자계의 발생

(1) 전동기의 권선

전동기의 실제 결선 형태는 [그림 7-2]와 같으며, 이에 따른 3상 전동기 각 극의 배치는 [그림 7-3]과 같으며, 전류에 비례하는 자속이 발생하게 되고, 플레밍의 왼손법칙에 따라 전동기의 회전방향이 결정된다.

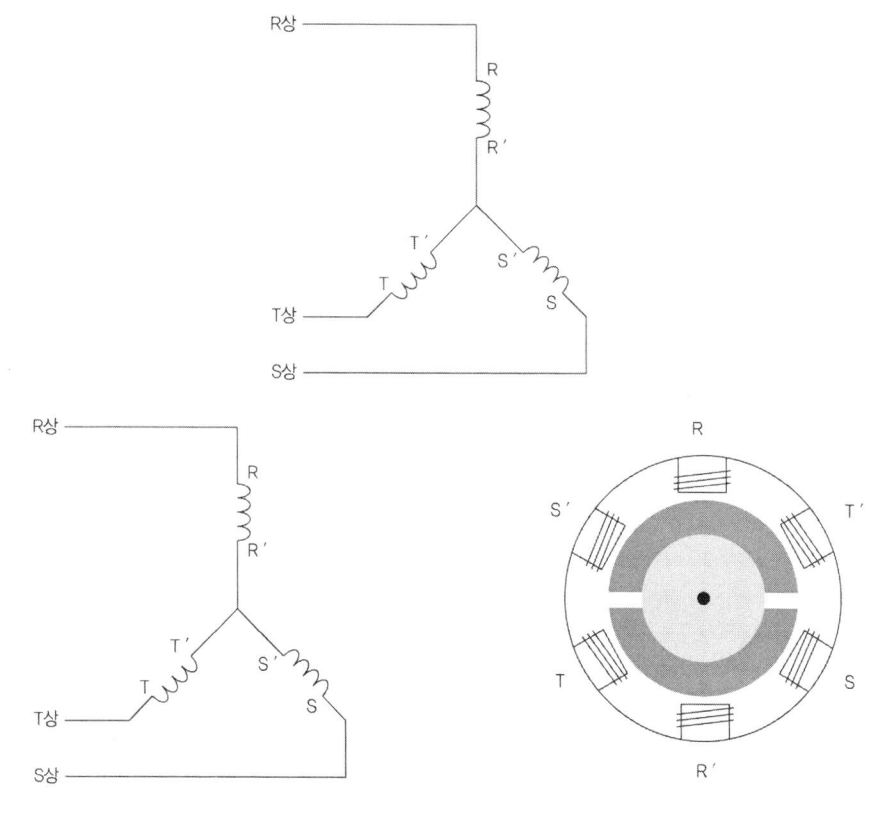

[그림 7-2] 전동기의 실제 권선형태   [그림 7-3] 전동기 각 극의 배치

(2) 3상 교류 성분

3상 교류의 전압 전류의 각 상은 120°의 위상 차이를 가지므로 3상 교류의 크기는 다음과 같이 표기할 수 있다.

① 전압의 크기

$$V_R = V_m \sin\omega t$$
$$V_S = V_m \sin(\omega t - 120°)$$
$$V_T = V_m \sin(\omega t - 240°)$$

② 전류의 크기

$$I_R = I_m \sin\omega t$$
$$I_S = I_m \sin(\omega t - 120°)$$
$$I_T = I_m \sin(\omega t - 240°)$$

또한, 전류에 의한 자계의 크기는 다음과 같이 표시할 수 있다.

③ 자계의 크기

$$H_R = H_m \sin\omega t$$
$$H_S = H_m \sin(\omega t - 120°)$$
$$H_T = H_m \sin(\omega t - 240°)$$

(3) 3상 회전자계의 발생

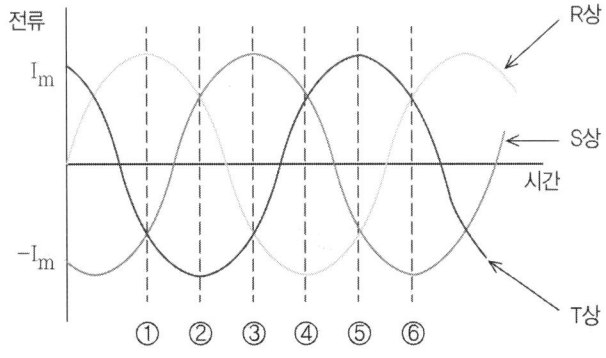

[그림 7-4] 3상 교류 전류파형

① [그림 7-4]의 ①번 축에서의 전류 벡터를 살펴보면

$$I_R = I_m$$

$$I_S = I_T = -\frac{1}{2}I_m$$ 이고, 이에 비례하는 자계의 벡터는

$$H_R = H_m$$

$$H_S = H_T = -\frac{1}{2}H_m \text{ 이다.}$$

이를 도시하면 [그림 7-5]와 같다.

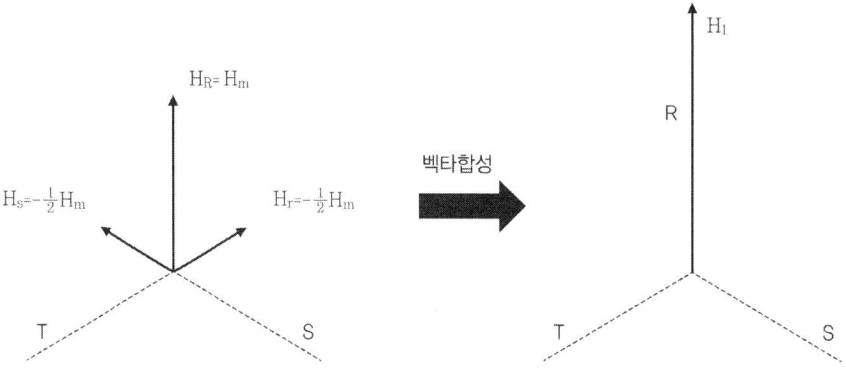

[그림 7-5] ①번 축에서의 자계의 벡터

② ②번 축에서의 전류의 경우에는

$$I_R = I_S = \frac{1}{2}I_m$$

$I_T = -I_m$ 이고, 이에 비례하는 자계의 벡터는

$$I_R = I_S = \frac{1}{2}I_m$$

$I_T = -I_m$ 이다.

이를 도시하면 [그림 7-6]과 같다.

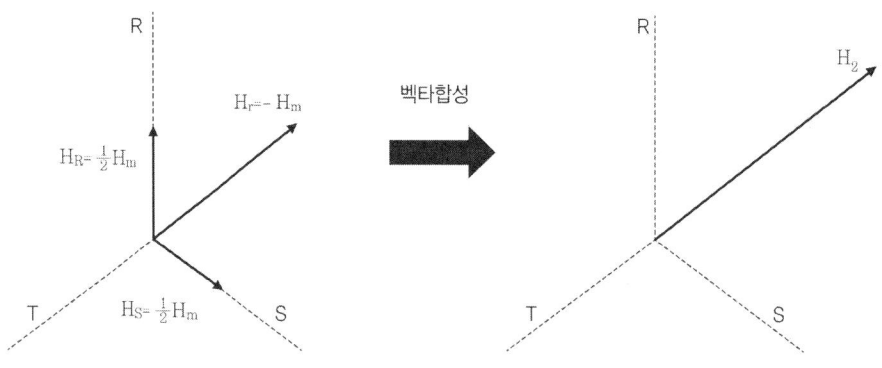

[그림 7-6] ②번 축에서의 자계의 벡터

③ 이를 ①∼⑥까지 계속 반복하면 [그림 7-7]과 같이 3상 교류의 파형의 변화에 따라 회전 자계가 발생하는 것을 알 수 있다.

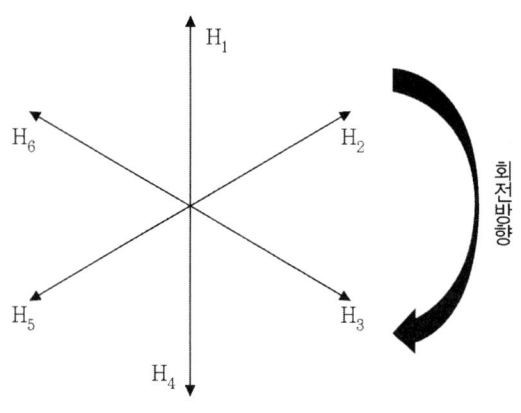

[그림 7-7] 3상 회전자계의 발생

3. 전동기 특성

(1) 동기속도(Synchronous Speed)

동기속도는 교류를 전원으로 하는 회전기(전동기와 발전기)에 있어서 자계에 교류 전류를 인가할 때, 고정자에 생기는 회전 자계의 회전속도를 말한다. 전동기의 극수는 N과 S를 1조로하여 2의 배수이고, 전동기의 회전속도는 극수와 주파수에 의해 다음과 같이 나타나며, 1분당 회전수(rpm)로 표시한다.

$$동기속도 = \frac{주파수}{\frac{극수}{2}} \times 60 = \frac{120 \times 주파수}{극수} [rpm]$$

[표 7-1]은 극수와 주파수에 다른 동기속도를 나타낸 것이다.

[표 7-1] 동기속도표

(단위 : rpm)

극수(P)	50Hz	60Hz
2	3000	3600
4	1500	1800
6	1000	1200
8	750	900
10	600	720
12	500	600
16	375	450
20	300	360

(2) 슬립(Slip)

유도전동기는 고정자에서 생기는 회전자계의 속도, 즉 동기속도에 따라 회전자가 회전하지만 전동기를 실제로 운전할 때는 그 회전은 동기 속도보다는 약간 늦어진다. 만일 전동기의 회전이 회전 자계와 동일한 속도였다고 하면, 회전자는 자속을 끊지 못하게 되어 회전자 도체와 쇄교하는 자속의 시간당 변화량은 0이 되므로 회전력이 발생되지 않는다. 그러므로, 회전자가 자기 스스로 토크를 발생하기 위해서는 반드시 회전자계보다 속도가 늦어야만 한다. 이때의 회전자 회전수가 동기속도보다 늦어지는 비율을 슬립(Slip)이라 하고 다음과 같은 식으로 표시된다.

$$S = \frac{N_S - N}{N_S}, \text{또는} N = N_S(1-S)$$

여기서,
  S : 슬립(Slip)
  N_S : 동기속도
  N : 회전자의 속도

따라서, 슬립은 0<S<1의 범위여야 하고, 무부하에서는 거의 0에 가까우며, 정격부하에서는 2~8%이다. 또한, 부하 측 출력이 커지면 슬립이 커진다.

(3) 토크(Torque)

전동기의 토크는 회전자를 회전시키는 힘으로, 그 회전수에 따라 다르고 전동기의 종류에 따라서도 다르다. 토크는 전동기의 속도가 증가하는 데에 따라 크게 되고 토크가 최대가 된 후에는 급격히 감소하여 동기 속도가 되었을 때, 즉 s=0이 되었을 때 토크는 0이 된다. 회전수가 n(rpm)이고, 출력이 P(W)인 전동기의 토크(T)를 수식으로 나타내면 다음과 같다.

$$T = \frac{60}{2\pi} \times \frac{P}{n} = 9.55 \frac{P}{n} [N \cdot m] = \frac{P}{1.026 n} [kg \cdot m]$$

[그림 7-8]은 3상 유도전동기의 속도-회전력 곡선(Speed-Torque Curve ; S-T Curve)으로, 전동기가 회전을 시작하여 정격속도를 지나 동기속도에 이르기까지의 각 회전수에서의 회전력을 표시한다.

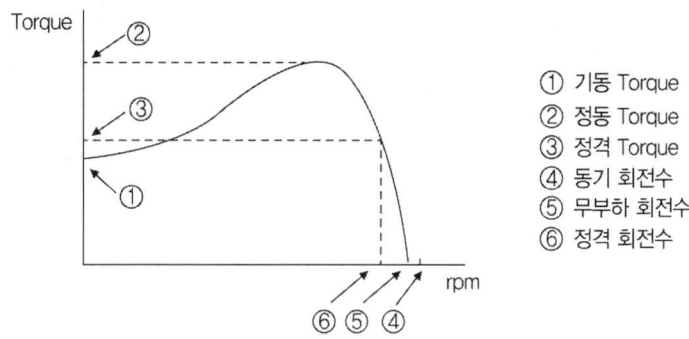

[그림 7-8] 3상 유도전동기의 속도-회전력 곡선

① 기동 토크(Starting Torque)

　전동기가 기동할 때 발생하는 회전력으로 회전자 구속 회전력(Locked Rotor Torque)이라고도 하며, 기동 토크보다 큰 부하 회전력이 요구될 경우 전동기는 기동할 수 없게 된다.

② 정동 토크(Stalling Torque)

　전동기가 낼 수 있는 회전력의 최댓값으로 탈출 회전력(Pull-Out Torque)라고도 하며, 동기속도의 80~90%에서 발생한다. 운전 중 최대 회전력 이상의 부하가 인가되면, 전동기는 정지하든가 기동과 가속을 반복하는 사이클링(Cycling) 현상을 일으켜 운전할 수 없게 된다.

③ 정격 토크(Rated Torque)

　전동기의 정격속도에서의 회전력으로 전부하 회전력(Full-Load Torque)이라고도 한다.

④ 가속 토크(Accelerating Torque)

　각 회전수에서의 전동기 회전력과 부하에 필요한 회전력의 차를 말하며, 가속토크가 크면 기동도 빨라진다. 전동기의 회전력과 부하의 회전력이 일치하면 가속토크는 0이 되어, 전동기는 일정한 속도로 회전한다.

(4) 전압 및 주파수의 영향

　전압과 주파수의 변동은 전동기의 특성에 영향을 미치며, 일반적으로 최대 전압변동 ±10%, 최대 주파수변동 ±5% 이내로써 두 변동백분율의 합이 10% 이하인 경우에는 실용상 사용에 지장이 없는 것으로 알려져 있다. [표 7-2]는 전압 및 주파수의 변동이 전동기의 특성에 미치는 영향을 설명하고 있다.

[표 7-2] 전압 및 주파수 변동이 전동기 특성에 미치는 영향

구 분	주파수일정 전압 변동	전압일정 주파수 변동
동기속도	변화 없음	비례
무부하 전류	2~3제곱에 비례	2~3제곱에 반비례
무부하 손	2~3제곱에 비례	2~3제곱에 반비례
정격전류	전압이 감소하면 증가	
기동전류	비례	대략 반비례
최대출력	2제곱에 비례	대략 2제곱보다 크게 반비례
최대토크	2제곱에 비례	대략 2제곱에 반비례
기동토크	2제곱에 비례	대략 2제곱에 반비례
효율	전압이 감소하면 저하	대략 비례
역률	전압이 증가하면 저하	대략 비례
슬립	2제곱에 반비례	비례
온도상승	약간의 전압 상승에는 크게 변하지 않으나 대폭적인 전압상승이나 저전압에서는 증가	출력이 일정한 경우, 주파수가 상승하면 온도상승은 저하

4. 전동기의 구조

(1) 프레임(Stator Frame)

고정자 틀(Stator Frame)은 고정자 철심을 지지하는 전동기의 가장 바깥쪽 부분으로써 소형에서는 주철을, 대형에서는 압연 강판을 사용한다. 모양은 용도와 냉각 방식에 따라서 조금씩 다르다.

(2) 고정자 철심(Stator Core)

고정자 철심(Stator Core)은 규소 강판을 성층하여 사용한다. 홈(Slot)은 저압 전동기에서는 반폐홈(Semi Closed Slot)을, 고압 전동기에서는 개방홈(Open Slot)을 사용한다. 철심과 권선 사이에는 절연을 하여야 한다.

(3) 고정자 권선(Stator Winding)

회전 자기장을 만들기 위한 것으로써 저압 전동기에서는 반폐홈에 권선을 한 가닥씩 삽입하여 고정자 권선(Stator Coil)을 완성한다. 고압 전동기에서는 성형 권선으로 만든 후 개방홈에 넣는다.

(4) 회전자(Rotator)

원형의 규소 강판 둘레에 도체가 들어갈 수 있는 홈을 파고, 중심에는 축이 들어갈 수 있는 큰 구멍을 내어 이들을 성층하여 만든다. 도체의 구조에 따라 농형 회전자와 권선형 회전자가 있다.

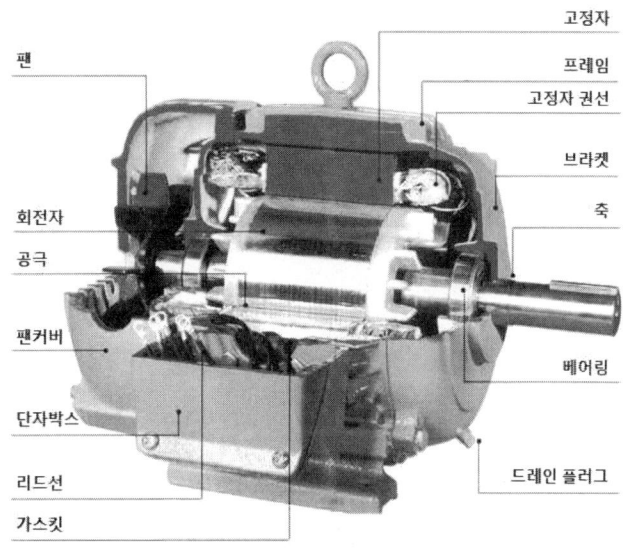

[그림 7-9] 전동기의 구조

5. 전동기의 종류

(1) 직류 전동기

① 직권 전동기
  (a) 계자극 권선과 전기자 권선이 직렬로 연결된 직류 전동기이며, 기동토크가 크다.
  (b) 부하가 적어지면 속도가 상승하는 특성이 있어, 완전 무부하로 되면 속도가 무한대에 가까워져 위험하다.
  (c) 변속도 특성 때문에 제어용으로는 부적합하며, 자동차의 시동 전동기, 크레인, 전동차 등에 사용된다.

② 분권 전동기
  (a) 계자극 권선과 전기자 권선이 병렬로 연결된 직류 전동기이다.
  (b) 정속도 특성을 가지고 있어 부하변동에 따른 속도변화가 적다.

(c) 컨베이어 벨트, Blower, 공작 기계 등에 사용한다.

③ 복권 전동기

   (a) 전기자 권선과 직렬 및 병렬로 연결된 계자극 권선을 가지고 있다.

   (b) 가동 복권 전동기(Cumulative Compound Motor)와 차동 복권 전동기 (Differential Compound Motor)가 있다.

④ 타여자 전동기

   전기자 권선과 계자극 권선이 별도로 분리되어 있다.

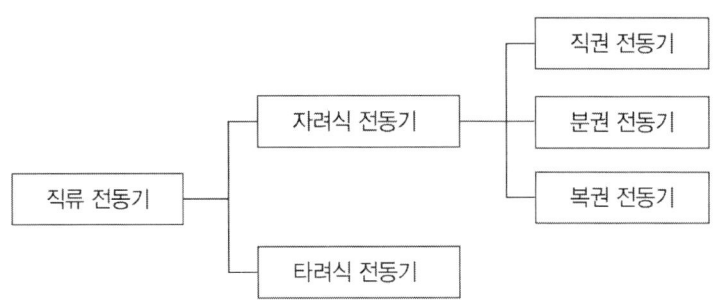

[그림 7-10] 직류 전동기의 종류

(2) 동기 전동기(Synchronous Motor)

① 동기 전동기는 고정자와 회전자로 구성되어 있으며, 고정자는 유도 전동기의 고정자와 같으나, 회전자는 자극(Poles)과 여자 권선으로 되어있으며, 이 여자권선에 Brush와 Slip Ring을 통하여 직류 전류를 공급하여 자극을 여자하게 된다. 즉 고정자 권선에는 흐르는 교류에 의하여 발생되는 회전 자기장 속에서 직류 전류에 의하여 여자된 회전자에 토크가 발생하여 회전하게 된다.

② 전원주파수와 극수로 결정되는 동기속도로 완전 동기되어, 정확히 일정한 속도로 회전한다.

③ 부하의 증감으로 회전속도가 변화하지 않는다. (Slip이 없다.)

④ 역률이 항상 1이다.

⑤ 기동 토르크가 작고 구조와 취급이 복잡하다.

⑥ 여자용 직류 전원이 필요하다.

(3) 3상 유도 전동기

① 3상 유도 전동기 특성

(a) 3상 고정자 권선에 교류가 흐를 때 발생하는 회전자기장(Rotating Magnetic Field)에 의해서 회전자에 토크가 발생하여 전동기가 회전하게 된다. 그러나 단상 고정자 권선에서는 교류가 흐르면 교번 자기장(Alternating Magnetic Field) 만이 발생되어 회전자에 기동토크가 발생하지 않아서 별도의 기동장치가 필요하게 된다.

(b) 직류 전동기가 정류기를 통하여 전원에 연결되는 것과는 달리 유도 전동기는 전원에 바로 연결된다.

(c) 직류 전동기가 Brush를 필요로 하는 것과 달리 대부분의 유도 전동기는 Brush가 필요 없다.

(d) 구조가 간단하고 튼튼하며 저렴하고 취급이 용이하다.

(e) 원래 정속도(Constant Speed) 전동기이지만 가변속으로도 사용되고 있다.

(f) 슬립(Slip)이 있다.

② 농형 유도 전동기

(a) 회전자는 구리나 알루미늄 환봉을 도체 철심 속에 넣어서 그 양쪽 끝을 원형 측판(Shorting Ring)에 의해서 단락시킨 것이다.

(b) 회전자의 구조가 간단하고 튼튼하며 운전 성능이 좋으므로 건축설비에 쓰이는 대부분의 삼상 전동기는 농형이다.

(c) 기동 시에 큰 기동전류(전부하 전류의 500~650%)가 흐르는 것이 단점이며, 이 단점 때문에 권선이 타기 쉽고 공급전원에 나쁜 영향을 끼친다.

(d) 기동 토크는 전부하 토크의 100~150% 정도이다.

③ 권선형 유도 전동기

(a) 회전자에도 3상의 권선을 감고(대개 wye 결선), 각각의 단자를 Slip Ring을 통해서 저항기에 연결한다. 저항기의 저항값을 가감하여 광범위하게 기동특성을 바꿀 수 있다.

(b) 회전자 권선으로 인하여 농형보다 구조가 복잡하다.

(c) 기동전류는 전부하 전류의 100~150% 정도이고, 기동토크는 전부하 토크의 100~150% 정도이므로, 상대적으로 적은 전원 용량에서 큰 기동 토크를 얻을 수 있다.

(d) 기동이 빈번하여 농형으로는 열적으로 부적합한 경우 및 대용량에 많이 사용한다.

(4) 단상 유도 전동기

자력 기동을 할 수 없으므로, 별도의 기동권선이 필요하다. 즉 운전권선과 기동권선이 있다.

① 분상 기동형 유도 전동기
  (a) 서로 자기적인 위치를 달리하면서 병렬로 연결되어 있는 주권선과 보조 권선이 내장된 전동기를 분상 기동형 유도 전동기(Split-Phase ac Induction Motor)라 한다.
  (b) 원리는 주권선과 보조 권선에 의해 회전 자기장을 만들어 기동시킨다. 기동 후 속도가 점차 증가하여 동기 속도의 70~80[%]가 되면, 원심력 스위치(Centrifugal Switch) CS가 작동하여 보조 권선 회로가 개방되고, 전동기는 주권선에 의해서 동작한다.
  (c) 펌프, 소형 공작 기계, 공업용 재봉틀, 세탁기 등 소용량으로써 여러 분야에 가장 광범위하게 사용된다.

② 콘덴서 유도 전동기
  (a) 보조 권선에 콘덴서가 직렬로 연결되어 있는 것을 콘덴서 유도 전동기(Capacitor ac Induction Motor)라 한다. 종류에는 기동할 때만 콘덴서를 사용하는 콘덴서 기동형 전동기(Capacitor Starting Motor), 운전 중에도 콘덴서를 사용하는 영구 콘덴서 전동기(Permanent Capacitor Motor), 2중 콘덴서 전동기(Two-Value Capacitor Motor) 등이 있다.
  (b) 원리는 콘덴서가 연결된 권선과 주권선 사이의 위상차로 회전 자기장이 만들어져 회전자를 기동시킨다.
  (c) 콘덴서 기동형 전동기는 전해 콘덴서를 사용하며 정격 속도에 도달하면 회로에서 콘덴서를 개방시켜야 한다. 영구 콘덴서 전동기는 기동 토크가 낮으며 오일 콘덴서를 사용한다. 이중 콘덴서 전동기는 기동 토크가 매우 높으며, 운전용으로는 오일 콘덴서를 사용하고, 기동용으로 전해 콘덴서가 쓰인다. 회전수가 일정 속도가 되면 전해 콘덴서를 회로에서 개방시킨다.
  (d) 콘덴서 기동형은 농사용 펌프, 냉장고, 공업용 재봉틀 등에 사용되고, 영구 콘덴서형은 펌프, 세탁기, 선풍기 등에 사용된다.

③ 셰이딩 코일형 유도 전동기
  (a) 셰이딩 코일형 유도 전동기(Shaded-Pole Motor)는 고정자의 주 자극 옆에 작은 돌극을 만들고, 여기에 굵은 구리선으로 수 회 정도 감아 단락시킨

구조의 전동기이다.
(b) 주 자극에서 셰이딩 자극 쪽으로만 회전하며 회전 방향을 바꿀 수 없다.
(c) 셰이딩 코일형 전동기는 구조가 간단하고 기동 토크가 적으므로 소형 선풍기, 전축 등의 소용량 부하에 주로 사용된다.

④ 반발형 유도 전동기
(a) 반발형 전동기(Repulsion Motor)는 회전자에 권선이 있어 권선형 단상 유도 전동기라 부르기도 한다.
(b) 반발형 전동기의 원리는 고정자 권선과 회전자 권선에서 발생하는 자기장 사이의 반발력을 이용한 것이다.
(c) 영업용 냉장고, 콤프레셔, 펌프 등에 사용된다.

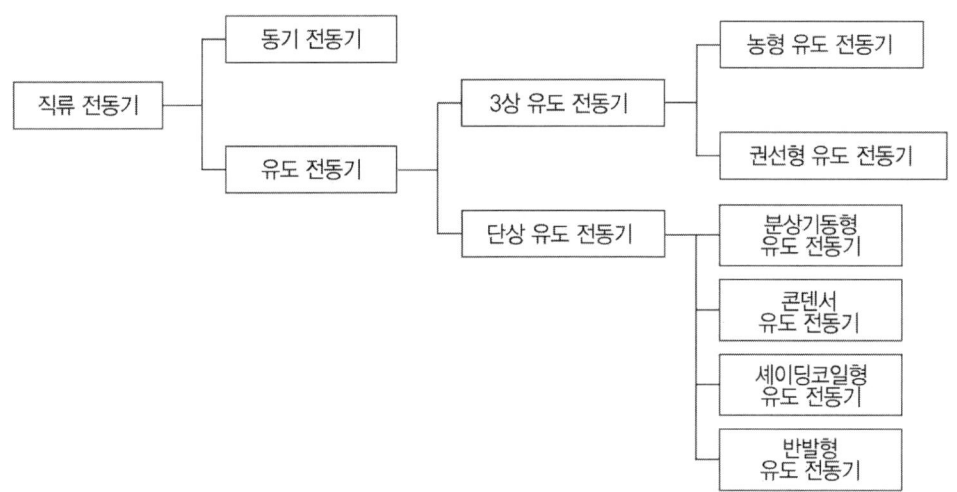

[그림 7-11] 교류 전동기의 종류

7-2. 전동기 열화원인

1. 열적 열화

운전 중 권선의 발열에 의한 산화열화 또는 열분해로 절연 특성이나 절연물의 기계적 강도 등이 저하되는 현상을 "열적 열화"라 한다. 열화 원인에 있어 온도 변화가 기계적 응력을 일으키지만, 단지 온도만으로 절연 재료에 손상을 일으킬 만큼 충분히 높은 온도상승은 일어나지 않는다. 고정자 철심은 고정자와 회전자 권선에서 발생되는 동손에 의해 간접적으로 영향을 받을 뿐만 아니라 성층 철심에서 철손에 의해 가열된다. 또한 회전기에 사용되는 모든 절연 및 보강재료는 권선에서 발생하는 열에 의해 시간이 지남에 따라 열화가 진행된다. 그러므로 각각 구성하고 있는 재료의 열화 속도는 열 특성과 가해지는 온도에 의해 결정되며, 고정자 절연 재료의 주된 열 발생원은 고정자 권선의 도체에서의 Joule열(I2R) 손실이다.

2. 전기적 열화

회전기 권선에서 절연 재료의 절연 내력이 정격전압 혹은 과도전압에 더 이상 견디지 못할 정도로 약화되면 권선이 파괴에 이른다. 이러한 전기적 열화에는 부분 방전, 도체표면 방전, 슬롯 방전 및 단말권선 방전이 있다.

(1) 부분 방전

부분 방전은 고체 절연 재료 내부에 존재하는 기체에 의해 미소 공극의 절연이 파괴되는 현상으로, 주로 절연체의 전계가 집중되기 쉬운 도체 근방에서 발생하며, 열화 진전이 빠른 유기물질, 결합재(폴리에스테르, 에폭시, 아스팔트), 합성 에나멜 등에서 시작하여 마이카와 석면 같은 무기재료로 발전하여 결국 절연 파괴에 이른다.

(2) 도체 표면 방전

도체 표면 방전은 주 절연과 소선 절연 사이에서 미소 공극에 의해 발생하며, 주 절연 내부의 방전과 주 절연 내의 미소 공극은 제조 시 바니시나 수지의 부적절한 함침 혹은 절연층의 박리에 의해 발생된다.

(3) 슬롯 방전

슬롯 방전은 권선 표면의 코일과 슬롯의 상대적인 움직임으로 마모되어 반도전층을 손상시켜 일부 권선의 접지상태가 나빠지고 권선 표면에 전하가 축적되어 철심과 권선 사이에서 발생하는 방전으로 고정자 권선의 주 절연을 급격히 열화시킨다.

(4) 단말 권선 방전

단말 권선 방전은 회전기의 단말 권선부 사이 또는 다른 상과의 연결지점에서 전압 차로 인해 부분방전이 발생되며 단말 권선이 열화된다.

3. 기계적 열화

기계적 열화는 회전기의 과도한 진동과 기계적 스트레스에 의한 손상으로 회전기의 기동정지, 급격한 부하변동으로 인해 정상운전 혹은 과도상태에서 고정자 권선에 나타나는 전자력에 기인한다. 이와 같이 주기적인 전자력에 의해 슬롯 내에서 권선이 움직이며 굽힘과 압축에 의해 도체와 주 절연에 스트레스가 가해지고 절연 재료가 마모된다.

4. 환경적 열화

환경적 열화는 고정자 권선 표면이 여러 가지의 화학약품, 유독가스, 분진, 수분 및 기름 등에 놓여 있기 때문에 단말 권선의 절연층 표면에 도전성 물질이 부착됨으로써 일어난다.

7-3. 전동기 진단

전동기 등의 회전기는 다음의 [표 7-3]의 항목에 대하여 진단을 실시한다.

[표 7-3] 전동기 등 회전기의 진단항목

No.	진단항목	관련규정	진단내용
1	절연 저항 측정(MΩ)	IEEE 43 NEMA MG1	상과 대지 간 절연 진단
2	직류전류 시험(P.I)	IEEE 95, IEC 34.1, NEMA MG 1	상과 대지 간 절연 진단
3	교류전류 시험(△I)	IEC 60034 NEMA MG 1	상과 대지 간 절연 진단
4	유전정접 시험(△tanδ)	IEEE 286 IEC 60894	상과 대지, 상과 상간의 절연 진단
5	부분방전 시험(Qmax)	IEEE 1434	상과 대지, 권선과 권선 간의 절연 진단
6	권선저항 측정	-	회전기의 권선 저항

1. 절연 저항 측정

(1) 절연 저항의 측정

실제로 절연체에 전압을 인가하였을 때 전류가 전혀 흐르지 않는 이상적인 절연체는 존재하지 않고, 내부 또는 표면을 따라 어느 정도의 전류가 흐른다. 이 인가전압에 대한 전류의 비를 저항단위 MΩ(Megger Ohm)으로 표시하며, 이 값을 절연체가 갖는 절연 저항(IR ; Insulation Resistance) 값이라 한다.

절연체에 외부로부터 이물질이 부착되거나 흡습 혹은 오손되면 절연체에 도전성 경로가 형성되어 절연 저항이 낮아지므로, Megger시험에 의해 절연체의 흡습이나 이물질 혼입 등에 의한 오손상태를 어느 정도는 알 수 있다. 절연 저항을 측정하기 위해서는 일반적으로 절연 저항계(Megger)를 사용하며, 절연 저항계는 직류 고전압을 인가하여 흐르는 전류 값을 저항단위로 표시하는 측정기로써 직류전류시험에서 설명할 절연체의 직류 유전특성 때문에 절연체에 흐르는 직류전류는 시간적으로 감소하는 특성을 보이므로 일정전압 인가 후 일정한 시간(통상 1분)이 경과하는 순간의 절연 저항값을 채택한다.

절연 저항 측정은 운전개시 전이나 운전 중에 필요 절연 저항을 가지고 있는가의 여부, 운전에 따른 절연 저항 저하 정도를 점검하고, 절연 열화진단 시험 시 사용되는 고전압을 인가해도 충분한가를 점검하기 위하여 실시한다.

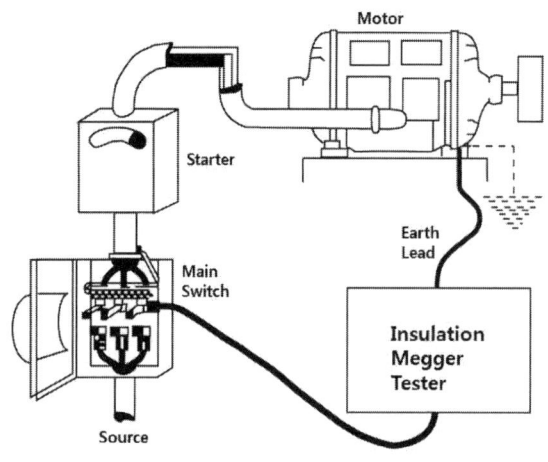

[그림 7-12] 절연 저항측정 회로

(2) 절연 저항의 기준

절연체의 절연 저항값은 시험 시의 주위환경에 영향을 많이 받기 때문에 측정 시의 온도 및 습도를 반드시 기록해 둘 필요가 있다. 특히 시험 시에 주의할 사항은 측정 대상에 직류 전압을 인가한 후에는 반드시 전극 사이를 단락시켜 잔류전하를 완전히 방전한 후 재 측정해야 하며, 그렇지 않으면 측정값에 영향을 주게 된다. 절연체에 인가되는 시험전압은 주로 DC 500~10,000V 정도이며, IEEE Std 43-2000에서 추천하고 있는 절연 저항 시험전압 및 판정 기준은 다음 [표 7-4], [표 7-5]와 같다.

[표 7-4] 절연 저항 측정 시험전압 기준

권선의 정격전압[V]	직류 시험전압[V]
1000 미만	500
1000~2500	500~1000
2501~5000	1000~2500
5001~12000	2500~5000
12000 이상	5000~10000

㈜ 권선의 정격전압은
3상 교류기기 :   정격 선간전압
단상기기 :   대지전압
직류기 및 계자권선 : 정격 직류전압

[표 7-5] 최소 절연 저항 기준

최소 절연 저항[MΩ]	시료의 종류
$IR_{1min} = kV + 1$	1970년 이전에 만들어진 대부분의 권선 계자권선 아래에 포함되지 않는 기타 기기
$IR_{1min} = 100$	1970년 이후에 제작된 DC 전기자 및 AC 권선(Form-Wound)
$IR_{1min} = 5$	1kV 이하의 Form-Wound Coil & Random Wound Coil

㈜ IR_{1min} : 40℃에서의 최소 절연 저항
kV : 기기의 단자간 정격전압(실효값)

그러나 절연 저항값은 시료의 절연 구조, 형태, 공정에 따라 변하므로 절대값만으로 절연 상태를 단정하기는 곤란하다. 따라서, Megger시험으로 절연체의 상태를 판정하기 위해서는 정기적인 측정을 통해 경년변화에 따른 절연 저항 변화추이(Trend)로써 절연 상태를 평가하는 것이 바람직하다

(3) 절연 저항의 온도환산

상기한 IEEE Std 43-2000의 절연 저항 기준은 전동기의 온도가 40℃일 때의 기준이므로, 절연 저항 측정 당시의 전동기 온도(t℃)를 감안하여 규정값인 40℃일 때의 절연 저항값으로 환산하여 판정하여야 하며, 환산하는 방법은 다음과 같다.

$$M\Omega(40°C) = M\Omega(t°C) \times 2^{\frac{t-40}{10}}$$

예를 들어, 정격전압 6.6kV의 전동기의 절연 저항 측정값이 20[MΩ]일 때 전동기의 온도가 30℃인 경우와 10℃인 경우의 판정은 달라지게 된다.

① 전동기의 온도가 30℃인 경우

$$M\Omega(40°C) = M\Omega(t°C) \times 2^{\frac{t-40}{10}} = 20 \times 2^{\frac{30-40}{10}} = 10[M\Omega]$$

이므로 양호한 것으로 판정되지만,

② 전동기의 온도가 10℃인 경우

$$M\Omega(40°C) = M\Omega(t°C) \times 2^{\frac{t-40}{10}} = 20 \times 2^{\frac{10-40}{10}} = 2.5[M\Omega]$$

이므로 불량한 것으로 판정된다.

2. 직류전류 시험

(1) 직류전류 시험

직류전류 시험은 아래 [그림 7-13]과 같이 절연물에 직류전압을 인가했을 때의 전류-시간 특성으로부터 절연물의 흡습, 도전성 불순물의 혼입 혹은 생성, 오손, 절연물의 결함 등 절연체의 상태를 판정하는 시험으로 성극지수시험(PI Tests : Polarization Index Tests)으로 통용되며, 절연 저항의 값이 5[GΩ] 이상인 경우에는 필요하지 않다. 일반적으로 절연체에 직류전압을 인가하면 시간에 따른 전류변화 곡선을 측정할 수 있으며, 전류변화 곡선은 절연 재료에 따른 전류-시간 변화 특성을 나타낸다.

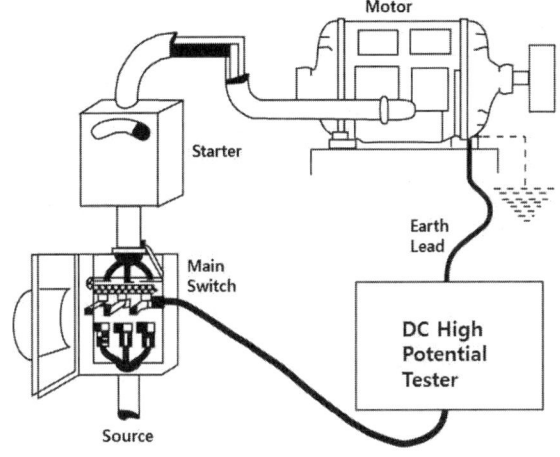

[그림 7-13] 직류전류 시험 회로

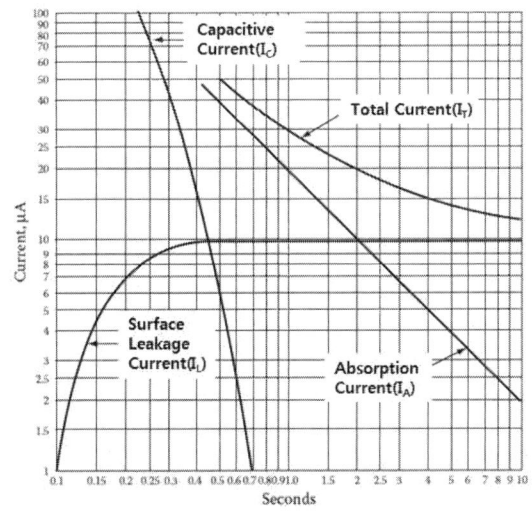

[그림 7-14] 직류전류 시험의 전류성분

이때 측정되는 전 전류는(IT) [그림 7-14]와 같이 IT=IC+IA+IL로 표시할 수 있으며, 충전전류(IC), 흡수전류(IA), 표면누설전류(IL)의 3개 성분으로 나눌 수가 있고, 전 전류(IT)는 [그림 7-14]에서와 같이 시간경과에 따라 누설전류(IL)로 수렴하는 특성을 보인다.

각 전류의 성분을 살펴보면,

① 충전전류(IC ; Capacitive Current)

충전전류는 매우 빠른 속도로 감쇄되는 전류성분으로 진공 중의 변위전류, 유전체의 전자분극 또는, 이온분극에 의해 생성되는 전류 등이 포함되어 있으며, 충전전류의 응답시간은 적외선 진동주기보다도 짧기 때문에 실제로 흐르는 전류는 인가전압 상승시간 내에 감쇄된다.

② 흡수전류(IA ; Absorption Current)

흡수전류는 쌍극자 분극과 공간전하 분극 때문에 발생하는 전류성분으로써 순시 충전전류보다 천천히 감쇄하며 긴 것은 수 시간 동안 감쇄하는 것도 있으며, 흡수전류는 에폭시, 폴리에스테르 및 아스팔트와 같은 유기질 분자가 직류전계 하에서 쌍극자 배열의 시간지연 과정, 전자 및 이온의 이동이 공간전하를 형성하는 과정에서 나타나는 현상이다.

흡수전류는 전압을 제거하였을 때 충전 시와 반대 극성의 전류로써 나타나며, 일반적으로 건조하고 깨끗한 회전기의 절연 저항은 약 30초 또는 수 분 내에 흡수전류에 의해 결정된다. 또한, 흡수전류는 1970년대 이후에 만들어진 열경화성(폴리에스테르, 에폭시) 절연 재료는 그 이전에 만들어진 열가소성(아스팔트) 절연 재료에 비해 우수하기 때문에 흡수전류가 낮고 절연 저항이 큰 것으로 알려져 있다.

③ 표면누설전류(IL ; Surface Leakage Current)

표면누설전류는 절연물의 내부 혹은 표면을 실제로 전하가 이동하여 생기는 전도전류이며 시간에 대하여 거의 일정하며 이온 및 전자 이동에 의해 발생하지만 실제 절연체에서는 이온전류인 경우가 많으며, 높은 표면누설전류(저저항)는 대개 기기의 흡습 또는 오염에 기인한다.

도전성 전류(IG)는 과거의 아스팔트마이카와 Shellac Mica-Folium과 같은 절연시스템에서는 마이카 뒷면 테이프의 도전성에 기인한 전류가 흐를 수 있으나, 근래에 생산된 흡습 되지 않은 폴리에스테르 및 에폭시-마이카 절연시스템에서는 거의 "0"에 가까운 것으로 보고되고 있다.

(2) 성극지수(P.I ; Polarization Index)

직류전류-시간 특성에 있어서 전류의 크기는 시료의 형태, 크기에 따라서 변하기 때문에 전류의 크기만으로 절연 상태를 판단하지는 못한다. 절연체가 열화하거나, 흡습 되면 누설전류가 증가하고 따라서 전류-시간 특성곡선에서는 누설전류의 상승으로 전류의 감쇄율이 낮아지게 되는데 이러한 특징을 이용하여 전류의 시간변화를 나타내는 지표로써 성극지수를 사용하며, 이 성극지수의 크기를 기준으로 절연체의 흡습 및 오손 등의 열화상태를 판정한다.

$$성극지수(P.I) = \frac{전압인가\,10분\,후의\,저항}{전압인가\,1분\,후의\,저항} = \frac{전압인가\,1분\,후의\,전류}{전압인가\,10분\,후의\,전류}$$

다음 [그림 7-15]는 전류-시간특성의 예로써 그림에서 a는 신품코일, b는 열열화 및 수중침적 후의 전류-시간 특성을 나타내고 있다.

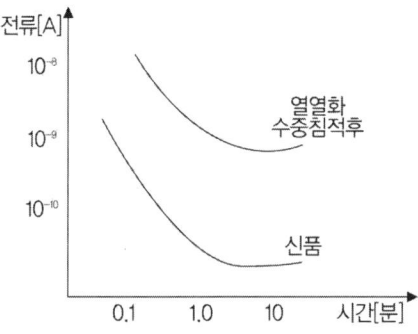

[그림 7-15] 회전기 권선의 직류전류-시간 특성

위 [그림 7-15]에서 절연층이 건조한 상태인 "신품"인 경우 누설전류가 극히 작기 때문에 흡수전류가 급격히 저하함에 따라 성극지수가 커지는 것을 알 수 있으며, 흡수 및 열 열화 절연체는 누설 전류값이 크기 때문에 성극지수가 작아짐을 알 수 있다.

(3) 직류전류 시험 기준

IEEE Std 43-2000에서는 다음 [표 7-6]과 같이 절연 레벨에 따른 성극지수의 최소값의 기준값을 추천하고 있으며, 일반적으로 [표 7-7]과 같이 성극지수 측정결과를 해석하고 있다.

[표 7-6] 성극지수 최소 기준값 IEEE Std 43-2000

Thermal Class Rating	Minimum Polarization Index
Class A	1.5
Class B	2.0
Class F	2.0
Class H	2.0

[표 7-7] 성극지수 측정결과의 해석

Polarization Index	Interpretation
< 1.0	Hazardous
1.0~1.5	Bad
1.5~2.0	Doubtful
2.0~3.0	Adequate
~ 4.0	Good
> 4.0	Excellent

3. 교류전류 시험

교류전류 시험(AC Current Test)은 교류전압을 인가하였을 때에 흐르는 전류와 전압의 관계, 즉 I-V 특성으로부터 절연 상태를 조사하기 위한 시험이다.

[그림 7-16]과 같이 교류전압을 절연물에 인가하면 전압상승에 비례하여 충전전류가 증가하며, 이때 절연층 내에 Void 등의 결함이 존재하여 부분방전 현상이 발생하게 되면 미소 공극을 단락시켜 충전 전류가 급격히 증가한다. 이러한 전압 및 전류 급증율로부터 절연물의 흡수 및 열화의 정도, 또는 부분방전 발생 상황 등을 진단할 수 있다. 일반적으로, 절연물이 열화 되거나 오손 또는 흡습을 하게 되면 일반적으로 유전율이나 tanδ 가 증가하고, 또한 부분방전 발생 시에도 정전용량이나 tanδ 가 증가하게 된다. 따라서 절연체의 전류를 측정하면 절연체의 흡습, 열화 혹은 부분방전 발생 등을 어느 정도 분석할 수 있다.

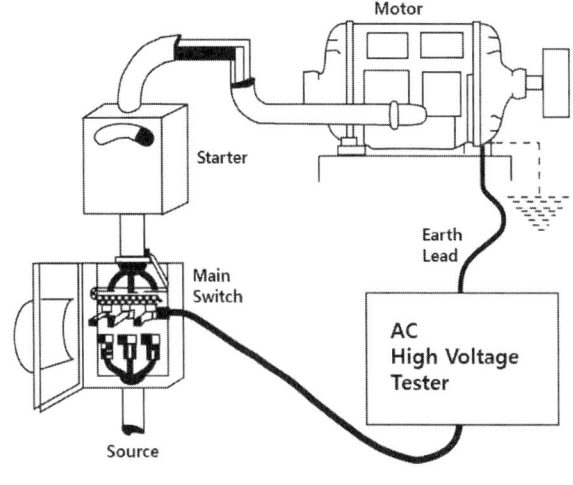

[그림 7-16] 교류전류시험 회로

교류전류 시험은 나중에 설명될 tanδ 시험 및 부분방전 시험에 의해 얻어지는 절연 특성을 포함하는 시험 결과를 얻을 수 있으며, 시험장치 및 그 취급이 비교적 간단한 것이 특징이다. 그러나 이 시험에서 얻어지는 결과는 tanδ 시험이나 부분방전 시험에 의해 얻어지는 결과보다 그 정확성이 떨어진다. 절연물에 주파수 f의 교류전압 V를 인가하여 측정되는 전류 I는 [그림 7-17]과 같은 벡터도로 표현된다. 다음의 수식에서 표시한 바와 같이 전류는 인가전압의 크기, 주파수, 절연체의 정전용량 및 tanδ 에 따라 정해진다. 결과적으로 전류 I는 유전율 및 tanδ 에 비례하게 된다.

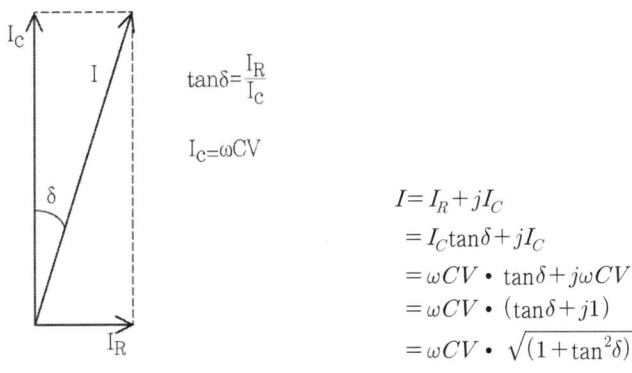

[그림 7-17] 시험전류 벡터도

[그림 7-18]은 절연체에 교류전압을 인가하였을 때의 전류-전압특성을 나타내고 있으며, 인가전압이 높아져서 부분방전 현상이 발생하면 전류는 전압에 비례하지 않고 급증하게 된다. 이 전류가 급증하는 점의 전압을 전류급증전압이라 부르며 일반적으로 P_i로 표시한다.

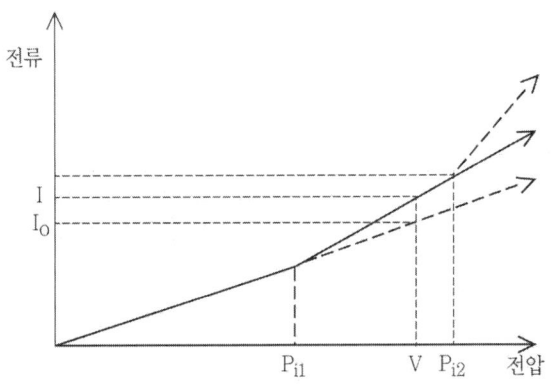

[그림 7-18] 교류시험전류-전압특성

또한, [그림 7-18]에서와 같이 전류 급증점이 2개 존재하는 경우 낮은 전압점을 제1전류 급증점 P_{i1}, 높은 점을 제2전류 급증점 P_{i2}로 칭하며, P_{i1}은 부분방전 개시전압 혹은 tanδ 증가전압과 비교적 잘 일치하는 경향이 있다. 또 P_{i2}는 파괴전압과 상관관계가 있는 것으로 보고되고 있으며, 이러한 연구결과를 이용하여 P_{i2}로부터 절연 파괴전압을 추정하고자 하는 시도도 이루어지고 있다. 교류전류-전압 특성에 있어서 측정된 전류절대값은 시험대상 기기의 정격 및 절연시스템에 따라 많은 차를 보이기 때문에 일반적으로 다음 식으로 정의되는 전류증가율 △I를 교류전류시험의 기준값으로써 사용한다.

$$\triangle I = \frac{I - I_0}{I_0} \times 100 [\%]$$

절연체가 열화 되면 시험전압이 낮은 영역에서의 전류는 절연이 양호한 경우와 비교하여 거의 비슷한 값을 갖지만 시험전압이 높아지면 부분방전이 발생하여 전류가 급증한다. 따라서 전류급증전압은 양호한 절연에 비해서 낮아지고 전류증가율은 증대한다. 또 절연체가 흡습, 오손되어 있으면 정전용량 및 tanδ 가 증가하여 전류값은 양호한 상태에 비해서 커진다.

[그림 7-19]는 흡습, 오손된 시료와 절연 상태가 양호한 시료의 전압-전류 특성을 비교한 예이다. 흡습, 오손된 시료의 교류전류 특성곡선이 양호한 시료의 특성곡선보다 전류값이 크고 전류급증전압이 낮은 것을 알 수 있다.

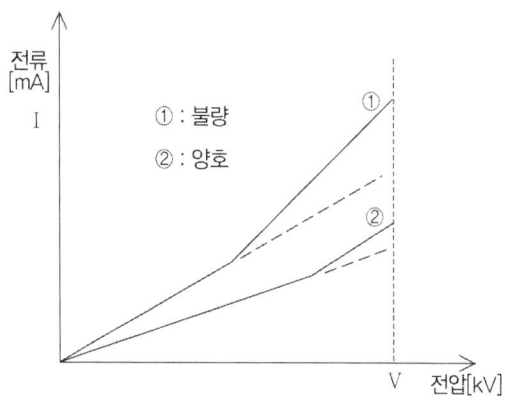

[그림 7-19] 교류시험전류-전압특성 비교

4. 유전정접 시험

유전체 절연물에 교류전계를 인가할 때는 일반적으로 누설전류, 유전분극, 부분방전 등에 의한 유전손이라는 에너지 손실이 발생하고, 이를 나타내는 척도로써 tanδ 를 사용한다. 이것을 유전정접 또는 유전체 역률(Dissipation Factor)이라 하며, 이로부터 흡습, 건조, 오손, 미소 공극 유무 등의 절연 상태 및 열화 정도를 추정하는 시험을 유전정접(tanδ) 시험이라 한다.

인가전압을 증가시킴에 따라 절연물 내의 결함에서 부분방전이 발생하면 tanδ가 증가한다는 사실로부터 유전정접 시험에서는 정격전압에서의 tanδ 와 부분방전이 나타나지 않은 낮은 전압에서의 tanδ 와의 차인 Δtanδ 를 이용하여 흡습 정도, 오손, 절연 상태 및 열화 정도를 추정한다. Δtanδ 는 절연물의 치수, 형상에 관계없이 부분방전 등에 의한 유전손의 등가분이기 때문에 적을수록 양호한 절연물이라고 알 수 있다. [그림 7-20]은 유전정접(tanδ) 측정회로를 나타냈다.

절연체에 교류전압을 인가하였을 경우에 발생하는 손실을 유전손실이라 부르며 그 발생원인은 다음과 같이 크게 세 종류로 구별된다.

① 누설전류에 의한 손실 : 직류 인가 시와 같이 누설전류에 의해 발생하는 손실을 말한다.
② 유전분극에 의한 손실 : 유전분극 현상이 인가전계의 변화에 대하여 시간적 지연현상이 발생하는 경우 교류 전계 하에서는 분극현상의 위상 지연 때문에 손실을 일으킨다.
③ 부분방전에 의한 손실 : 절연체 내부 혹은 표면에서 부분방전으로 발생하는 손실이다. 따라서, 이것은 부분방전 개시전압 이상의 전압에서 발생한다. 절연체의 교류전압 인가 시 등가회로를 그림으로 나타내면 다음과 같다.

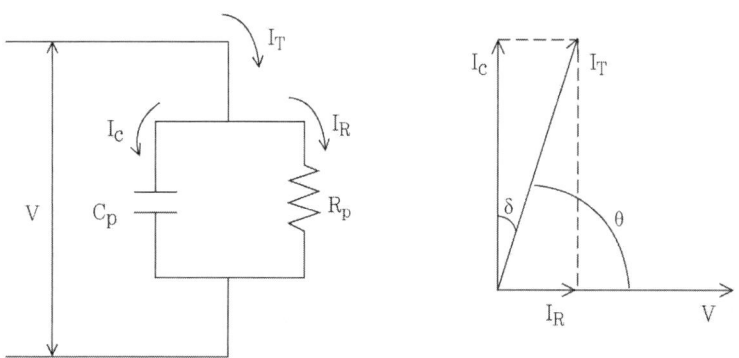

[그림 7-20] 절연체의 직렬 등가회로 및 전류-전압 기본Vector

절연물의 인가전압(V)에 따라 충전전류(무효분, IC)와 손실전류(IR)가 발생함으로 이러한 손실들 때문에 인가전압에 대한 전전류 I는 충전전류 IC보다 늦어지는 위상각을 갖는다. 이 늦어지는 위상각(δ)을 유전 손실각이라 한다. 일반적으로 δ 는 매우 적기 때문에(δ=90∅) 다음과 같이 표시되며 여기서 tanδ 를 유전정접(Dissipation Factor)이라 하며, 유전손실은 아래 수식과 같이 표시될 수 있다.

충전전류 IC = ω CV

유전손실 W = VIcosθ ≑ VICtanδ

그러므로 tanδ 는 $\tan\delta = \dfrac{I_R}{I_C} = \omega C_P R_P$ 와 같이 표현할 수 있다.

위 수식에서 알 수 있는 바와 같이 유전손실은 tanδ 에 비례하고, 절연체의 형상 및 크기와 무관한 수치로써 절연물 고유의 특성값으로 나타나기 때문에 절연체의 열화상태를 표시하는데 사용된다. 또한 그 값은 절연물의 상태, 불순물의 잔류, 절연 열화 또는 공극의 부분방전에 의한 손실 등에 의해 고유의 값으로 측정되기 때문에 회전기 권선의 품질관리와 절연 열화의 판정에 오래 전부터 이용되고 있다.

tanδ 의 측정에는 통상 Bridge회로가 사용되고 있으며 시험회로 구성은 기본적으로 전원, 시료, 표준콘덴서, 측정회로 및 검출부로 구성되어 있다.

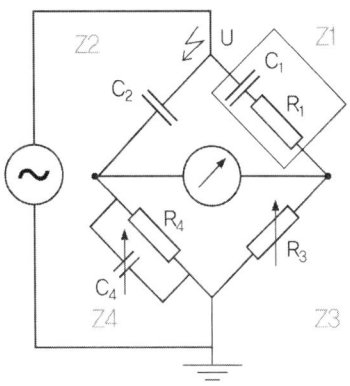

[그림 7-21] Schering Bridge

일반적으로 상용주파수 부근에서의 tanδ 측정은 측정 정도가 높은 위 그림과 같은 Schering Bridge가 광범위하게 사용되고 있다. Bridge가 평형을 이루면 $Z_{ad} \times Z_{bc} = Z_{ab} \times Z_{cd}$로 부터 tan$\delta$ =ω $C_4 R_4$를 유도할 수 있으며, 위와 같이 R_4 및 C_4를 계측하여 tanδ 를 계산할 수 있다.

tanδ 시험결과로 절연층의 건조, 습도 정도, 열화상태 및 공극의 유무 등을 추정할 수 있으며, [그림 7-21]은 tanδ -전압특성을 나타내는 일반적인 예이다.

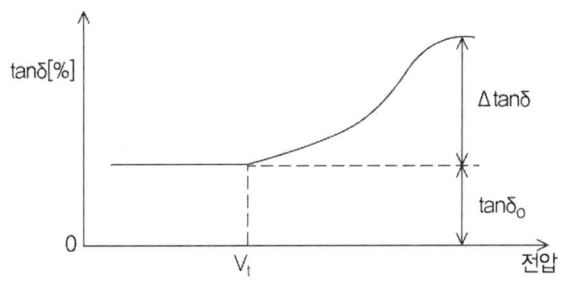

[그림 7-22] 전압 - tan δ 특성

부분방전이 발생하지 않는 저전압에서의 tan δ 값을 tan δ 0라 하며 tan δ 0는 절연층의 습도 정도, 오손, 열화의 진행 등에 따라 변화한다. 일반적으로 절연체 흡습 또는 표면오손에 따라 절연 저항이 저하하면 tan δ 0가 증가한다. 인가전압을 상승시켜 부분방전이 발생하면 부분방전 발생에 따른 손실이 더해지므로 tan δ 값이 증가한다. 정격전압에서의 tan δ 값과 tan δ 0 값과의 차를 Δtan δ 라 하며, Δtan δ 는 부분방전에 의한 손실 증가분이기 때문에 적을수록 양호한 절연체라고 할 수 있다. 고압회전기 권선의 절연 열화에 의한 tan δ -전압특성의 일반적인 변화경향을 나타내면 아래 [그림 7-23]과 같다.

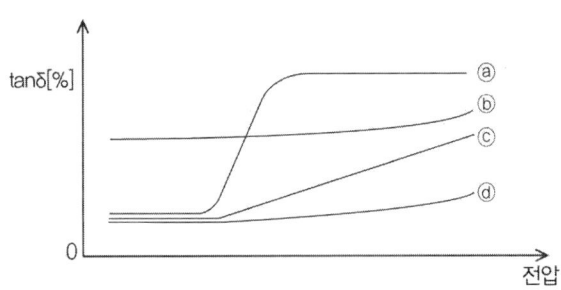

[그림 7-23] 절연 열화에 의한 전압 - tan δ 특성의 변화

① 절연층이 양호한 경우 인가전압 상승에 따른 누설전류 등에 의한 손실 증가 정도가 곡선 ⓐ와 같이 거의 편평한 전압특성을 보인다.
② 절연층에 Crack이나 공극이 생기면 부분방전의 발생에 따라 부분방전 개시 전압보다 높은 전압이 인가될 경우 tan δ 가 증가하여 곡선 ⓑ와 같이 된다.
③ 절연층 표면이 오손, 흡습된 경우에도 곡선 ⓒ와 같은 특성을 나타내며, 또한 Crack과 공극이 흡습 되어도 곡선 ⓒ와 같이 tan δ 가 커진다.
④ 곡선 ⓓ는 절연층에 Crack과 공극의 밀도가 증가할 경우에 나타나는 특성으로 인가전압이 높은 영역에서 다시 변화 없는 특성을 보이며, 절연체 상태가 불량함을 알 수 있다.

5. 부분방전 시험

(1) 부분방전(Partial Discharge)의 정의

부분방전이란 절연체 내부에서 절연체의 절연 강도 보다 인가된 전계 강도가 높을 때 발생하는 지속 시간이 매우 짧은 국부적인 방전을 말하며, 부분방전이 발생하면 오존, 산화질소, 불안정한 여자 및 전리된 이온이 형성되어 공극주변의 절연체에 화학반응을 일으켜 절연체가 열화되므로 부분방전과 절연 수명은 깊은 상관 관계가 있다.

절연물 내의 국부적인 열화를 검출하는 수단으로써는 최대 부분방전 전하량(Q_{max})을 한다. 일반적으로, 절연 열화가 진행되면 방전전하가 커지고 방전발생 개수(빈도) 또한 증가하며, Q_{max}이 커지면 절연 파괴전압이 저하되는 관계를 이용해서 절연 열화의 정도를 판단할 수 있다.

부분방전은 전극과 전극 사이를 교락하지 않는 부분적인 방전을 말하며, 이러한 부분방전은 다음과 같이 고체 유전체 공동에서의 방전, 표면에서의 방전과 고압 측의 날카로운 부분의 방전으로 분류할 수 있다.

① 내부 방전(Internal Discharge) : 절연체의 공극(Void) 또는 절연 내력이 낮은 내부의 함유물에 의한 방전
② 표면 방전(Surface Discharge) : 절연체의 표면에서 일어나는 방전
③ 코로나 방전(Corona Discharge) : 전극의 끝이나 날카로운 부분에서 일어나는 방전

(2) 부분방전의 원리

전력기기 생산방법의 계속적인 향상과 정교한 품질관리에도 불구하고, 고체 절연체에서 Void, 결함 등은 국부 전계의 왜곡을 초래하고 불균일점은 국부적으로 강한 전계가 원인으로 되어 국부방전이 발생하고, 부분방전에 의한 절연체 파괴의 시작점이 된다. 각각의 부분방전이 낮은 에너지를 가지고 있음에도 불구하고 방전의 반복 특성 및 국부집중 특성 때문에 절연체의 일정지점에 반복하여 가해지므로 결국 절연 특성을 변하게 하고 절연 노화를 가속하게 된다.

절연물 중에서 Mica, 자기, 유리 등의 절연물은 부분방전에 강하여 장기간의 부분방전 Stress에서도 유전체의 큰 열화는 없다. 하지만 폴리에틸렌(PE), 가교 폴리에틸렌(XLPE) Cast-Resin과 같은 회전기의 주요 절연물은 부분방전에 대단히 민감하여 부분방전이 장기간 지속되면 절연체의 완전 파괴에 이르게 된다.

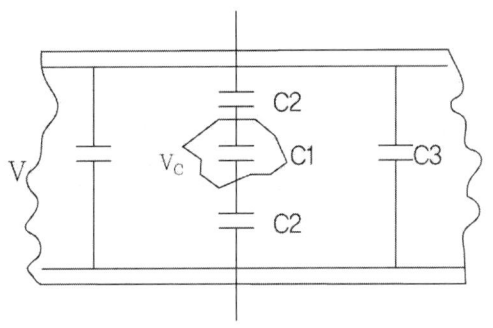

[그림 7-24] 절연체의 내부공극 단면

[그림 7-24]와 같이 절연물의 내부에 기포나 공극을 포함하고 있을 때 고전압을 인가하면, 공극 내(C_1)의 유전율이 절연물(C_2)에 비하여 적으므로($C_2 \gg C_1$), 공극의 전계 $V_C = \dfrac{C_2}{C_1 + C_2} V$는 공극에 집중하여 높아지게 되고, 또한 공극(기체)의 절연내력은 고체에 비하여 낮으므로 공극내부에서 국부적인 방전이 발생하여 부분방전이 일어난다.

 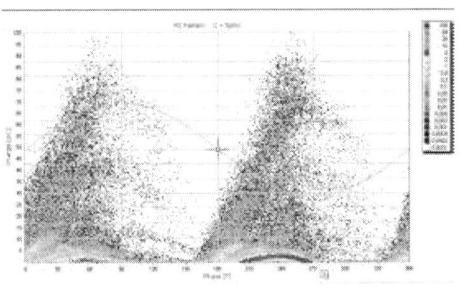

[그림 7-25] 절연체의 공극 및 부분방전

부분방전 개시전압(DIV ; Discharge Inception Voltage)은 절연물 내에 존재하는 미소 공극 등의 결함부분 중 가장 낮은 전압에서 방전하는 결함부의 방전 개시전압을 나타내는 것으로써, 일반적으로 500[pC] 또는 1,000[pC] 크기의 방전량이 발생할 때의 전압을 기준으로 삼고 있으며, DIV가 $E/\sqrt{3}$ [kV]의 1/2 이하이면 너무 낮은 전압에서 부분방전이 발생함을 알 수 있으므로 절연열화 판정에 이용할 수 있다. 부분방전 소멸전압은 규정의 조건하에서 인가전압을 서서히 하강시킬 때, 규정된 크기의 부분방전이 소멸하는 전압을 말한다.

6. 권선저항 시험

권선저항의 측정은 대용량 변압기의 권선, Motor의 회전자 또는 고정자의 저항을 측정하여 그 제품 출고 시 특성과의 변화량 및 3상 비교를 통해 권선의 열화 정도를 진단하는 데 그 목적이 있다.

고정자의 권선저항을 측정할 때에는 [그림 7-26]과 같이 접속하여 전동기의 임의의 단자(UV, VW, UW)에 직류 저전압을 인가하고 R을 가감하여 권선의 온도 상승을 방지하기 위하여 정격전류의 15% 이하 정도의 전류를 흐르게 할 때, 직류 전압계(V) 및 직류 전류계(A)의 지시값을 각각 V_d, I_d라 하면 측정 권선을 변경하며 측정되는 단자간의 저항 R_{UV}, R_{VW}, R_{UW}는 다음과 같이 구할 수 있으며, V_d의 값을 변경하면서 4~5회 측정하여 R_{UV}, R_{VW}, R_{UW} 각각의 평균값 R'_{UV}, R'_{VW}, R'_{UW}를 구한다. (단, 전압계의 저항 R_v가 커서 V_d/R_v의 값이 I_d에 비해 작을 때는 V_d/R_v는 무시할 수 있다)

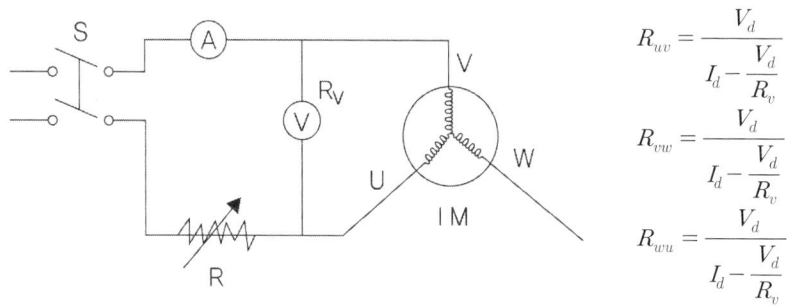

[그림 7-26] 권선저항의 측정

이러한 시험으로 얻은 R'_{UV}, R'_{VW}, R'_{UW}를 이용하여 다음 식을 통하여 R_t와 R'_{UV}, R'_{VW}, R'_{UW}의 값을 비교함으로써 권선의 저항이 평형을 이루고 있는가를 검사한다.

$$R_t = \frac{R'_{uv} + R'_{vw} + R'_{wu}}{3}$$

측정값과 설계값이 일치하지 않을 때 또는 각 상의 저항값이 불균형일 때는 권선의 오접속, 단락 등이 예상되므로 권선에 대한 정밀조사가 요구된다.

참고문헌

- 전력 변압기 및 수, 변전설비 종합기술자료집-효성
- 한국전기안전공사 점검지침
- 변압기의 경년열화와 이상진단 기술의 동향 (変圧器の経年劣化と異常診断技術の動向)-고바야시 다카유키(小林隆幸) 도쿄전력주식회사
- 변압기의 온라인 진단 기술
- (変圧器のオンライン診断技術)-시노자키 코우이치(篠崎孝一) 간사이 전력주식회사
- POSCO 검사기준
- SK㈜ 설비기술팀 기술자료
- 한국지역난방공사 검사실무 핸드북
- On-site Portable Partial Discharge Detection Applied to Power Cables_Using HFCT and UHF methods
- VLF Tan Delta-sebaKMT
- 부분방전 진단기술 현황 및 발전소 적용사례-한수원 설비기술처
- 송전급 지중케이블 부분방전 측정기법 및 동향-전기설비2012 / 11
- 전자기파 부분방전 진단 기술-전기의 세계 2009/02
- 전동기의 열화진단과 예방보전-오오스카 케이
- CONDITION ASSESSMENT FOR HT MOTORS AND GENERATORS-ABB
- IEEE Std. 43-2000 ; IEEE Recommended Practice for Testing Insulation Resistance of Rotating Machinery
- IEEE Std. 286-2000 ; IEEE Recommended Practice for Measurement of Power Factor Tip-Up of Electric Machinery Stator Coil Insulation
- 고압전동기 고정자 권선의 절연열화 판정 기준-월간 전기기술 2010/07
- 고전압 회전기의 절연진단 기술-전기저널 2000/11
- 전로의 절연내력 확인방법(KECS 1201-2011)-한국전기기술 기준위원회
- 무기질충진 에폭시수지의 열화 및 트래킹 현상에 미치는 자외선 조사의 영향-전기전자재료학회지 1988/06
- DISSIPATION FACTOR, POWER FACTOR, AND RELATIVE PERMITTIVITY (DIELECTRIC CONSTANT) By I.A.R. Gray
- IEC 62271-100 ; High-voltage switchgear and controlgear - Part 100 : Alternating-current circuit-breakers
- IEEE 400.1 ; IEEE Guide for Field Testing of Laminated Dielectric, Shielded

Power Cable Systems Rated 5 kV and Above with High Direct Current Voltage
- XLPE 절연케이블의 열화진단 정확도 향상을 위한 VLF tanδ 판정기준 개선-이재봉, 정연하
- 삼성화재 삼성방재연구소 위험관리지 2007년 가을호
- 전력 케이블의 절연내력시험 방법과 주의사항-사카나카 켄지(阪中健二) 간사이전기보안협회
- 개폐과전압 발생시 지중송전선로 편단접지 구간에서 SVL에 미치는 과도특성에 관한 연구-정채윤, 강지원
- 지중 배전케이블의 활선 열화진단기술-정동원, 김상준 (한전기술연구원 배전연구실)
- 지중배전용 전력케이블 고장유형 및 점검방법-전기설비 2012/06
- 케이블 수명과 보수 관리(ケーブル命と保守·管理)-카시무라 히도시 (樫村均) _전기설비학회지 2006. 9
- 원전 고압케이블 열화진단기술 및 진단사례-2010년도 대한전기협회 KEPIC-Week 발표자료

〈감수 : 김정철 고문〉

전력시설물 진단기술

2017년 8월 21일 초판 인쇄

저　자 : 권형욱·박영섭·유상봉

감　수 : 김 정 철

발행인 : 김 복 순

발행처 : ㈜도서출판 技多利

주　소 : 서울 성동구 성수이로 7길 7, 512호
　　　　 (성수동2가 서울숲한라시그마밸리2차)

전　화 : 02-497-1322~4

팩　스 : 02-497-1326

등　록 : 1975년 3월 31일 NO. 서울 제6-25호

이메일 : kidarico@hanmail.net

홈페이지 : http://www.kidari.co.kr

본서는 저작권법에 의하여 저작권에 관한 모든 권리를 보호받는 저작물입니다.
본서의 전부 또는 일부라도 무단으로 사용하여서는 안되며
저작권에 관한 모든 권리를 침해하는 경우가 생겨서도 안됩니다.

파본은 교환해 드립니다.

ISBN 978-89-7374-365-0　정가 35,000원